气象灾害风险管理
——在城镇供水企业的应用与实践

主　　编　李良福　刘　飞

副主编　张　琦　蔡　源

李良福　刘　飞　张　琦　蔡　源　杨　磊
覃彬全　余蜀豫　李家启　青吉铭　刘青松　著

内 容 简 介

作者基于“气象灾害敏感单位安全气象保障技术研究”“气象灾害敏感单位风险评估技术研究”“气象安全生产事故风险管理研究”的科研成果和“学校气象灾害敏感单位认证与实践”“煤矿气象灾害气象风险管理与实践”“气象安全生产事故风险管理与实践”“设施农业雷电灾害风险管理与实践”的实践成果，结合气象灾害风险管理在“重庆市铜梁区龙泽水务公司供水系统”具体应用与实践的经验总结，并参考有关气象灾害成灾机理、气象灾害风险评价与风险管理、气象社会管理、公共气象服务和城镇供水企业气象灾害事故、城镇供水系统风险评估、城镇供水系统风险管理、城镇供水系统安全保障、城镇供水企业气象灾害防御等方面的文献资料分析了城镇供水企业气象风险。全书共分六章三十一节，分别对气象灾害、城镇供水系统、城镇供水企业气象灾害防御现状、气象对城镇供水系统的影响、城镇供水企业气象灾害风险形成机理、城镇供水企业气象灾害风险评估技术、城镇供水企业气象灾害风险评估、重庆城镇供水企业气象灾害风险评估管理的应用与实践等方面进行了详细论述。可供气象行业从事气象灾害风险评估与风险管理、气象社会管理与公共气象服务等方面管理人员、理论研究人员、一线工程技术人员参考，同时也可供城镇供水行业管理部门、城镇供水企业、安全管理部门、应急管理部门和其他经济行业从事灾害风险评价与风险管理、社会管理与公共服务工作的管理人员和科研人员参考。

图书在版编目(CIP)数据

气象灾害风险管理：在城镇供水企业的应用与实践/李良福，刘飞主编. —北京：气象出版社，2018.12(2020.10 重印)
ISBN 978-7-5029-6888-5

Ⅰ. ①气… Ⅱ. ①李… Ⅲ. ①城市供水系统-气象灾害-灾害防治-研究 Ⅳ. ①TU991

中国版本图书馆 CIP 数据核字(2018)第 287604 号

Qixiang Zaihai Fengxian Guanli——Zai Chengzhen Gongshui Qiye de Yingyong yu Shijian
气象灾害风险管理——在城镇供水企业的应用与实践

出版发行：气象出版社
地　　址：北京市海淀区中关村南大街 46 号　**邮政编码**：100081
电　　话：010-68407112(总编室)　010-68408042(发行部)
网　　址：http://www.qxcbs.com　**E-mail**：qxcbs@cma.gov.cn
责任编辑：张锐锐　刘瑞婷　**终　　审**：吴晓鹏
责任校对：王丽梅　**责任技编**：赵相宁
封面设计：博雅思企划
印　　刷：北京中石油彩色印刷有限责任公司
开　　本：710 mm×1000 mm　1/16　**印　　张**：15.5
字　　数：360 千字
版　　次：2018 年 12 月第 1 版　**印　　次**：2020 年 10 月第 2 次印刷
定　　价：58.00 元

前　言

城镇供水系统是城镇建设与发展的重要基础设施，是保障人民生活、生产发展不可或缺的物质基础，具有极其重要的地位。因此城镇供水安全问题已经成为制约我国社会经济可持续发展的重要因素，成为具有基础性、全局性、战略性和现实性的重大问题，成为国家安全问题的重要组成部分。而供水安全是指一个地区或国家实际可供给的水资源在数量和质量上能够满足生活、生产、生态和环境的需要，使经济社会在当前和可持续发展中对水资源的需求得到有效保障的一种自然和社会状态，即供水安全兼有自然、社会、经济和人文属性。但构成城镇供水系统的取水子系统、制水子系统、输配水子系统、二次供水子系统是一个复杂的开放性系统，很容易受到自然灾害、蓄意破坏与系统事故等的威胁。而在各类自然灾害中，70%以上的是气象灾害，尤其是近年来在全球气候变暖的大背景下，我国气象灾害越发呈现出突发性强、种类多、强度大、频率高等特点，局部地区极端高温、极端低温和强暴雨、强台风等极端性天气事件明显上升，使城镇供水系统受到严重威胁，给国家经济社会发展和人民生活带来重大的影响。例如，2008 年 1 月 10 日以来，湖北省荆州市洪湖市由于遭受大雪伴着持续低温冰冻的极端天气影响，导致洪湖城区最低温度下降到历史罕见的－6℃，不仅将地上的水表及进户水管冻坏，而且深埋于地下的供水主管也被冻裂，使整个洪湖城区水流成患。大街上清冽的自来水从冻裂的供水主管中喷涌而出，形成的水柱高达数米；高楼大厦随处可见几米，甚至十几米长的冰帘倒挂在墙壁上；供水管网千疮百孔，水压大幅度降低，从高层到底层供水渐次被中断，供水形势从“水患”向“水荒”迅速恶化，城区供水随时面临着瘫痪的危险，给当地经济社会发展和人民生活带来严重影响。湖南省湘西土家族苗族自治州泸溪县在此次大雪伴着持续低温冰冻的极端天气影响下，截至 2008 年 2 月 9 日 18 时，造成整个泸溪县城区自来水管网及用户水表多处冰冻爆裂，其中 DN100—300 的灰口铸铁供水主管冰冻爆裂 72 处，DN50—80 的供水支管冰冻爆裂 258 处，DN50 以下到户供水管冰冻爆裂 3870 处，水表冰冻爆裂 7200 块，严重时有 7600 户的 3 万多人不能正常用水，造成直接经济损失达 173 万元，大雪伴着持续低温冰冻的极端天气给泸溪县城镇居民的正常供水带来了前所未有的困难。此次 50 年一遇的雪灾与冰冻极端天气肆虐大半个中国（2008 年 1 月中旬至 2 月初），一个又一个城市成为冻城，仅仅湖南省就有 58 县市停电停水，郴州断水断电十天，居民煮雪化水；江西省有 60 个县市 500 万人因雪灾与冰冻极端天气停水停电；贵州省有 44 县城区大面积停水停电；湖北因暴雪与冰冻极端天气发生多起房塌、停水事件，武汉市多处水表、水管被冻裂，造成数万市民用水困难；河南省因雪灾与冰冻极端天气影响3.6万人吃水困难；重庆巫溪冰雪冻裂水管，万人凿井融冰取水。又如，2007年5月29日以来的，由于江苏省无锡市遭受连续高温少雨天气与入夏以来干旱耦合效应的影响，导致无锡市市民饮用水水源——太湖的水富营养化严重，从而引发了太湖蓝藻暴发使无锡市自来水水源水质恶化，造成无锡市城区的大批市民家中自来水水质突然发生变化，并伴有难闻的气味，无法正常饮用。2008年1月29日以来的冰雪低温天气导致湖南省常德市石门县自来水公司供水范围内的一万余只水表被冻裂、大小管网水管爆裂一千余处，使石门县自来水公司管网供水压力有所下降，给石门县城区百姓的日常生活造成了极大的影响。2009年3月21日晚，江苏省常州市遭受雷电灾害天气导致常州市通用自来水公司西石桥水厂的配电站被雷电击中损坏，使西石桥水厂停产，造成常州市市区少了30多万吨水供应，严重影响市民的正常生活。另外，2010年8月13日、14日，由于四川省成都市金堂县的北河上游地区普降大暴雨，多处爆发山洪、泥石流，致使金堂县自来水公司唯一取水点——北河的水极为浑浊。13日14时30分，洪水夹带着大量的漂浮物和泥浆经过县自来水公司北河取水口，原水浊度迅速由1000NTU上升到10000NTU，取水口部分堵塞、净水处理速度降缓。而自来水公司净水厂净水规模设计能力4万立方米/日，原水最大净水量5万立方米/日。平常北河水正常为Ⅱ类原水水质，浊度在300NTU以下，每万吨原水可制水近9000立方米，本次原水浊度高达10000NTU以上，每万吨原水仅能制水300～1000立方米左右。至17时00分，由于制水量不能满足县城供水区域的用水，县自来水公司迅速启用应急预案，采用“连续制水、限时供水”的紧急处置方法进行调控，经计算确定限时供水时间后，金堂县老城区、三星片区、杨柳社区、十里坝部分地区、工业集中发展区部分地区等区域暂停供水，直到8月14日的21时30分，全城供水才恢复正常。2011年9月2日开始，福建省泉州市遭受持续暴雨灾害天气导致泉州市北区水厂原水取水口的水体因暴雨泛黑发臭，进厂水质不达标，使水厂从2日中午12时50分开始紧急停产，直到2日傍晚17时20分水厂才恢复生产。2012年7月7月17日夜间至18日8时，重庆市秀山县遭受暴雨灾害天气导致秀山县城镇居民饮用水水源——秀山县钟灵水库向水厂输水的总干、左干渠内外墙垮塌21处，总长270余米，垮塌土石方9000余立方米，并且多处堤顶翻水，严重影响15万城镇居民供水，直到7月23日才恢复城镇正常供水。2013年3月9日下午，山东省临沂市临沭县遭受大风灾害天气袭击，大风刮起的大塑料布紧紧缠在给临沭自来水厂供电的10千伏9号线路10米高的36号线杆顶上，导致10千伏9号自来水供电线路跳闸全线停电，造成水厂停止供水。2014年9月4日晚，暴雨灾害天气袭击广东省梅州市，突降的暴雨把梅州市自来水总公司东升水厂的清凉山原水管冲断了30多米，致使梅州市梅江区东升工业园、客天下产业园及三角地部分等地段暂停供水，梅州城区高层用户的供水也因此受到影响，因此梅州市水务部门提醒广大市民，提前做好储水准备。2015 年 6 月 1 日中午，广东省惠州市遭受突发雷雨天气导致惠州市供水有限公司位于水口街道谭屋角吸水泵房的高压供电专线于 1 日 13 时 30 分左右遭雷击受损，使供水有限公司河南岸水厂和桥东水厂生产受到影响，造成惠州市的河南岸、麦地、桥东、桥西、龙丰、三栋、古塘坳等区域停水或水压偏低，影响了市民正常生活。2016 年 8 月 3 日，湖北省荆州市沙市区遭受雷电灾害天气导致荆州市沙市区柳林水厂供电专线位于长江大堤外侧斜坡上的 18 号杆遭到雷击断线，15、16、17 号杆导线因雷击松脱，造成柳林水厂断电，使荆州市供水线路失压，荆州市沙市区江汉路附近及沙市区东部大部分区域出现停水现象，沙市区西部其他区域除拥有二次加压设备的小区外二楼以上的居民供水也基本停止，严重影响了市民正常生活。2017 年 6 月 22 日凌晨 4 时 17 分，受连续暴雨影响，贵州省贵阳市白云区自来水厂被山洪淹没，导致水厂成水库，致使水厂 6 台水泵电机进水，4 台不能正常使用，2 台出水浑浊，造成白云区 27 万群众面对停水困境，生活工作受到严重影响。直到 23 日 19 时 10 分经过国家应急救援专业队的武警水电第三支队 100 名官兵紧急连续抢修，才让白云区 27 万群众喝上了干净的饮用水。上述这些极端天气导致城镇供水系统停水事件表明，积极推广气象灾害风险管理在城镇供水企业的应用与实践具有非常重要的现实意义。

因此有效防止或减少暴雨、大风、高温、干旱、雷电、大雾、低温冰冻等灾害天气给城镇供水系统造成的威胁，切实做好城镇供水企业气象灾害防御工作，事关人民群众生命财产安全，事关社会和谐稳定。必须按照《中共中央、国务院关于推进防灾减灾救灾体制机制改革的意见》（中发〔2016〕35 号）要求，牢固树立灾害风险管理和综合减灾理念，进一步增强忧患意识、责任意识，坚持以防为主、防抗救相结合，坚持常态减灾和非常态救灾相统一，努力实现从注重灾后救助向注重灾前预防转变，从应对单一灾种向综合减灾转变，从减少灾害损失向减轻灾害风险转变。科学制定城镇供水企业防御气象灾害的相关对策及应急措施，规范城镇供水企业气象灾害风险管理，降低城镇供水企业气象灾害风险，充分有效地防止或减少气象灾害性天气引发城镇供水企业气象灾害事故，从而有效提高城镇供水企业防御气象灾害的综合防范能力，实现汛期安全生产、恶劣天气下安全生产和气象自然灾害背景下的安全生产，最大限度地减少城镇供水企业气象灾害损失，保障人民群众生命财产安全，促进经济社会科学发展、安全发展、和谐发展。

为贯彻落实习近平总书记关于防灾减灾救灾“两个坚持”“三个转变”的重要指示精神，深入推进“坚持以人为本，切实保障人民群众生命财产安全；坚持以防为主、防抗救相结合；坚持综合减灾，统筹抵御各种自然灾害；坚持分级负责、属地管理为主；坚持党委领导、政府主导、社会力量和市场机制广泛参与。”的城镇供水企业气象防灾减灾救灾体制机制改革，认真执行“安全第一，预防为主、综合治理”的指导方针和《中国气象局、国家安全生产监督管理总局关于进一步强化气象相关安全生产管理工作的通知》(气发〔2017〕14号)文件精神，充分发挥气象科技作为现实生产力对城镇供水企业气象灾害防御的基础性、现实性、前瞻性作用，防止或减少气象灾害给城镇供水企业造成人员伤亡和财产损失及其社会影响，作者根据“气象灾害敏感单位安全气象保障技术研究”“气象灾害敏感单位风险评估技术研究”“危险化学品生产企业气象灾害风险管理研究”“市政设施气象灾害风险管理研究”“酉阳旅游景区气象灾害风险管理研究”等科研成果和“学校气象灾害敏感单位认证与实践”“煤矿气象灾害气象风险管理与实践”“气象安全生产事故风险管理与实践”“设施农业雷电灾害风险管理与实践”以及“荣昌生猪养殖气象灾害风险管理示范工程”“北碚区(缙云山)林业气象灾害风险管理示范工程”等实践成果，结合气象灾害风险管理在“重庆市铜梁区龙泽水务公司供水系统”应用与实践的经验，并参考有关气象灾害成灾机理、气象灾害风险评价与风险管理、气象社会管理、公共气象服务和城镇供水企业气象灾害事故、城镇供水系统风险评估、城镇供水系统风险管理、城镇供水系统安全保障、城镇供水企业气象灾害防御等方面的文献资料，编写了《气象灾害风险管理——在城镇供水企业的应用与实践》一书。本书从气象灾害、城镇供水系统、城镇供水企业气象灾害防御现状、气象对城镇供水系统的影响、城镇供水企业气象灾害风险形成机理、城镇供水企业气象灾害风险评估技术、城镇供水企业气象灾害风险评估、重庆城镇供水企业气象灾害风险评估管理的应用与实践等方面进行了详细论述。可供气象行业从事气象灾害风险评估与风险管理、气象社会管理与公共气象服务等方面气象管理人员、理论研究人员、一线工程技术人员参考，同时也可供城镇供水行业管理部门、城镇供水企业、应急管理部门和其他经济行业从事灾害风险评价与风险管理、社会管理与公共服务工作的管理人员和科研人员参考。

本书编写过程中得到重庆市人民政府应急管理办公室的大力支持，重庆市雷电灾害鉴定与防御工程技术研究中心、重庆市气象局政策法规处、重庆市气象局气象安全技术中心、重庆市防雷中心、重庆市气象局气象服务中心、重庆市气象局气候中心、重庆市铜梁区气象局、重庆市铜梁区龙泽水务公司等单位提供了大量城镇供水企业气象灾害风险管理的具体实践资料，本书借鉴吸收了北京市气象局《北京市奥运期间突发气象灾害风险评估报告》、山东省气象局《第十一届全运会气象(自然灾害)风险评估报告》等科研成果。

重庆市安全生产监督管理局何建平总工程师、重庆市人民政府应急管理办公室马彬副主任、重庆煤矿安全监察局(重庆市煤炭工业管理局)韩贵刚副局长、重庆市林业局张洪副局长、重庆市地质环境监测总站任幼蓉教授级高工、中国气象科学研究院博士生导师董万胜研究员、上海交通大学电子与电气工程学院博士生导师傅正财教授、重庆大学电气工程学院博士生导师司马文霞教授、西南大学资源环境学院博士生导师李航教授、重庆市设计院周爱农教授级高工等审阅了本书，并提出了许多宝贵意见，在此一并致谢。此外，本书引用了同行在气象灾害成灾机理、气象灾害风险评价与风险管理、社会管理与公共服务、气象社会管理与公共气象服务、城镇供水系统、气象对城镇供水系统的影响、城镇供水企业气象灾害防御现状、城镇供水企业气象灾害风险形成机理、城镇供水企业气象灾害风险评估技术及其气象灾害风险评估、城镇供水企业气象灾害风险评估管理等方面的研究成果和经验总结，除个别文献外，均列出了参考文献，在此向文献作者致以衷心的感谢。

本书由李良福执笔撰写，刘飞、杨磊、覃彬全、余蜀豫、刘青松、向波、任艳参与本书第五章的部分编写工作，刘飞、张琦、蔡源、杨磊、李家启、青吉铭、葛的霆、糜翔、付钟、李路、林涛、李建平、盖长松参与本书第六章的部分编写工作。全书由李良福、刘飞校订。

由于作者水平有限、时间仓促，本书难免有不足之处，敬请读者批评指正。

李良福

2018 年 9 月 17 日于重庆

目　录

第一章　绪论

第一节　气象灾害基础知识

一、灾害性天气

灾害性天气是指严重威胁人民生命财产安全，极易造成人员伤亡、财产损失的天气，具有明显的破坏性。由于不同的行政区域受地理位置、地形特征和气候背景的影响，发生灾害性天气的类型也有所差异，例如重庆就基本不受台风和沙尘暴灾害性天气的危害。因此下面以重庆市为例，介绍重庆市行政区域内发生的主要灾害性天气。

（一）暴雨灾害性天气

暴雨灾害性天气是指 12 小时降水量达到 30.0 毫米以上或 24 小时降水量达到 50.0 毫米以上的降雨天气过程，具有“集中性”和“强度大”等特性。

（二）暴雪灾害性天气

暴雪灾害性天气是指 12 小时内降雪量将达 4 毫米以上，或者已达 4 毫米以上且降雪持续的天气过程。

（三）寒潮灾害性天气

寒潮灾害性天气是指 24 小时内最低气温下降 12 ℃以上，最低气温小于等于 0 ℃，陆地平均风力可达 6 级（风速 10.8 米/秒）以上；或者已经下降 12 ℃以上，最低气温小于等于 0 ℃，平均风力达 6 级以上，并可能持续的天气过程。

（四）大风灾害性天气

大风灾害性天气是指瞬时风力达 7 级（风速 13.9 米/秒）以上的强风天气现象，具有“瞬时性”的特征。

（五）高温灾害性天气

高温灾害性天气是指日最高气温达到或超过 35 ℃的天气现象。

（六）干旱灾害性天气

干旱灾害性天气是指某时段由于降水和蒸发的收支不平衡导致蒸发量大于降

水量的天气过程。

（七）雷电灾害性天气

雷电灾害性天气是指积雨云强烈发展阶段产生的闪电鸣雷天气现象，是云内、云空、云层之间和云地之间的电位差增大到一定程度后的放电天气现象。常伴有大风、暴雨、冰雹等灾害天气。

（八）冰雹灾害性天气

冰雹灾害性天气是指坚硬的球状、锥状或形状不规则的固态降水天气现象，通常伴随大风、暴雨灾害天气出现。

（九）霜冻灾害性天气

霜冻灾害性天气是指由于强冷空气活动致使地面气温下降到 0 ℃以下的天气现象。

（十）浓雾灾害性天气

浓雾灾害性天气是指悬浮于近地面层空气中的大量水滴或冰晶微粒，使水平能见度降到 500 米以下的天气现象。

（十一）霾灾害性天气

霾灾害性天气是指有利于大量极细微的尘粒均匀浮游空中，使水平能见度小于 10 千米，影响空气质量的天气现象。

（十二）道路结冰灾害性天气

道路结冰灾害性天气是指由于强冷空气活动致使道路路表温度低于 0 ℃，造成道路结冰影响交通安全的天气现象。

（十三）森林火险灾害性天气

森林火险灾害性天气是指连续 3 天出现 4 级以上森林火险气象等级，且未来两天以上还将出现 4 级以上森林火险气象等级，可能引发森林火灾的天气过程。

二、气象灾害

（一）气象灾害的定义

依据《气象灾害防御条例》的规定，气象灾害是指台风、暴雨（雪）、寒潮、大风（沙尘暴）、低温、高温、干旱、雷电、冰雹、霜冻和大雾等所造成的灾害，而气象因素引发水旱灾害、地质灾害、海洋灾害、森林草原火灾等称为气象因素引发的衍生、次生灾害。并且气象灾害和气象因素引发的衍生、次生灾害具有广泛性、频率高、持续时间长、群发性、连锁性、损失重等特征。由于不同的行政区域受到地理位置、地形特征和气候背景的影响，使其气象灾害的定义及其种类也有所差异。例如重庆就没有台风造成的灾害，因此重庆市气象局、重庆市人民政府应急管理办公室、重庆市安全生产监督管理局、重庆市公安消防局的有关专家结合重庆地理位置、地形特征和气候背景，依据重庆市的《气象灾害标准》(DB50/T270—2008)制定的《气象灾害敏感单位安全气象保障技术规范》(DB50/368—2010)给出的重庆气象灾害定义如下，气象灾害是指暴雨、暴雪、寒潮、大风、高温、干旱、雷电、冰雹、霜冻、浓雾、霾、道路结冰、森林火险等灾害性天气造成人员伤亡和财产损失的灾害。

(二)气象灾害的种类

根据气象灾害的成因、性质及其危害人民生命财产的特点，将气象灾害划分为7大类20种之多，如果细分，再加上诱发的其他灾害，可达数十种甚至上百种(表1-1)。

表1-1 气象灾害种类和特点

天气现象	气象灾害种类			
	总称	种类	灾害	引发的灾害
暴雨 大雨	洪涝	暴雨洪水	山洪暴发、河水泛滥城市积水	泥石流、山崩、滑坡
		雨涝	内涝、渍水	
久晴 少雨 高温	干旱	干旱	农业、林业、草原的旱灾，工业、城市、农村的缺水	森林、草原、城市火灾，作物病虫害
		干热风	干旱风、焚风	
		高温、热浪	酷热型高温、人体疾病、灼伤、作物逼熟	某些疾病流行
狂风 暴雨	热带气旋 (台风)	热带风暴 台风	狂风、暴雨、洪水	巨浪、风暴潮
冷空气 寒潮 霜冻 雨凇 结冰 大雪 吹雪等	冷冻	冷害	由于强降温和气温低造成作物、牲畜、果树受害	
		冻害	霜冻，作物、牲畜冻害，水管、油管冻坏，铁轨断裂	交通事故
		冻雨	电线、树枝、路面结冰	陆上交通事故、断电
		冰害	河面、湖面、海面封冻，雨雪后路面结冰	交通事故、阻碍航运，凌汛
		雪害	暴风雪、积雪	交通事故、雪崩
雷雨 大风 冰雹 龙卷	风暴	雹害	毁坏庄稼、破坏房屋	
		风害	倒树、倒房、翻车、翻船	沙暴、巨浪、风暴潮
		龙卷风	局部毁灭性灾害	
		雷电	雷击伤亡毁损电器等设备	火灾、断电
阴雨	连阴雨	连阴雨 (淫雨)	对作物生长发育不利、粮食霉变等	作物病虫害
雾、酸雨、低空风切变等	其他	浓雾	人体疾病、交通受阻、电网污闪	交通事故、断电
		低空风切变	飞机失事	航空事故
		酸雨	破坏人类生活环境和生态环境	生态环境恶化
		高空急流	飞机失事、飞行事故	航空事故

三、气象灾害防御工作

(一)气象工作

由于人类生存在地球大气环境之中,大气运动形成的气象资源给人类带来必不可少的生存条件,但大气运动形成的天气、气候事件也常常给人类的生产、生活带来影响,因此人类为"趋利避害",充分利用气象资源,科学地处置好天气、气候事件、气象要素等气象因素给生产、生活带来影响,必须采取工程性措施和非工程性措施而形成的活动称为气象工作。

(二)气象灾害防御工作的科学内涵

气象灾害防御工作有广义气象灾害防御工作和狭义气象灾害防御工作之分。广义气象灾害防御工作是指为了防止或减少大气运动形成的灾害性天气、危险气象要素等气象危险因素给人类活动带来影响,科学地处置好气象灾害事故风险,而必须采取工程性措施和非工程性措施的工作。广义气象灾害防御工作与气象危险因素是否可预见、可抗拒无关,灾害是其判据,但常常被人们狭义地理解为气象自然灾害防御工作。而狭义气象灾害防御工作是指气象自然灾害防御工作,也即是指为了防止或减少大气运动形成不能预见或者不能抗拒的灾害性天气、危险气象要素等气象危险因素给人类活动带来影响,科学地处置好气象灾害事故风险,而必须采取工程性措施和非工程性措施的工作。不论广义还是狭义气象灾害防御工作,其工作重点都是应用最先进的科学技术手段对其进行防御和处置、应急救援、气象灾害事故后恢复重建等,从而有效防止气象灾害事故风险转变为气象灾害事故,防止气象灾害事故损失扩大、防止气象灾害事故引发社会安全稳定事件发生。

四、国家对气象灾害防御工作的规定

根据《气象灾害防御条例》(中华人民共和国国务院令第570号)的规定,国家层面气象灾害防御工作的有关规定如下。

(一)气象灾害防御工作目的

气象灾害防御工作目的是为了加强气象灾害的防御,避免、减轻气象灾害造成的损失,保障人民生命财产安全。

(二)气象灾害防御工作的原则

气象灾害防御工作实行以人为本、科学防御、部门联动、社会参与的原则。

(三)气象灾害防御工作的总要求

(1)县级以上人民政府应当加强对气象灾害防御工作的组织、领导和协调,将气象灾害的防御纳入本级国民经济和社会发展规划,所需经费纳入本级财政预算。

(2)国务院气象主管机构和国务院有关部门应当按照职责分工,共同做好全国气象灾害防御工作。

(3)地方各级气象主管机构和县级以上地方人民政府有关部门应当按照职责分工,共同做好本行政区域的气象灾害防御工作。

(4)气象灾害防御工作涉及两个以上行政区域的,有关地方人民政府、有关部门应当建立联防制度,加强信息沟通和监督检查。

(5)地方各级人民政府、有关部门应当采取多种形式,向社会宣传普及气象灾害防御知识,提高公众的防灾减灾意识和能力。

(6)学校应当把气象灾害防御知识纳入有关课程和课外教育内容,培养和提高学生的气象灾害防范意识和自救互救能力。教育、气象等部门应当对学校开展的气象灾害防御教育进行指导和监督。

(7)国家鼓励开展气象灾害防御的科学技术研究,支持气象灾害防御先进技术的推广和应用,加强国际合作与交流,提高气象灾害防御的科技水平。

(8)公民、法人和其他组织有义务参与气象灾害防御工作,在气象灾害发生后开展自救互救。对在气象灾害防御工作中做出突出贡献的组织和个人,按照国家有关规定给予表彰和奖励。

(四)气象灾害防御工作之预防工作要求

(1)县级以上地方人民政府应当组织气象等有关部门对本行政区域内发生的气象灾害的种类、次数、强度和造成的损失等情况开展气象灾害普查,建立气象灾害数据库,按照气象灾害的种类进行气象灾害风险评估,并根据气象灾害分布情况和气象灾害风险评估结果,划定气象灾害风险区域。

(2)国务院气象主管机构应当会同国务院有关部门,根据气象灾害风险评估结果和气象灾害风险区域,编制国家气象灾害防御规划,报国务院批准后组织实施。

(3)县级以上地方人民政府应当组织有关部门,根据上一级人民政府的气象灾害防御规划,结合本地气象灾害特点,编制本行政区域的气象灾害防御规划。

(4)气象灾害防御规划应当包括气象灾害发生发展规律和现状、防御原则和目标、易发区和易发时段、防御设施建设和管理以及防御措施等内容。

(5)国务院有关部门和县级以上地方人民政府应当按照气象灾害防御规划,加强气象灾害防御设施建设,做好气象灾害防御工作。

(6)国务院有关部门制定电力、通信等基础设施的工程建设标准,应当考虑气象灾害的影响。

(7)国务院气象主管机构应当会同国务院有关部门,根据气象灾害防御需要,编制国家气象灾害应急预案,报国务院批准。县级以上地方人民政府、有关部门应当根据气象灾害防御规划,结合本地气象灾害的特点和可能造成的危害,组织制定本行政区域的气象灾害应急预案,报上一级人民政府、有关部门备案。

(8)气象灾害应急预案应当包括应急预案启动标准、应急组织指挥体系与职责、预防与预警机制、应急处置措施和保障措施等内容。

(9)地方各级人民政府应当根据本地气象灾害特点，组织开展气象灾害应急演练，提高应急救援能力。居民委员会、村民委员会、企业事业单位应当协助本地人民政府做好气象灾害防御知识的宣传和气象灾害应急演练工作。

(10)大风(沙尘暴)、龙卷风多发区域的地方各级人民政府、有关部门应当加强防护林和紧急避难场所等建设，并定期组织开展建(构)筑物防风避险的监督检查。台风多发区域的地方各级人民政府、有关部门应当加强海塘、堤防、避风港、防护林、避风锚地、紧急避难场所等建设，并根据台风情况做好人员转移等准备工作。

(11)地方各级人民政府、有关部门和单位应当根据本地降雨情况，定期组织开展各种排水设施检查，及时疏通河道和排水管网，加固病险水库，加强对地质灾害易发区和堤防等重要险段的巡查。

(12)地方各级人民政府、有关部门和单位应当根据本地降雪、冰冻发生情况，加强电力、通信线路的巡查，做好交通疏导、积雪(冰)清除、线路维护等准备工作。有关单位和个人应当根据本地降雪情况，做好危旧房屋加固、粮草储备、牲畜转移等准备工作。

(13)地方各级人民政府、有关部门和单位应当在高温来临前做好供电、供水和防暑医药供应的准备工作，并合理调整工作时间。

(14)大雾、霾多发区域的地方各级人民政府、有关部门和单位应当加强对机场、港口、高速公路、航道、渔场等重要场所和交通要道的大雾、霾的监测设施建设，做好交通疏导、调度和防护等准备工作。

(15)各类建(构)筑物、场所和设施安装雷电防护装置应当符合国家有关防雷标准的规定。新建、改建、扩建建(构)筑物、场所和设施的雷电防护装置应当与主体工程同时设计、同时施工、同时投入使用。新建、改建、扩建建设工程雷电防护装置的设计、施工，可以由取得相应建设、公路、水路、铁路、民航、水利、电力、核电、通信等专业工程设计、施工资质的单位承担。油库、气库、弹药库、化学品仓库和烟花爆竹、石化等易燃易爆建设工程和场所，雷电易发区内的矿区、旅游景点或者投入使用的建(构)筑物、设施等需要单独安装雷电防护装置的场所，以及雷电风险高且没有防雷标准规范、需要进行特殊论证的大型项目，其雷电防护装置的设计审核和竣工验收由县级以上地方气象主管机构负责。未经设计审核或者设计审核不合格的，不得施工；未经竣工验收或者竣工验收不合格的，不得交付使用。

从事雷电防护装置检测的单位应当具备下列条件，取得国务院气象主管机构或者省、自治区、直辖市气象主管机构颁发的资质证：一是有法人资格；二是有固定的办公场所和必要的设备、设施；三是有相应的专业技术人员；四是有完备的技术和质量管理制度；五是国务院气象主管机构规定的其他条件。

从事电力、通信雷电防护装置检测的单位的资质证由国务院气象主管机构和国务院电力或者国务院通信主管部门共同颁发。

(16)地方各级人民政府、有关部门应当根据本地气象灾害发生情况，加强农村地区气象灾害预防、监测、信息传播等基础设施建设，采取综合措施，做好农村气象灾害防御工作。

(17)各级气象主管机构应当在本级人民政府的领导和协调下，根据实际情况组织开展人工影响天气工作，减轻气象灾害的影响。

(18)县级以上人民政府有关部门在国家重大建设工程、重大区域性经济开发项目和大型太阳能、风能等气候资源开发利用项目以及城乡规划编制中，应当统筹考虑气候可行性和气象灾害的风险性，避免、减轻气象灾害的影响。

(五)气象灾害防御工作之监测和预报预警工作要求

(1)县级以上地方人民政府应当根据气象灾害防御的需要，建设应急移动气象灾害监测设施，健全应急监测队伍，完善气象灾害监测体系。县级以上人民政府应当整合完善气象灾害监测信息网络，实现信息资源共享。

(2)各级气象主管机构及其所属的气象台站应当完善灾害性天气的预报系统，提高灾害性天气预报、警报的准确率和时效性。

各级气象主管机构所属的气象台站、其他有关部门所属的气象台站和与灾害性天气监测、预报有关的单位应当根据气象灾害防御的需要，按照职责开展灾害性天气的监测工作，并及时向气象主管机构和有关灾害防御、救助部门提供雨情、水情、风情、旱情等监测信息。

各级气象主管机构应当根据气象灾害防御的需要组织开展跨地区、跨部门的气象灾害联合监测，并将人口密集区、农业主产区、地质灾害易发区域、重要江河流域、森林、草原、渔场作为气象灾害监测的重点区域。

(3)各级气象主管机构所属的气象台站应当按照职责向社会统一发布灾害性天气警报和气象灾害预警信号，并及时向有关灾害防御、救助部门通报；其他组织和个人不得向社会发布灾害性天气警报和气象灾害预警信号。

(4)广播、电视、报纸、电信等媒体应当及时向社会播发或者刊登当地气象主管机构所属的气象台站提供的适时灾害性天气警报、气象灾害预警信号，并根据当地气象台站的要求及时增播、插播或者刊登。

(5)县级以上地方人民政府应当建立和完善气象灾害预警信息发布系统，并根据气象灾害防御的需要，在交通枢纽、公共活动场所等人口密集区域和气象灾害易发区域建立灾害性天气警报、气象灾害预警信号接收和播发设施，并保证设施的正常运转。

乡(镇)人民政府、街道办事处应当确定人员，协助气象主管机构、民政部门开展气象灾害防御知识宣传、应急联络、信息传递、灾害报告和灾情调查等工作。

(6)各级气象主管机构应当做好太阳风暴、地球空间暴等空间天气灾害的监测、预报和预警工作。

（六）气象灾害防御工作之应急处置工作要求

(1)各级气象主管机构所属的气象台站应当及时向本级人民政府和有关部门报告灾害性天气预报、警报情况和气象灾害预警信息。

县级以上地方人民政府、有关部门应当根据灾害性天气警报、气象灾害预警信号和气象灾害应急预案启动标准，及时作出启动相应应急预案的决定，向社会公布，并报告上一级人民政府；必要时，可以越级上报，并向当地驻军和可能受到危害的毗邻地区的人民政府通报。

发生跨省、自治区、直辖市大范围的气象灾害，并造成较大危害时，由国务院决定启动国家气象灾害应急预案。

(2)县级以上地方人民政府应当根据灾害性天气影响范围、强度，将可能造成人员伤亡或者重大财产损失的区域临时确定为气象灾害危险区，并及时予以公告。

(3)县级以上地方人民政府、有关部门应当根据气象灾害发生情况，依照《中华人民共和国突发事件应对法》的规定及时采取应急处置措施；情况紧急时，及时动员、组织受到灾害威胁的人员转移、疏散，开展自救互救。

对当地人民政府、有关部门采取的气象灾害应急处置措施，任何单位和个人应当配合实施，不得妨碍气象灾害救助活动。

(4)气象灾害应急预案启动后，各级气象主管机构应当组织所属的气象台站加强对气象灾害的监测和评估，启用应急移动气象灾害监测设施，开展现场气象服务，及时向本级人民政府、有关部门报告灾害性天气实况、变化趋势和评估结果，为本级人民政府组织防御气象灾害提供决策依据。

(5)县级以上人民政府有关部门应当按照各自职责，做好相应的应急工作。

民政部门应当设置避难场所和救济物资供应点，开展受灾群众救助工作，并按照规定职责核查灾情、发布灾情信息。

卫生主管部门应当组织医疗救治、卫生防疫等卫生应急工作。

交通运输、铁路等部门应当优先运送救灾物资、设备、药物、食品，及时抢修被毁的道路交通设施。

住房城乡建设部门应当保障供水、供气、供热等市政公用设施的安全运行。

电力、通信主管部门应当组织做好电力、通信应急保障工作。

国土资源部门应当组织开展地质灾害监测、预防工作。

农业主管部门应当组织开展农业抗灾救灾和农业生产技术指导工作。

水利主管部门应当统筹协调主要河流、水库的水量调度，组织开展防汛抗旱工作。

公安部门应当负责灾区的社会治安和道路交通秩序维护工作，协助组织灾区群众进行紧急转移。

(6)气象、水利、国土资源、农业、林业、海洋等部门应当根据气象灾害发生的情况,加强对气象因素引发的衍生、次生灾害的联合监测,并根据相应的应急预案,做好各项应急处置工作。

(7)广播、电视、报纸、电信等媒体应当及时、准确地向社会传播气象灾害的发生、发展和应急处置情况。

(8)县级以上人民政府及其有关部门应当根据气象主管机构提供的灾害性天气发生、发展趋势信息以及灾情发展情况,按照有关规定适时调整气象灾害级别或者作出解除气象灾害应急措施的决定。

(9)气象灾害应急处置工作结束后,地方各级人民政府应当组织有关部门对气象灾害造成的损失进行调查,制定恢复重建计划,并向上一级人民政府报告。

五、地方对气象灾害防御工作的规定

由于气象灾害与气象灾害所在地的地理、地质、气候、经济社会发展、人口密度密切相关,因此下面以 2017 年 9 月 29 日经重庆市第四届人民代表大会常务委员会第三十九次会议通过的《重庆市气象灾害防御条例》为例,介绍地方层面气象灾害防御工作的有关规定。

(一)气象灾害防御工作目的

气象灾害防御工作目的是防御气象灾害和气象衍生灾害,保障人民生命和财产安全,促进社会经济发展。

(二)气象灾害防御工作的总要求

(1)气象灾害防御遵循以人为本、科学防御、统筹规划、综合减灾的原则,坚持政府主导、部门联动、分级负责、社会参与。

(2)市、区县(自治县)人民政府应当加强对气象灾害防御工作的组织领导,建立健全气象灾害防御协调机制,将气象灾害防御工作纳入本级国民经济和社会发展规划,所需资金纳入本级财政预算。乡(镇)人民政府、街道办事处应当组织开展本行政区域内的气象灾害防御知识宣传、应急处置、信息传递、灾情报告和协助灾情调查等工作。

(3)市、区县(自治县)气象主管机构负责灾害性天气的监测、预报、预警以及气象灾害风险评估、气候可行性论证、雷电灾害防御、人工影响天气等气象灾害防御的组织管理工作。市、区县(自治县)发展改革、农业、水利、国土房管、林业、城乡建设、交通、环保、安监、消防、城乡规划、城市管理、教育、通信等部门和应急工作机构依据各自职责,做好有关的气象灾害防御工作。

(4)公民、法人和其他组织有义务参与气象灾害防御工作,提高风险防范意识和避灾避险能力,在气象灾害发生后积极开展自救互救。市、区县(自治县)人民政府对在气象灾害防御工作中做出突出贡献的组织和个人,给予表彰和奖励。

(5)市人民政府应当组织开展气象灾害发生机理和气象灾害监测、预报、预警、防御、风险管理等研究,鼓励技术创新,推广先进适用技术,支持国内外技术交流与合作,加强气象灾害防御标准化和规范化建设,提高气象灾害防御能力。

(6)各级人民政府及有关部门应当采取多种形式,组织开展气象灾害防御知识的宣传普及,提高社会公众的防灾减灾意识和应急避险能力。学校应当把气象灾害防御知识纳入教育内容,培养和提高学生的气象灾害防范意识和自救互救能力。教育、气象、科技等部门应当给予指导和监督。

(三)气象灾害防御工作之防御规划与设施建设工作要求

(1)市、区县(自治县)人民政府应当组织气象主管机构和其他有关部门定期开展气象灾害普查,建立气象灾害数据库,进行气象灾害风险评估,并根据气象灾害分布情况和气象灾害风险评估结果,编制气象灾害风险区划。气象灾害风险评估应当包括以下内容:一是气象灾害历史和地域分布特点;二是可能遭受的气象灾害种类、风险等级分析;三是气象灾害风险管控对策和措施及其技术经济分析;四是气象灾害风险评估的结论。

(2)市、区县(自治县)人民政府应当组织气象主管机构和其他有关部门编制本行政区域的气象灾害防御规划。气象灾害防御规划应当包括以下内容:一是气象灾害趋势的分析预测和防御工作现状;二是气象灾害防御的原则、目标和主要任务;三是气象灾害风险易发区和防御布局;四是防御重点工程建设以及保障措施;五是法律、法规规定的其他内容。

(3)市、区县(自治县)人民政府及有关部门应当根据本地气象灾害发生情况和气象灾害防御规划,加强气象灾害预防、监测、预报、预警、信息发布与传播等气象灾害防御基础设施和信息系统的建设,做好气象灾害防御工作。

(4)任何组织或者个人不得侵占、损毁或者擅自移动气象灾害防御设施。气象灾害防御设施受到损坏的,当地人民政府及有关部门或者气象灾害防御设施管理单位应当及时采取措施、进行修复,确保气象灾害防御设施正常运行。

(5)无线电管理部门应当安排气象无线电专用频道和信道,确保气象灾害信息的传输。

(四)气象灾害防御工作之监测和预报预警工作要求

(1)市人民政府应当组织制定气象防灾减灾救灾信息传递与共享技术标准。市、区县(自治县)人民政府应当建立气象灾害风险隐患信息以及监测、预警和灾情等信息平台及其共享机制。

(2)市、区县(自治县)气象主管机构应当组织对重大灾害性天气和气象灾害的联合监测,根据防御气象灾害的需要建立跨地区、跨部门的联合监测网络,加强监测、预报、预警的联动联防和信息沟通。联合监测网络成员单位由气象主管机构提出,报本级人民政府审定。联合监测网络成员单位应当及时交换和共享气象灾害和防灾减灾相关信息。

(3)市、区县(自治县)气象主管机构及其所属的气象台站应当完善灾害性天气的监测预报系统,加强对暴雨、大风、雷电、冰雹等强对流天气系统的研究分析,提高灾害性天气的诊断预报能力。

(4)各级气象台站监测到灾害性天气或者气象灾害可能发生时,应当立即报告有关气象主管机构。市、区县(自治县)气象主管机构对气象台站报送的气象灾害预警信息汇总分析后,应当及时报告本级人民政府和上级主管机构,不得延报或者瞒报。

(5)市、区县(自治县)气象、环保、卫生计生、公安、交通、城市管理、旅游、农业、水利、国土房管、林业等有关部门应当共同做好气象因素对大气环境质量、疾病疫情、道路交通安全、城市积涝、旅游安全等影响的联合分析研判和预警。

(6)灾害性天气警报和气象灾害预警信号由市、区县(自治县)气象主管机构所属的气象台站按照职责分工向社会统一发布,并及时向有关灾害防御、救助部门通报。其他组织或者个人不得以任何形式向社会发布灾害性天气警报和气象灾害预警信号。

(7)市、区县(自治县)人民政府及有关部门应当建立健全气象灾害预警信息传播机制,重点加强农村、山区、景区等风险隐患点预警信息接收和传播终端建设,充分利用广播、电视、报刊、网络、手机短信、电子显示屏等传播渠道及时向受影响的公众传播气象灾害预警信息。乡(镇)人民政府、街道办事处应当确定人员负责接收和传播气象灾害预警信息,对偏远地区人群,督促村民委员会、居民委员会和有关单位采取高音喇叭、鸣锣吹哨、逐户告知等多种方式及时传播气象灾害预警信息。广播、电视、报刊、网络等媒体应当及时、准确、无偿播发或者刊载气象灾害预警信息,并标明发布时间和发布的气象台站名称,不得删改气象灾害预警信息的内容,不得传播虚假和其他误导公众的气象灾害预警信息。紧急情况下,基础电信运营企业应当按照有关规定,无偿向本地全网用户发送应急短信,提醒社会公众做好防御准备。

(五)气象灾害防御工作之防灾减灾工作要求

(1)市、区县(自治县)气象主管机构应当会同有关部门制定本行政区域的气象灾害应急预案,经本级人民政府批准后发布,并报上一级人民政府、气象主管机构备案。市、区县(自治县)有关部门制定的突发事件应急预案中涉及气象灾害防御的,应当与气象灾害应急预案相互衔接。乡(镇)人民政府、街道办事处应当制定气象灾害应急预案或者将气象灾害防御工作纳入综合应急预案。

(2)各级人民政府、有关部门应当根据灾害性天气警报、气象灾害预警信号和气象灾害应急预案启动标准,及时启动相应应急预案,加强灾害分析会商,并按照各自职责做好相应的应急处置工作。公民、法人和其他组织接到气象灾害预警信息,应当及时采取应急处置措施,避免、减轻气象灾害造成的损失。

(3)气象灾害发生地的区县(自治县)人民政府应当组织有关部门开展灾情调查和救助工作。重大气象灾害的灾情调查和救助工作,由市人民政府统一组织和领导。气象灾情调查结果应当及时向上级人民政府和有关部门报告,不得虚报、瞒报或者迟报。

(4)市、区县(自治县)编制城乡规划、土地利用总体规划和基础设施建设、旅游开发建设等规划时,应当结合当地气象灾害的特点和可能造成的危害,科学确定规划内容。编制机关应当就气候可行性、气象灾害参数、空间布局等内容,征求气象主管机构意见。市、区县(自治县)气象主管机构应当按照国家强制性评估的要求,对重大建设工程、重大区域性经济开发项目和大型太阳能、风能等气候资源开发利用项目进行气候可行性论证。具体项目范围和管理办法,由市人民政府确定。

(5)市、区县(自治县)人民政府应当加强对人工影响天气工作的领导和协调。气象主管机构根据当地抗旱防雹、森林防火、生态保护以及重大社会活动服务等需要,制定人工影响天气作业方案,经本级人民政府批准后组织实施。其他有关部门应当按照职责分工,配合气象主管机构做好人工影响天气的有关工作。

(6)各级人民政府及有关部门和单位应当根据本地降雨情况,做好暴雨防范应对工作。城市管理部门和排水管网运营单位应当根据本地暴雨强度,做好排水管网和防涝设施的设计、建设和改造,定期进行巡查维护,保持排水通畅,并在城镇易涝点开展积涝实时监控、设置警示标识。水利部门应当加强水库、山坪塘、堤防等重点防洪设施的巡查和水位监测预警,及时疏通河道,加固病险水库,组织做好山洪灾害的群测群防工作。

(7)各级人民政府及有关部门和单位应当科学规划,完善城市通风廊道系统,逐步增加绿地和水域面积,优化生产、生活、生态空间布局,减少人为热源排放,减轻高温热浪的影响,做好高温干旱期间的供电、供水、防火、防暑等有关工作。

(8)大风多发区域的各级人民政府及有关部门应当组织开展大风灾害隐患和风险排查,并根据大风监测预警信息,指导有关单位强化大风防范措施。建(构)筑物、场所和设施等所有权人或者管理人应当定期开展防风避险巡查,设置必要的警示标志,采取防护措施,避免搁置物、悬挂物脱落、坠落。建筑工地的施工单位应当加强防风安全管理,加固临时设施。船舶所有人、经营人或者管理人应当遵守有关大风期间船舶避风的规定。

(9)冰雹多发区域的各级人民政府应当组织气象、农业、林业、烟草等有关部门和单位,加强冰雹灾害的调查,确定重点防范区,适时开展人工防雹作业。

(10)大雾、霾多发区域的各级人民政府及有关部门和单位应当建设和完善机场、高速公路、航道、港口等重要场所和交通要道的大雾、霾监测和防护等设施,并在大雾、霾天气期间,适时做好信息发布及公开、交通疏导、人工影响天气作业、限制污染物排放、减少户外活动等防范工作。

(11)各级人民政府及有关部门和单位应当根据本地降雪、冰冻发生情况,加强电力、通信、供水等管线和道路的巡查,做好管线冰冻、道路结冰防范和交通疏导,引导群众做好防寒保暖准备。低温、霜冻多发区域的各级人民政府应当组织调整农业生产布局和种植业结构,指导农业、渔业、畜牧业等行业采取防寒、防霜冻、防冰冻措施。

(12)各级人民政府应当将防雷减灾工作纳入公共安全监督管理的范围。气象主管机构和房屋建筑、市政基础设施、公路、水路、铁路、民航、水利、电力、核电、通信等建设工程的主管部门应当按照职责分工,加强建设工程防雷监督管理,落实防雷安全监管责任。建(构)筑物、场所或者设施应当按照国家、行业和地方标准和规定,安装雷电防护装置。新建、改建、扩建建(构)筑物、场所或者设施的防雷装置应当与主体工程同时设计、同时施工、同时投入使用。所有权人或者管理人应当对投入使用的防雷装置进行日常维护,并定期组织开展防雷装置检测。易燃、易爆、危险场所的防雷装置每半年检测一次,其他场所的防雷装置每年检测一次。从事防雷装置检测的单位应当依法取得相应的资质。

(13)市气象主管机构应当会同有关行业主管部门,根据本地区气象灾害特点,确定该行业的气象灾害敏感单位,并向社会公布。市、区县(自治县)气象主管机构和气象灾害敏感单位主管部门应当加强对气象灾害敏感单位(气象灾害敏感单位是指根据其地理位置、气候背景、工作特性,在遭受灾害性天气时,可能发生较大人身伤亡或者财产损失的单位)的气象防灾减灾救灾监督检查,指导其制定气象灾害应急预案,开展气象灾害防御培训,督促进行气象灾害隐患排查整治和应急演练。

(14)气象灾害敏感单位应当履行气象灾害防御主体责任,落实下列气象灾害防御措施:一是确定气象灾害防御管理人,负责本单位的气象灾害防御管理工作;二是组织开展气象灾害风险评估,确定气象灾害防御重点部位,制定本单位气象灾害防御工作责任制度,编制气象灾害应急预案;三是设置气象灾害预警信息接收终端和健全相应的气象灾害防御设施;四是开展气象灾害风险隐患排查整治和应急演练,建立有关工作台账;五是法律、法规规定的其他职责。

(六)气象灾害防御工作之社会参与工作要求

(1)村民委员会、居民委员会应当协助做好气象防灾避险知识宣传、灾害隐患排查、灾害预警信息传播、灾情统计上报等工作,避免、减轻气象灾害造成的损失。学校、医院、矿区、车站、机场、港口、高速公路、旅游景点、易燃易爆场所等对当地气象台站发布的气象灾害预警信息,应当利用电子显示屏、广播、公告栏等渠道及时传播。

(2)鼓励法人和其他组织参与气象灾害预警信息传播设施的建设,宣传普及气象灾害防御知识,传播气象灾害预警信息,在有关部门指导下参与应急处置工作,提供避难场所和其他人力、物力支持。鼓励志愿者、志愿者组织参与气象灾害防御科普宣传、应急演练和灾害救援等活动。

(3)气象灾害防御相关行业组织应当加强行业自律,制定行业规范,开展防灾减灾培训,提升专业技术能力和行业服务水平,配合有关部门做好气象灾害防御工作。

(4)鼓励广播、电视、报刊、网络等媒体刊播气象防灾减灾公益广告,宣传气象灾害防御法律、法规和科学知识。

(5)鼓励建立与气象灾害有关的保险制度。通过政策、资金支持,引导公民、法人和其他组织积极参加气象灾害保险、气象指数保险,减少气象灾害损失。

第二节　城镇供水系统基础知识

一、城镇供水系统的组成

城镇供水系统是指将原水经加工处理后,按需求把制成水供到各用户的一系列工程的组合,分为取水、制水、输配和二次供水等四个子系统(图 1-1)。

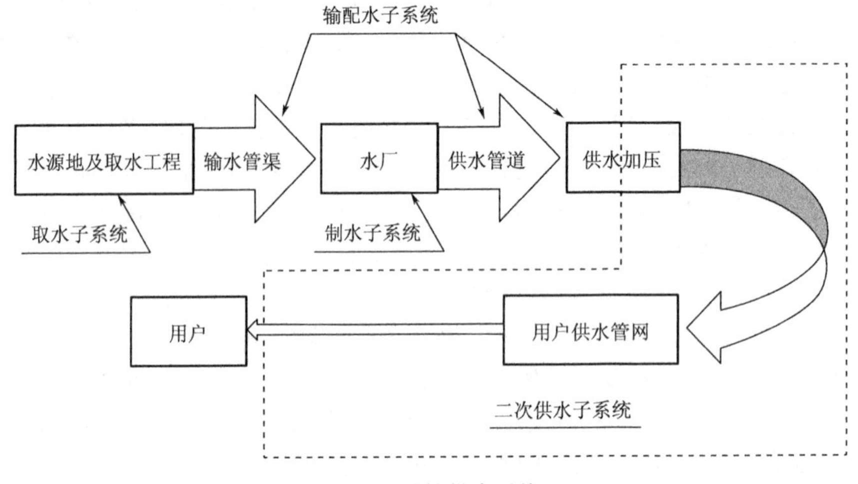

图 1-1　城镇供水系统

从图 1-1 可知,取水子系统主要由水源地及取水工程构成。城镇供水水源是指城镇水资源所在的水域、含水层等,可分为地表水和地下水。地表水包括江河水、水库、湖泊和海洋中的水,取用地下水多用管井、大口井、辐射井和渗渠。地下水包括井水、泉水和地下河水等,取用地表水可修建固定式取水构筑物,如岸边式或河床式取水构筑物,也可采用活动的浮船式和缆车式取水构筑物。而城镇取水工程是指为满足城镇用水而修建的取水设施。

制水子系统主要是指水厂。水厂对原水进行处理,以达到用户对水质要求的各种构筑物及其设施,通常这些构筑物及其设施都集中设置在水厂内。

输配水子系统主要由输水管、供水管、附件、连通管、水厂调节及增压构筑物等构成。输水管、供水管、附件、连通管是指取水构筑物取集的原水送至水厂处理过程中，构筑物的管、渠等设施及水厂出水送至供水管网始端的系统设施。水厂调节及增压构筑物是指水厂储存和调节水量、保证水压的构筑物（如清水池、水塔、增压泵房），一般设在水厂内，也可在水厂内外同时设置。另外输水管与供水管的区别在于输水管是从水源到水厂或从水厂到供水管网的管线，因为沿管线一般不连接用水户，主要起转输水的作用，沿程无流量变化；而供水管就是将输水管线送来的水，配给城镇用水户的管道系统，配水管内流量随用户用水量的变化而变化。

二次供水子系统主要由用户供水管网、用户调节及增压构筑物、用户用水设施等构成。目的是将符合要求和标准的水送至用户的管道及其用水设施。

二、城镇供水系统的分类

（一）城镇供水系统的供水布置方式分类

受水源、地形及城镇规划等因素的影响，城镇供水系统可按照城镇供水系统布置方式分为以下几种类型：

（1）重力式供水系统，即利用地形自流供水；

（2）水泵提升式供水系统；

（3）单一水源供水系统；

（4）多水源供水系统；

（5）分（水）质供水系统；

（6）分（水）压供水系统。

并且以上几种供水系统又可组合成新的供水系统，如多水源重力式供水系统等。

（二）城镇供水系统的供水区域分类

按照城镇供水系统的供水是否分区可分为以下两种类。

一是分区供水系统。就是按地区形成不同的供水区域，对于地形起伏较大的城镇，其地势高的区域与地势低的区域采用由同一水厂分压供水的系统，成为并联分区系统；采用增压泵房（或减压措施）从某一区域取水，向另一区域供水的系统，成为串联分区系统。

二是区域供水系统。就是按照水资源合理利用和管理相对集中的原则，供水区域不局限于某一城市，而是包含了若干城市及周边的乡镇和农村集居点，形成一个较大范围以水源地为中心的供水区域，并且区域供水系统可以由单一水源和水厂供水，也可由多个水源和水厂组成。

（三）城镇供水系统的供水对象分类

城镇供水系统的供水对象包括城镇居住区、工业企业、公共建筑以及消防和市政道路、绿地浇洒等。由于各种供水对象对水量、水质和水压有不同的要求，因此城镇供水系统可按其服务对象和使用目的不同可分为以下三种类型。

一是生活供水系统。就是为人们生活提供饮用、烹调、洗涤、盥洗、淋浴等用水的供水系统。根据其供水用途的差异可进一步分为：直饮水供水系统、饮用水供水系统、杂用水供水系统。生活供水系统除需满足用水设施对水量和水压的要求外，还应符合国家规定的相应的水质标准。

二是生产供水系统。就是为产品制造、设备冷却、原料和成品洗剂等生产加工过程供水的供水系统。由于采用的工艺流程不同，即使生产同类产品的企业，对水量、水质和水压的要求也可能存在较大的差异。

三是消防供水系统。消防用水对水质无特殊要求，只是在发生火灾时使用，一般是从街道上设置的消火栓和室内消火栓取水，用以扑灭火灾。此外，在有些建筑物中采用特殊消防措施，如自动喷水设备等。消防供水设备一般可与城市生活饮用水共用一个供水系统，只有在一些对防火要求特别高的建筑物、仓库或工厂，才设立专用的消防供水系统。

另外供水系统还可按水源种类分为地表水（江河、湖泊、水库、海洋等）和地下水（浅层地下水、深层地下水、泉水等）供水系统。

三、城镇供水系统的供水方式

根据供水方式的不同，可将城镇供水系统分为集中式供水和分散式供水。

集中式供水是指以地表水或地下水为水源，经集中取水、统一净化处理和消毒后，由输水管网送到用户的供水方式。我国城镇的供水主要为集中式供水，由于集中式饮用水供应范围大，一旦水源及供水过程中受到某种化学物质或致病微生物污染，又未经有效净化、消毒处理时，可引起大范围的急慢性中毒和传染病的流行。因此，应加强集中式供水的卫生监督和管理，保障供水安全。

分散式供水是指居民直接到水源处取水供生活饮用。取水方式包括从机井、手压泵井中取水和人力提水等。分散式供水过程中一般未经净化消毒处理，因而水质较差。为确保分散式供水的卫生安全，应做好饮用水的净化消毒工作和水源的卫生管理工作。各类分散式供水提供的饮用水都应进行消毒，尤其是在肠道传染病流行季节和传染病高发区，更应加强消毒措施，才能有效防止介水传染病流行，确保人体健康。

四、城镇供水系统的核心工艺

（一）取水泵站

1. 工艺流程

取水泵站在城镇供水系统中也称为一级泵站，其作用是从水源将原水输送至净水厂。在地表水水源中，取水泵站一般由吸水井、泵房和阀门井（又称切换井）等三部分组成，其工艺流程示意如图 1-2 所示。

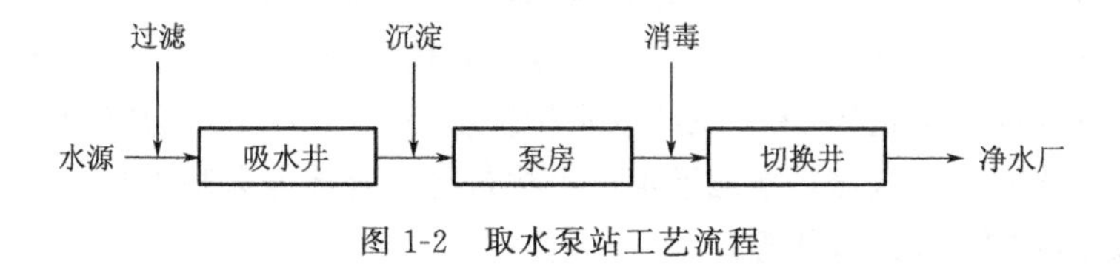

图 1-2 取水泵站工艺流程

2. 主要构筑物与工艺设备

在地表水水源中，取水泵站大多靠近江河的岸边建造，建（构）筑物包括吸水井（进水间）、泵房（含配电间和控制室）、加药间、阀门井、办公楼等。其中进水间和泵房是主要的取水构筑物，分为合建式和分建式两种基本形式（图 1-3）。

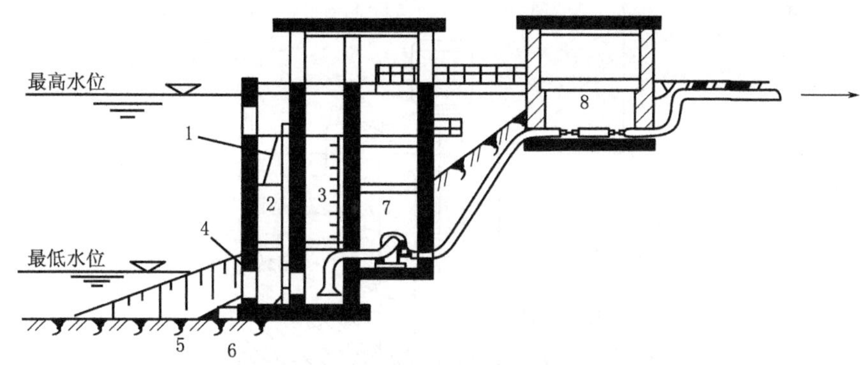

合建式岸边取水构筑物（1—进水间，2—进水室，3—吸水室，4—进水孔，5—格栅，6—格网，7—泵房，8—阀门井）

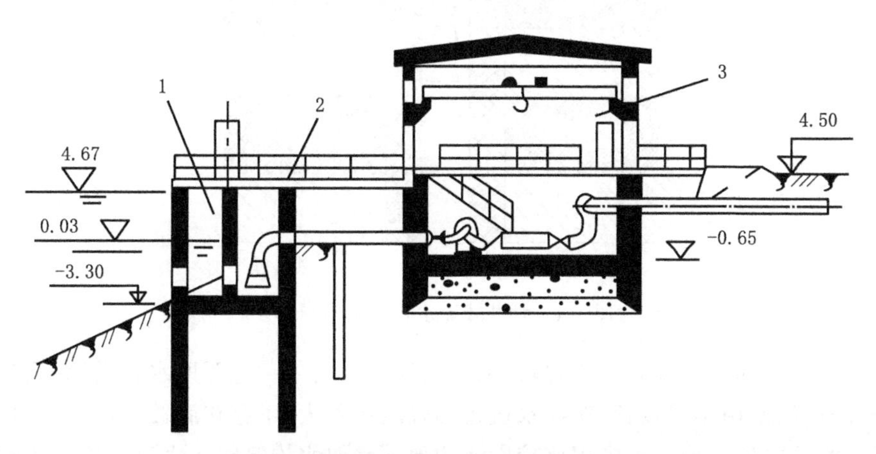

分建式岸边取水构筑物（1—进水间，2—引桥，3—泵房）

图 1-3 合建式（上）和分建式（下）取水构筑物示意图

合建式取水构筑物是将进水间和泵房合建在一起,优点是布置紧凑,占地面积小,水泵吸水管路短,运行管理方便,但是土建结构复杂,施工较困难。当岸边地质条件较差时,则将进水间与泵房分开建造,对施工较为有利。

在地下水水源中,取水泵站大多靠近取水井建造,常见的地下水取水构筑物主要有垂直系统取水构筑物、水平系统取水构筑物、联合系统取水构筑物。

垂直系统取水构筑物是指地下水取水构筑物的延伸方向基本与地表面垂直的取水构筑物,如管井、大口井等。

管井是地下水取水构筑物中应用最广泛的一种,因其井壁和含水层中进水部分均为管状结构而得名,由于常用凿井机械开凿,故又称为机为井。管井主要由井室、井壁管、过滤器、沉砂管等构成,其结构如图 1-4 所示。

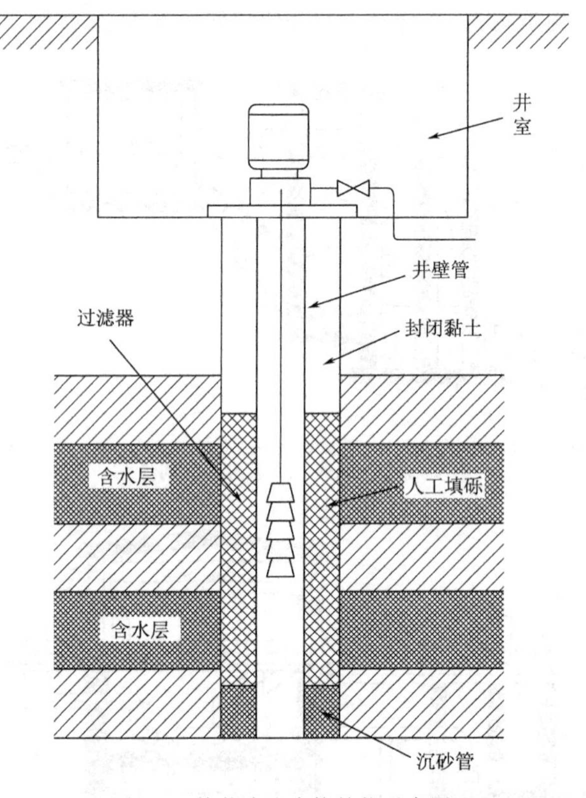

图 1-4　管井式取水构筑物示意图

大口井因其井径大而得名,是开采浅层地下水的一种主要取水构筑物,具有进水条件较好、使用年限较长、对抽水设备形式限制不大、不存在腐蚀等特点,已成为我国除管井之外的另一种应用比较广泛的地下水取水构筑物。大口井主要由通风管、排水水坡、井筒、吸水管、井壁透水孔、井底反滤层、泵房等构成,其结构如图 1-5 所示。

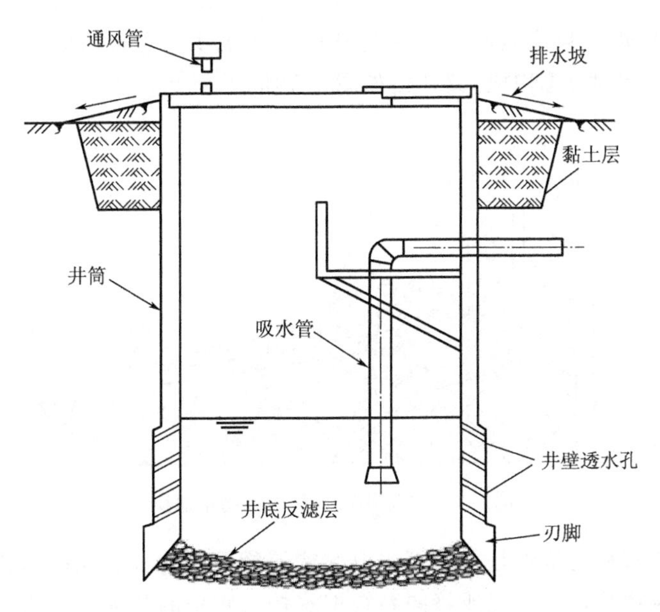

图 1-5 大口井式取水构筑物示意图

水平系统取水构筑物是指地下水取水构筑物的延伸方向基本与地表面平行。如渗渠、坎儿井等。

渗渠是水平敷设在含水层中的穿孔渗水管渠，主要由渗水管渠、集水管、集水井、检查井、泵房等构成，其结构如图 1-6 所示。

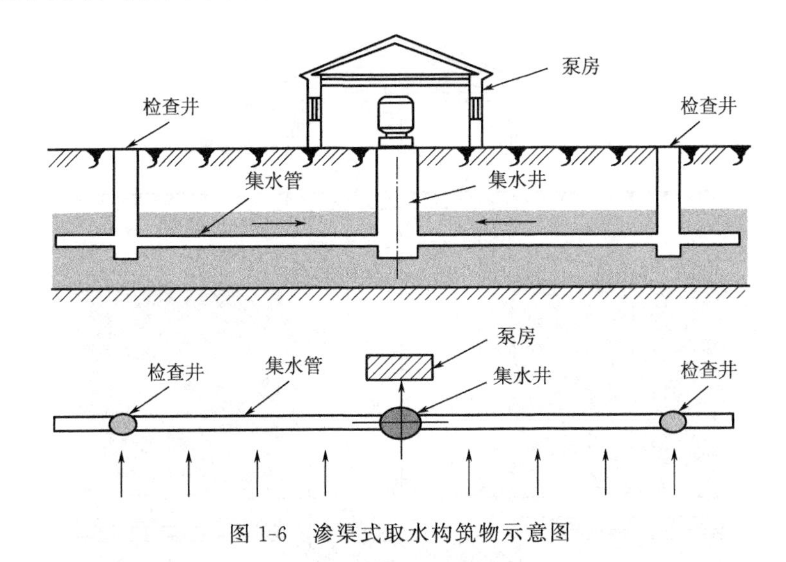

图 1-6 渗渠式取水构筑物示意图

坎儿井是我国新疆地区在缺乏把各山溪地表径流由戈壁长距离引入灌区的手段以及缺乏提水机械的情况下，根据当地自然条件、水文地质特点，创造出用暗渠引取地下潜流，进行自流灌溉的一种特殊取水构筑物。主要由竖井、暗渠、明渠和涝坝（即小型蓄水池）等构成，其结构如图 1-7 所示。

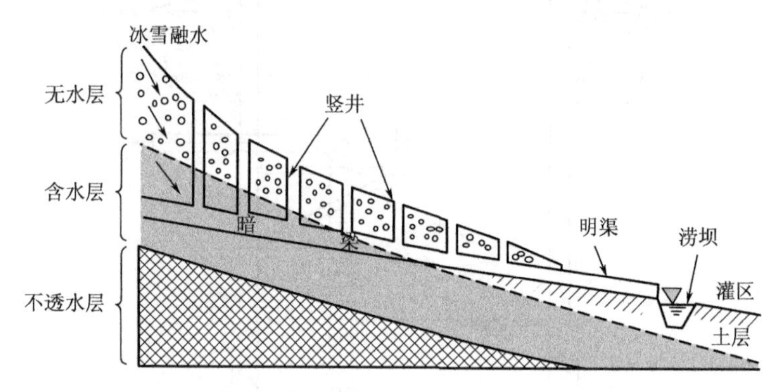

图 1-7　坎儿井式取水构筑物示意图

联合系统取水构筑物是指地下水取水构筑物是将垂直系统取水构筑物与水平系统取水构筑物结合在一起或将同系统取水构筑物中的几种联合成一整体而形成的取水构筑物。如辐射井、复合井等。

辐射井是由集水井（垂直系统取水构筑物）及水平的或倾斜的进水管（水平系统取水构筑物）联合构成的一种井型，因水平进水管是沿集水井半径方向铺设的辐射状渗入管，故称这种井为辐射井。辐射井主要由进水辐射管、集水井、泵房等构成，其结构如图 1-8 所示。

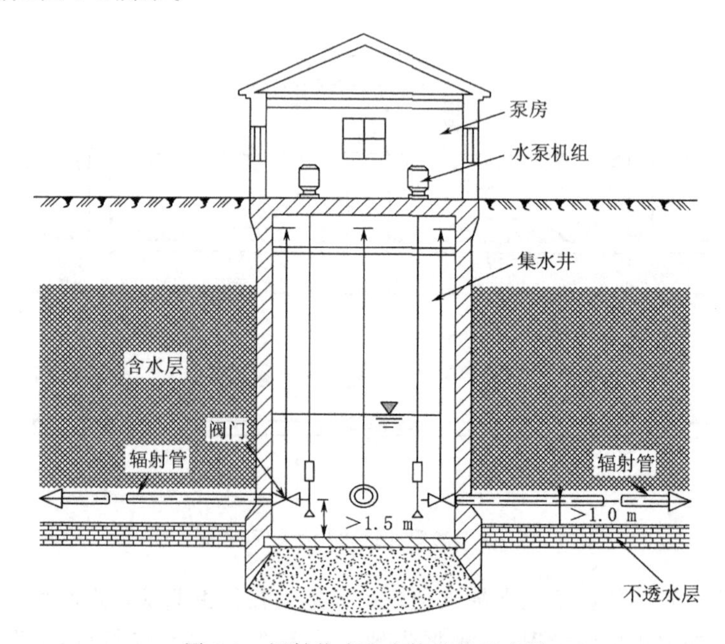

图 1-8　辐射井式取水构筑物示意图

复合井是一个大口井和管井组合而成的一种分层或分段取水井型，具有适用于地下水水位较高、厚度较大的含水层和充分利用含水层的厚度增加井出水量的特点。复合井主要由非完整大口井、井底管井、泵房等构成，其结构如图1-9所示。

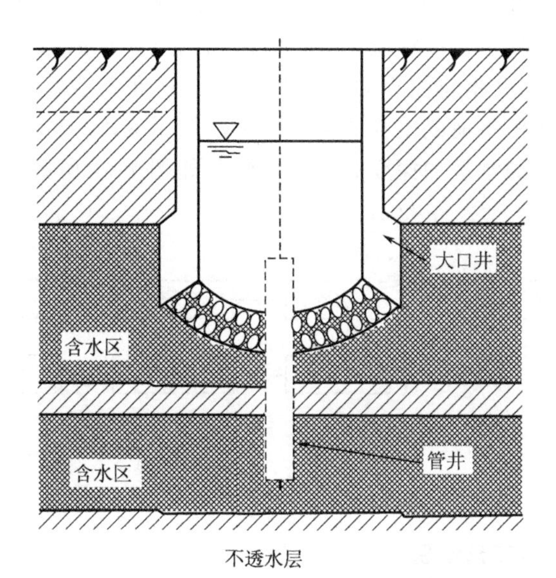

图1-9 复合井式取水构筑物示意图

水泵是取水泵站的主要工艺设备(图1-10)，最常用的是离心泵，水泵的工况直接决定了泵站的运行和能耗。水泵工况点的调节一般采用变频调速，适用于各种功率的电动机，最佳调速范围50%～100%，功率因数0.85以上，效率达0.95以上，启动和停止性能良好，适合单机和多机联机运行控制。

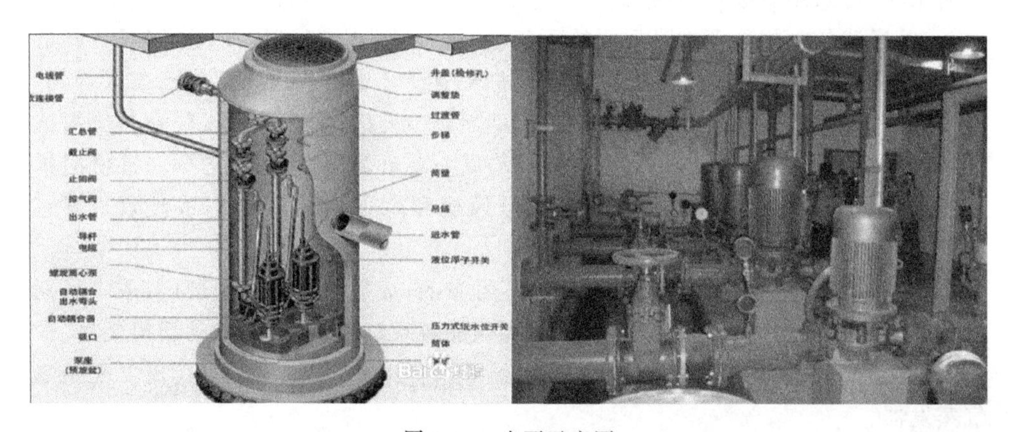

图1-10 水泵示意图

（二）净水厂

1. 工艺流程

净水厂是城镇供水系统的核心，其主要任务和目的是通过科学的方法去除水中的杂质，提供安全优质的用水，保障居民生活、企业生产和其他用水。就饮用水而言，目前的常规处理工艺为混凝、沉淀（或澄清）、过滤和消毒。在此基础上，为了应对污染、提高水质，越来越注重原水的预处理和常规工艺之后的深度处理，如增加生物预处理（接触氧化池或生物滤池），采用活性炭吸附（或者臭氧——活性炭联用）技术等。净水厂的常规加深度处理工艺流程如图1-11所示。

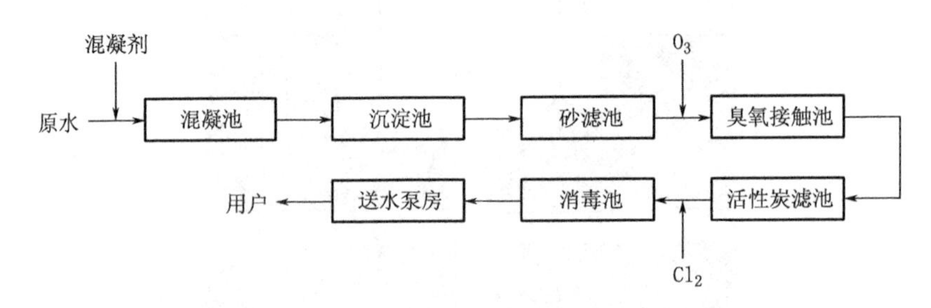

图1-11　净水厂的常规＋深度处理工艺流程图

2. 主要构筑物与工艺设备

（1）混凝池的形式可分为水力和机械两类，水力式是使用管式混合器和折板，机械式是在池内安装搅拌器，使水和药剂快速均匀地混合，水中杂质结成絮凝体而分离。

（2）沉淀池广泛采用平流式，穿孔墙配水，集水槽出水，机械排泥。当沉淀池具有3米以上虹吸水头时，采用虹吸式吸泥机。当沉淀池为半地下式，池内外的水位差有限时，可采用泵吸式吸泥机。

（3）过滤是常规处理中最重要的环节，目前大量使用V型滤池，由PLC为核心组成控制系统自动控制整个过滤过程。进水槽设计成V字形，有利于布水均匀。恒水位等速过滤，滤池出水阀随水位变化不断调节开启度，使池内水位在整个过滤周期内保持不变，滤层不出现负压。采用均质石英砂滤料，截污能力强。冲洗时采用空气、水反冲和表面扫洗，分别由罗茨鼓风机和离心泵提供动力，冲洗效果好且节约冲洗用水。

（4）在生活饮用水处理中，消毒是必不可少的，液氯消毒是应用最广、成本最低的消毒方式。液氯的投加通常使用自动真空加氯系统，该系统由自动切换装置、减压阀、真空调节器、自动真空加氯机、水射器等部件组成，加氯量大时还需要配备氯气蒸发器。

（5）臭氧——生物活性炭法是饮用水深度处理的主流工艺，臭氧氧化、颗粒活性炭吸附和生物降解得到综合利用。臭氧系统由气源系统、臭氧发生系统、臭氧接触反应系统和尾气处理系统组成。气源制备可采用空气、液态纯氧蒸发和现场制氧等方法。臭氧发生系统包括臭氧发生器、供电设备(变压器、控制器等)及发生器冷却设备(水泵、热交换器等)。臭氧接触反应系统包括臭氧扩散装置和接触反应池。尾气处理多采用加热分解法或触媒催化分解法,使残余臭氧达到环境允许的浓度。

(6)清水池起到水量调节和消毒接触作用,可建成矩形或圆形,分格数一般不少于两个,能单独工作和分别放空。

(7)送水泵房也称为二级泵房,将清水池的水输往管网。送水泵房吸水水位变化范围小,通常不超过3～4米,因此泵房埋深较浅。一般可建成地面式或半地下式。送水泵房为了适应管网中用户水量和水压的变化,必须设置各种不同型号和台数的泵机组,从而导致泵房建筑面积增大,运行管理复杂。因此泵的调速运行在送水泵房中显得尤为重要。

五、城镇供水系统的特征

由于城镇所具有的重要地位、职能及其鲜明特征,与农村饮用水相比,城镇饮用水无论在水源选择、供水范围、供水方式、供水规模、供水系统及安全保障方面都有较大的不同。城镇饮用水安全具有以下特征。

一是严格的水源地选择标准。城镇供水水源主要来自河流湖泊地表水和地下水,水源地选择需在详细调查分析城镇饮用水水源地及其周边自然、经济社会状况的基础上,综合考虑水域的水文状况、水域功能、水质现状、污染状况及趋势等多种因素,设置在水量和水质有保证和易于实施水环境保护的水域及周边区域。选用地表水为给水水源时,水源的枯水流量保证率需根据城镇性质和规模确定,并须符合国家有关标准和规定。当水源的枯水流量不能满足需求时,需采取多水源调节和调蓄等措施。同时,地下饮用水水源的开采需根据水文地质勘查,其取水量应小于允许开采量。缺乏淡水资源的沿海或海岛城市将海水淡化处理后须符合相应标准。

二是供水范围集中,供水规模大,安全保障要求高。城镇饮用水供水范围为城镇居民日常生活用水以及城镇供水设施用水。供水方式主要为集中式供水,即将地表水或地下水水源经集中取水、统一净化处理和消毒后,由输水管网送到用户,所供水通常称为自来水。由于城镇人口稠密,公共设施密集,因此与农村饮用水供水相比,城镇集中式供水水源地供水规模较大,单个水源地的供水规模一般大于1000人。

三是维护良好的生态环境。饮用水水源地的生态环境状况直接影响水源水质,为保障水质水量,需在水源水域周边一定范围内划定水源保护区,水源保护区需维持良好的生态环境状况。

四是具有完整而严密的供水系统。与农村饮用水水源地不同，城镇饮用水水源的原水需要经过一套完整而严密的供水系统最终送达用户端。城镇供水系统是将原水经加工处理后按需要把制成水供到各用户的一系列工程的组合。水由取水构筑物经严密的输水管道送入实施水处理的水厂以防止水在运输过程中受到污染。水处理是其中的关键环节，包括澄清、消毒、除臭和除味、除铁、软化，处理后符合水质标准的水经配水管网才能送往用户。

六、城镇供水系统风险的类型及特征

（一）城镇供水系统的风险管理

城镇供水系统的风险管理，就是在实现城镇供水系统各项管理目标的过程中，试图将各种不确定因素产生的影响控制在可接受范围内的方法和过程，以保障和促进供水系统整体利益的实现的一系列活动（图 1-12）。

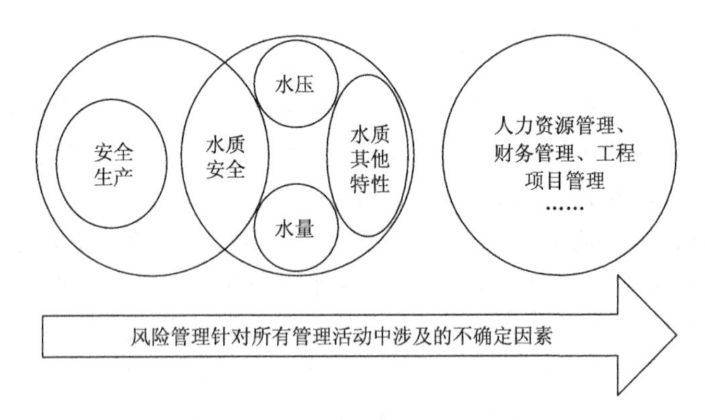

图 1-12　城镇供水系统风险管理示图

（二）城镇供水系统风险的类型

从城镇供水系统组成来看，城镇供水系统的风险可划分为以下四类。

一是取水子系统风险，主要包括自然因素风险、水源地管理与保护风险、原水管线风险、取水设施与设备风险、变配电风险、自动控制风险、计量与监测风险、调度风险、生产工艺风险、安全防护与消防风险、突发事件风险、人员管理风险等。

二是制水子系统风险，主要包括自然因素风险、生产工艺风险、制水设施与设备风险、变配电风险、化学危险品风险、自动控制风险、计量与监测风险、调度风险、安全防护与消防风险、突发事件风险、人员管理风险等。

三是输配水子系统风险，主要包括自然因素风险、管网风险、变配电风险、自动控制风险、计量与监测风险、调度风险、安全防护与消防风险、突发事件风险、人员管理风险等。

四是二次供水子系统风险，主要包括自然因素风险、化学危险品风险、二次供水设施风险、变配电风险、计量与监测风险、调度风险、安全防护与消防风险、突发事件风险、人员管理风险等。

(三)城镇供水系统风险的特征

城镇供水系统风险特征主要表现在以下几个方面。

一是客观性。自然灾害、意外事故、疏忽大意等损失风险是客观存在的，是不可能完全排除的。但是，随着供水企业人员认识和管理水平的不断提高和改进，以及现代科学技术的应用，城镇供水系统风险可有所降低。

二是损害性。城镇供水系统的风险无论转化为水质事故、水量事故还是人身安全事故，一旦发生即会造成一定程度的损失，该损失可以是经济损失，也可能是心理或精神伤害。

三是不确定性。城镇供水系统风险的不确定性主要表现在以下三个方面：空间上的不确定性，就整个供水系统来说，四个子系统都面临着设备故障的风险，但是，具体到某一子系统设备是否发生设备故障，其结果是不确定的；时间上的不确定性，由于外界条件、操作人员等因素的影响，供水系统何时发生水质事故、水量事故、人身安全事故是无法预知的；损失程度的不确定性，无法预计供水系统每次发生事故造成的损失程度。

四是可控性。城市供水系统风险基本是影响水质、水量、水压和人身安全的因素。可根据以往经验采取相应措施降低或规避风险，将风险控制在可接受范围之内。因此，城市供水系统风险具有可控性。

第三节　城镇供水企业气象灾害防御现状

一、城镇供水企业面对气象灾害的严峻形势

我国是自然灾害多发国家，尤其是近年来，随着全球气候变暖，暴雨、雷电、高温、低温、干旱、大风等气象自然灾害频发，对城镇供水系统正常运营构成了严重威胁，也严重干扰了部分地区安全稳定形势。

例如，2008 年 7 月 20 日 15 时，福建省泉州市遭受雷电灾害天气袭击，负责向泉州市区约 70%住户供水任务的福建省泉州市第三水厂所在地的天空云层很低，天上乌云密布，响雷伴着耀眼闪电，20 日 15 时 34 分，泉州市第三水厂厂区外的水厂专用供电线路电杆上的交换器因雷击爆炸起火导致水厂断电停产，停止供水 90 分钟。事故发生后，泉州电力抢修队人员迅速赶到现场抢修，首先将被大火烧得乌黑的交换器卸下来，然后又更换了从变压器到厂区配电房之间被雷击击穿烧毁电气设备，直到 20 日 17 时许泉州市第三水厂恢复供电，市区供水才恢复正常。虽然停水仅仅 90 分钟，但严重影响了泉州市市区 70%的自来水用户正常生活，使泉州

市自来水公司的抢修热线几乎被打爆，泉州市海峡都市报的热线通“968111”关于水的热线也响个不停，大部分是反映水量小或停水。如泉州市市区群星广场小区的业主林先生的情况更神奇，他家的自来水不仅发黄，而且还有热量。林先生住在泉州市群星广场A幢郁香苑6楼，在卫生间，他再次拧开水龙头，流出泛黄的自来水(图1-13)，其温度约二三十度。而在刚过去半个小时前的水温确有四五十度，水像是从黄河里流出来一样。据了解，林先生所在小区，很多业主都遇到了同样的问题。

图1-13 自来水发黄发烫

水为何发热？群星广场小区物业管理处负责人朱先生说，当天下午3点多，小区供水的变频器被雷击坏掉了，修好后，在供水过程中会使水温升高，那也是暂时的。

水为什么会变黄？泉州市自来水有限公司抢修队负责人刘先生说，水变黄是因为第三水厂恢复供水后突然加压，导致管网输送管道里铁锈掺杂到了水里，影响了水质，只要把这些水放干后即可放心饮用。

2009年6月27日晚，河南省郑州市荥阳市贾峪镇8条10千伏的高压线路遭雷击，导致配电柜发生爆炸，造成距配电柜20米外的一座供全镇人饮水的30米高、存水100吨的黑色铁制供水塔被震塌(图1-14)，使全镇停水。

2010年6月19日至22日，江西省吉安市新干县全县境内普降大暴雨造成新干县自来水公司险情不断，使自来水公司不能正常运营，导致新干县部分区域停水，严重影响了当地居民的正常生活和社会稳定。暴雨灾害天气造成新干县自来水公司险情主要表现在以下六方面。一是2010年6月19日20时，由于突降大暴雨，造成新干县自来水公司办公区段排水不畅，导致雨水倒灌，使自来水公司二级泵房内积水不断加深，出现二级泵房的电机可能因积水被烧毁，将导致新干县全县

图 1-14 雷击导致供水塔被震塌事故现场

停水,后果将不堪设想的险情。在险情发生后第一时间内,自来水公司迅速组织人员用潜水泵排水,并预备好发电机,新增了两台潜水泵。由于组织得力,及时排除了该险情,有效防止了安全事故的发生,保障了县城的正常供水。二是 6 月 20 日,由于新干县湄湘河水位迅速上涨,洪水携带的漂浮物堆积在湄湘河管道桥 DN600 供水主管上游。由于漂浮物阻水,大大增加了管道所承受的压力,出现了供水主管可能被水冲毁,严重危及县城供水安全的险情。险情发生后,自来水公司立即组织人员打捞囤积在供水主管上游的漂浮物,由于措施得力,及时排除了该险情,保障了供水主管的安全。三是 6 月 20 日,新干县自来水公司玻璃城水厂供水设备大部分被水淹,值班人员被困于洪水中。当天 8 时,自来水公司组织人员前往玻璃城水厂援救被困值班人员。同时,采取有效措施将配电板、启动箱等供水机电设备转移到安全地带,以减少洪灾造成的损失。四是 6 月 21 日,新干县自来水公司城南水厂支撑变压器电杆的土壤长时间被水浸泡,土壤塌陷,导致变压器倾斜后被烧毁。险情发生后,自来水公司于当日上午 8 时左右积极主动协调新干县供电公司中断城南水厂供电,有效防止了事故扩大化的发生。五是 6 月 22 日,新干县自来水公司大洋洲水厂一级泵房支撑变压器电杆的土壤长时间被水浸泡,土壤塌陷,导致变压器倾斜后被烧毁。险情发生后,自来水公司于当日上午 9 时左右积极主动协调新干县供电公司中断大洋洲水厂一级泵房供电,有效防止了事故扩大化。六是 6 月 22 日中午 1 时左右,因新干县湄湘河水猛涨,县城 5 万吨/日供水工程施工现场出现泡泉,险情发生后,自来水公司立即调度抢险应急分队运来沙包封堵泡泉,及时排除了险情,有效防止了安全事故的发生。

2011 年 6 月 19 日下午 2 时左右,浙江省温州市区上空雷电频闪,造成给温州市状元水厂专用供电的 220 千伏永强变电站一条 35 千伏供电线路遭雷击发生故障断电,导致水厂停止供水,从而引发全市大面积区域水压降低,直到晚上 9 时 30

分开始，市区供水才逐步恢复正常，严重影响了市民的正常生活。例如，家住市区江滨路聚鑫苑的周先生说，他家从下午开始，水压就开始变小，滴滴答答的，连洗碗都成问题，更不用说洗澡了。到了晚上，更是连一滴水都没了，不知道是怎么回事。无奈之下，周先生只好拖家带口搬到父母家过夜。而家住市区锦绣路宏景花苑的吴先生打进“党报热线”投诉，大热天用不上水，市民都很烦躁，可偏偏水务部门调度中心公布的咨询电话“88373456”“88373318”却一直占线，一直是“对不起，对方现在正忙，请稍后再拨”。另外，2个月后的8月12日下午3时许，仍然是雷电造成温州市状元水厂专用电气设备受损导致水厂停产。

2012年12月23日前的连续低温天气与12月23日气温突然回升的耦合效应，导致23日12时左右湖南省长沙市供水公司第八水厂一根直径为1.6米的出厂主水管因热胀冷缩发生撕裂，造成大量自来水向外冒出，在水管破裂处，喷涌而出的大水将一段高约3米、长约10米的护墙全部冲垮，沿线数百米被水淹，附近数十位居民因家中地势低洼遭遇“水灾”(图1-15)。事故发生后，供水公司立刻组织人员进行抢修，连续关闭了五六个闸口，以减弱路面的水流。由于主水管爆裂，韶山路以西、五一大道以南供水不同程度受到影响，当日下午整个城南地区出现暂时停水状况。

图1-15 水管破裂导致大水冲刷路面现场

2013年1月5日，由于冰冻低温天气造成湖南怀化市鹤城区云集路宏泰小区一处地下水管的接口处破裂，导致附近100多户居民停水。事故发生后，怀化市供水总公司维护部经理邓宗仁立即带领施工人员赶往现场抢险(图1-16)。邓经理告诉小区居民，虽然城区的供水主管都埋在地下，但是一般居民的水管都露在室外的，由于管径小，气温低就容易冻住，居民可以将家里的水龙头打开一点，保持水流动，这样水管就不易被冻住，同时提醒居民做好水表防冻的工作。

图 1-16 城区宏泰小区内施工人员正在抢修破裂水管现场

2014 年 6 月 17 日晚，由于雷电灾害天气造成福建省泉州市永春县第三自来水厂供水泵房到龙门滩四级水电站的供电线路被雷击坏，导致泵房无法工作输水，使永春县桃城镇、石鼓镇、五里街镇及东平镇约 2 万户居民断水。事故发生后，永春县第三自来水厂组织了近 20 名工作人员在约 9 公里的被雷击供电线路进行排查，直到晚上 8 时才终于发现故障系两组损坏的避雷器所致，直到更换了新的避雷器后，供电线路才恢复供电，水厂也才恢复供水。停水给许多居民带来了不便。永春县桃城镇环翠路中南海小区住着许多独居老人，老人们都拿着水桶到小区外约百米远的水井提水。家住 4 号楼 4 楼层的李阿伯没有储水习惯，昨日午饭后，正要洗碗的他发现没水了，提着水桶要到水井处提水时，看见邻居们排了长长的队，他就回家了，当晚他只好去街上的饭店吃一顿。而永春文庙对面一家理发店里由于停水，店里电热水器里存了一些水，但只能够约 10 名男生理发用，因此谢绝所有长发顾客、烫染发顾客，导致理发店生意受影响（图 1-17），营业额比平时减少了至少一半。

图 1-17 理发店生意受影响

2015年12月28日，河南省郑州自来水公司在郑州市金水区丰庆路与东风路交叉口东北角的自来水井内水阀门出问题漏水，由于受低温天气影响，从窨井内冒出的水在路面结了一层薄薄的冰(图1-18)。在早上8时到8时30分的上班高峰期，导致至少十名骑车人摔倒。例如，上午9时10分许，一骑车女子摔倒在路口的公厕附近，猝不及防的重摔导致女子腿部受伤，无法站立，虽然附近有不少路人和晨练者，但都没人敢上前扶她，而是一记者闻讯后，跑过去将女子搀扶到路边，最后女子打电话给家人后，才被送往医院。

图1-18　自来水井往外冒水结冰形成路口成“溜冰场”导致多名骑车人摔倒现场

2016年9月15日3时5分，14号台风“莫兰蒂”在福建省厦门市翔安沿海登陆，登陆时中心附近最大风力15级，属强台风级，中心气压945百帕。由于受强台风“莫兰蒂”影响，厦门市水务集团高殿水厂最先出现电压不稳的问题，供水机组跳闸，很快厦门市水务集团全市的9个水厂都陆续出现了外部电网断电情况，凌晨2时，厦门全市停水。为保障供电、供水设施的正常运转，国家电网把供水设施的电力接通作为优先抢修的重点。15日6时20分，杏林水厂首先恢复供水，此后，集美水厂和海沧水厂的供电设备也陆续开始正常的供水作业。另外，厦门岛内的主要供水厂，高殿水厂已经在15日14时20分恢复双回路供电，15日晚8时左右居民就可正常使用自来水。全市莲坂、翔安、梅山、集美旧场、汀溪等水厂的供电问题也正在解决中，估计16日能够供电恢复，水厂就能逐步恢复正常供水。在此次台风“莫兰蒂”严重影响厦门供水事件中，由于应对科学、及时，出现了“有了温暖不惧殇”感人事迹。例如，厦门大学15日凌晨6时断水后，学校后勤集团立即进入抢险工作，主动与市水务集团协调联系，时时监控供水系统，保证第一时间加压供水。15日晚上7时，颂恩楼、学生宿舍区、海滨教师生活区逐渐恢复供水。到了晚上11时30分，思明校区已基本实现供水全覆盖。16日凌晨2时30分，海韵学生公寓实现供水，由于水压的不稳定，供水目前还存在间歇性停止的情况，但这一现状有望在明天得到改善。暂时还未恢复供水的海韵北区宿舍楼，也因为有了市水务集团运送来的 18 吨自来水而缓解了用水难题。因此 16 日早上，厦门大学法学院本科生何桑和丽娜起床后接水洗漱，觉得人生又重新美好起来，以前从未感觉到水如此珍贵，真是有一种幸福叫台风过后的水电(图 1-19)。

图 1-19 台风过后的厦大法学院学生用水时的美好感觉

2017 年 8 月 2 日晚 8 时许，受强降雨影响，北京市房山区长阳第二供水厂和路侧部分车辆被淹(图 1-20)，水深超过 1.5 米，设备间进水被迫停水，影响长阳半岛、国际城等小区人口 9 万人。事故发生后，通过相关供水企业开启长阳一、二、三供水厂联调管网阀门、联调长阳第三集中供水厂供水等应急处置，到当晚 23 时就开始逐步恢复停水区域供水。另外经过对长阳第二供水厂的积极抢修，到 3 日凌晨 0 时 50 分，所有小区都恢复正常供水。

图 1-20 房山区长阳镇被因暴雨淹没道路现场

上述近十年的典型案例表明：我国城镇供水系统受气象灾害频繁发生影响，形势非常严峻。因此，中国城镇供水排水协会早在 2009 年制定了《城镇供水企业安全技术管理体系评估指南》，进一步规范和加强城镇供水企业包含气象灾害防御的安全技术管理工作。但该评估指南仅仅针对城镇供水企业防冻、防雷提出了要求，而对暴雨、高温、干旱、大风、大雾等灾害天气可能给城镇供水企业带来的气象灾害风险评估有所忽视。目前重庆市人民政府为了加强遭受暴雨、雷电、大雾等灾害性天气时，可能造成气象灾害事故的单位（当然包括城镇供水企业）的气象灾害防御工作管理，组织有关部门的专家，研究制定了重庆市人民政府令第224号——《重庆市气象灾害预警信号发布与传播管理办法》（图1-21）。

图1-21　重庆市人民政府令第224号研讨制定发布宣贯图片

该《办法》第十四条规定："气象灾害敏感单位应当建立气象灾害预警信号接收责任制度，设置预警信号接收终端。收到预警信号后，应当按照应急预案的要求立即采取有效措施做好气象灾害防御工作，避免或者减少气象灾害损失。"；第十二条规定："气象灾害预警区域的区、县（自治县）和乡镇人民政府在收到预警信号后，应当按照应急预案的要求立即采取有效措施做好气象灾害防御工作，避免或者减少气象灾害损失"；第十三条规定："气象灾害防御有关行政管理部门应当与气象主管机构建立联动机制，依据易燃易爆场所、有毒有害场所、重要公共场所、大型公共设施的气象灾害风险评估等级，制定防御气象灾害的应急预案，做好预警信号接收和灾害防御工作"；第十七条第二款规定："气象灾害敏感单位违反本办法规定，未建立气象灾害预警信号接收责任制度，未设置预警信号接收终端的，由气象主管机构责令限期改正。"

该《办法》创设了重庆市、区（县）级气象主管机构确认包括供水企业在内的"气象灾害敏感单位"，并规定了"气象灾害敏感单位"的责任，建立了防御气象灾害责任到单位的责任制度。为重庆市、区（县）级气象部门监督"区县（自治县）和乡镇人民政府""有关行政管理部门""气象灾害敏感单位"在防御本行政区域、本部门、本单位气象灾害中是否责任到位，奠定了坚实的法律基础。

重庆市人民政府还于2009年8月28日向各区县（自治县）人民政府，市政府有关部门，有关单位下发了《重庆市人民政府关于进一步明确安全生产监督管理职责决定》（渝府发〔2009〕80号）文件（图1-22），文件第四条市政府安委会有关成员单位安全生产监督管理职责中第（十）款市气象局安全生产监督管理职责第3项"负责对气象敏感单位的认定和气象灾害风险评估的管理工作，依法督促气象灾害敏感单位建立气象灾害预警信号接收制度，设置预警接收终端，制订气象灾害应急预案，做好预警信号接收和灾害防御工作。"

重庆市人民政府办公厅电子公文

渝府发〔2009〕80号

重庆市人民政府关于
进一步明确安全生产监督管理职责的决定

各区县（自治县）人民政府，市政府有关部门，有关单位：

为全面贯彻落实市委三届五次全委会精神，进一步加强安全生产工作，依据《中华人民共和国安全生产法》、《国务院办公厅关于加强中央企业安全生产工作的通知》（国办发〔2004〕52号）、《重庆市安全生产监督管理条例》等有关法律法规政策规定，按照"依法治安、职责法定"和"谁主管谁负责、谁审批谁负责、谁监管谁负责"的原则以及市级各行业行政主管部门的主要职责规定，现就进一步明确安全生产监督管理职责作出如下决定：

一、总体要求

全市各级人民政府和部门要充分认识安全生产是坚持"立党

—1—

年 月 日 核收：

（十）市气象局。

——负责重大灾害性天气的监测、预报、警报工作，组织编制全市气象灾害防御规划、突发性气象灾害应急预案，及时发布天气预警、预报信息，负责高温天气的温度预报和统计发布工作。

——负责雷电灾害安全防御工作，开展全市防雷工程设计审核、施工监审、竣工验收，组织防雷设施的安全检查及雷电防护装置的安全检测、雷电灾害风险评估、雷电灾害调查鉴定，依法监督检查职责范围内新建、改建、扩建建设项目的防雷工程与主体工程同时设计、同时施工、同时投入使用。

——负责对气象敏感单位的认定和气象灾害风险评估的管理工作，依法督促气象灾害敏感单位建立气象灾害预警信号接收制度，设置预警接收终端，制订气象灾害应急预案，做好预警信号接收和灾害防御工作。

——负责无人驾驶自由气球和系留气球、人工影响天气作业期间的安全检查和事故防范。

图 1-22 《重庆市人民政府关于进一步明确安全生产监督管理职责决定》文件图片

重庆市气象局依据该《办法》组织有关专家制定了《气象灾害敏感单位安全气象保障技术规范》（DB50/368—2010）、《气象灾害敏感单位风险评估技术规范》（DB50/580—2014），同时还积极协调和协助重庆市人民政府办公厅、应急办公室出台了《重庆市人民政府办公厅关于加强气象灾害敏感单位安全管理的通知》（渝办发〔2010〕344号）文件（图 1-23），该文件是重庆市人民政府办公厅于 2010 年 11 月 26 日向各区县（自治县）人民政府，市政府各部门，有关单位下发的。文件对各区县（自治县）人民政府，市政府各部门，有关单位提出以下具体要求。

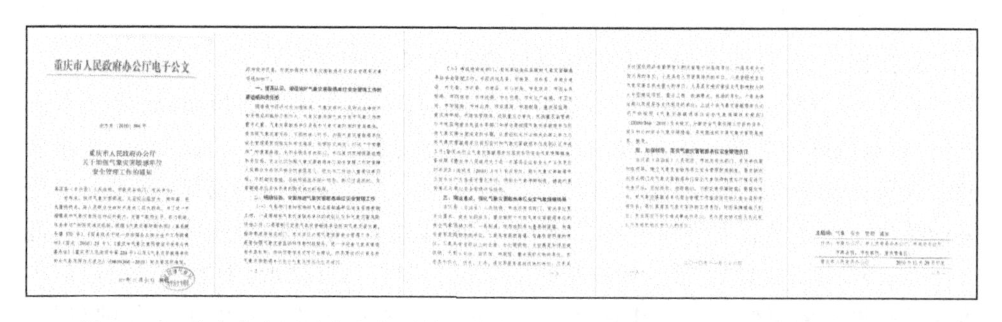
重庆市人民政府办公厅电子公文

图 1-23 《重庆市人民政府办公厅关于加强气象灾害敏感单位安全管理工作的通知》

1. 提高认识，增强做好气象灾害敏感单位安全管理工作的紧迫感和责任感

随着重庆市经济社会加速发展，气象灾害对人民群众生命财产安全构成的威胁不断加大，气象灾害防御已成为重庆市气象工作的重中之重。气象灾害敏感单位是重庆市气象灾害防御的重要载体，是实现气象灾害可防、可控的核心环节。加强气象灾害敏感单位安全管理是贯彻落实科学发展观、科学防灾减灾、打造"平安重庆"的重要举措。全市各级各有关部门、单位要切实增强紧迫感和责任感，充分认识加强气象灾害敏感单位安全管理工作对保障人民群众生命财产安全的重要意义，把此项工作纳入重要议事日程，不断细化措施，尽快形成政府统一领导、部门协调联动、灾害敏感单位具体负责的防灾减灾新格局。

2. 明确任务，全面推进气象灾害敏感单位安全管理工作

(1)气象部门要切实做好气象灾害敏感单位安全管理前期工作。一是要做好气象灾害敏感单位的类别认定和气象灾害风险评估工作。二是要制订完善气象灾害敏感单位防御气象灾害方案，指导重庆市政府有关部门、有关单位开展气象灾害安全管理工作。三是要加强气象灾害监测和预警预报服务，进一步完善气象灾害信息共享机制，加快预警信息发布平台建设。四是要组织开展各类气象灾害敏感单位安全气象保障技术应用培训。

(2)重庆市市政府有关部门、有关单位要认真做好气象灾害敏感单位安全管理工作。市经济信息委、教委、科委、城乡建委、交委、农委、商委、公安局、民政局、国土房管局、环保局、市政委、水利局、文化广电局、卫生局、安监局、林业局、旅游局、港航局、通信管理局，重庆保监局、重庆海事局、成铁重庆办事处、民航重庆监管局、华中电监局重庆电监办等部门和单位要按照气象灾害敏感单位防御气象灾害方案规定的步骤，认真组织本行业相关企事业单位开展气象灾害敏感单位类别自评和气象灾害敏感单位类别认证申报工作；督促本行业气象灾害敏感单位落实各项安全气象保障措施。

要按照《重庆市人民政府关于进一步落实企业安全生产主体责任的决定》有关规定，强化气象灾害敏感单位安全生产主体责任量化考评，将安全气象保障制度、措施的落实情况与单位安全等级评估挂钩。

3. 突出重点，强化气象灾害敏感单位安全气象保障措施

各区县(自治县)人民政府、市政府有关部门、有关单位要突出重点，做到有的放矢，重点做好十大类气象灾害敏感单位的安全气象保障工作。一是制造、使用或贮存大量易燃易爆、有毒有害等危险物质的单位。二是具有易燃易爆、有毒有害环境的单位。三是具有省级以上的会堂、办公建筑物、大型展览和博览建筑物、大型火车站、国宾馆、档案馆、重点保护文物的单位。四是具有供水、供电、交通、通信等重要基础设施的单位。五是具有对国民经济有重要意义的大量电子设备的单位。六是具有大中型水库的单位。七是具有人员密集场所的单位。八是曾经发生过气象灾害且损失重大的单位。九是具有受灾害性天气影响较大的大中型建设项目、重点工程、旅游景点、林场的单位。十是法律法规以及规范性文件规定的单位。上述十类气象灾害敏感单位必须严格按照《气象灾害敏感单位安全气象保障技术规范》(DB50/368—2010)有关规定，分解安全气象保障工作目标任务，强化相应的安全气象保障措施，并定期组织开展气象灾害隐患排查、整改。

4. 加强领导，落实气象灾害敏感单位安全管理责任

重庆市各区县（自治县）人民政府、市政府有关部门、有关单位要加强领导，建立气象灾害敏感单位安全管理联席制度，要定期组织有关部门对气象灾害敏感单位安全气象保障制度运行情况进行检查评估，总结经验，汲取教训，不断完善保障措施；要强化考核，把气象灾害敏感单位安全管理工作推进情况纳入安全目标考核体系；要认真落实气象灾害防御工作责任，对因保障措施不到位、责任落实不到位造成事故的单位，要依据法律、法规及有关规定严肃追究相关责任人的责任。

上述《城镇供水企业安全技术管理体系评估指南》《气象灾害敏感单位安全气象保障技术规范》《气象灾害敏感单位风险评估技术规范》的制定和《重庆市气象灾害预警信号发布与传播管理办法》的颁布以及《重庆市人民政府办公厅关于加强气象灾害敏感单位安全管理工作的通知》《重庆市人民政府关于进一步明确安全生产监督管理职责决定》文件的出台，为城镇供水企业安全气象保障工作的落实与实施，极大地提升了城镇供水企业防御雷电、暴雨等气象灾害的能力，为切实排除雷电、暴雨等气象灾害造成城镇供水企业安全事故隐患，确保城镇供水企业安全生产奠定了坚实的法治基础和操作性强的政策依据，提供了可靠的标准化技术支撑，为全国供水行业强化城镇供水企业气象灾害防御贡献了重庆智慧和重庆方案。

二、城镇供水企业气象灾害防御的局限性

（一）城镇供水企业气象灾害防御工作思想认识的局限性

虽然《中华人民共和国水法》《中华人民共和国城市供水条例》《中华人民共和国气象法》《气象灾害防御条例》等有关法律法规条款为城镇供水企业气象灾害防御工作奠定了坚实的法治基础，但部分城镇供水企业在气象灾害防御工作中仅仅停留在镇供水系统设施设备处于正常天气状态下的安全运行的传统思维，忽视了灾害天气引发城镇供水企业安全事故的风险，还未牢固树立习近平总书记关于“进一步增强忧患意识、责任意识，坚持以防为主、防抗救相结合，坚持常态减灾和非常态救灾相统一，努力实现从注重灾后救助向注重灾前预防转变，从应对单一灾种向综合减灾转变，从减少灾害损失向减轻灾害风险转变，全面提升全社会抵御自然灾害的综合防范能力。”的防灾减灾救灾新理念，使城镇供水企业气象灾害防御工作存在局限性，导致城镇供水企业在气象灾害事故时有发生，给国家财产和人民生命带来严重损失，影响了社会安全稳定。

例如 2003 年 8 月 1 日，高温天气引发江苏省南京市北河口水厂超负荷生产导致水厂配电房设施被烧毁，造成半个南京城停水的事故，就是一起城镇供水企业气象灾害防御工作在思想认识上存在局限性的典型案例。

事故经过　2003 年 7 月 24 日至事故发生的 7 月 29 日，江苏省南京市进入了

连续7天最高气温超过35℃的极端高温天气(图1-24),使全市用水量持续维持在较高水平,导致承担大半南京人饮用水的江苏省南京市北河口水厂一直处于满负荷运转状态(图1-25)。

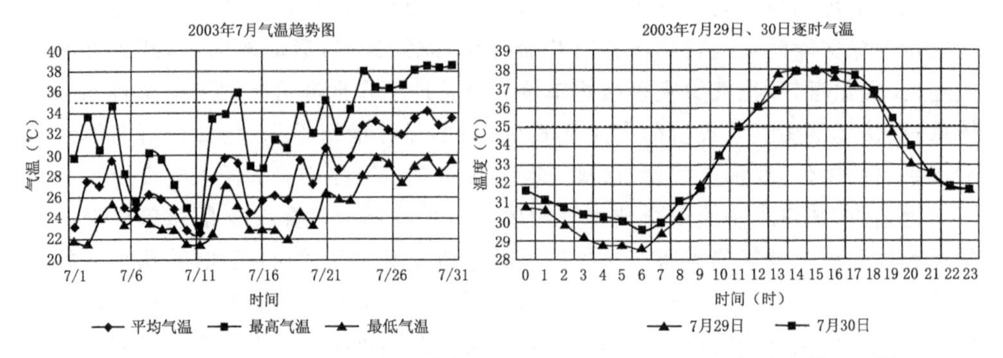

图1-24 南京2003年7月高温趋势(左)及7月29—30日逐时气温变化(右)图

图1-25 南京市北河口水厂示意图

在一般情况下,水厂8台水泵启动四五台就可以维持全市的用水了,而在2003年7月28日,全市用水出现了新高峰,为确保全市居民用水,有关人员经过精密科学计算,认为8台水泵全上应该问题不大,于是7月29日中午用水高峰段,水厂超负荷使用了全部水泵,即启动了最后的7号水泵,当时并未发生任何问题;但到了下午4时准备再次运转7号水泵时,启动时形成的强大电流在瞬间引起进线6000伏高压开关柜内的一个电流感应器爆炸,其爆炸的威力和爆炸时产生的高温,不仅将部分器件熔化成铁水,更足以影响到其他配件,并且突然断电也使没有故障的电器出现新问题,严重影响了维修的进度。虽然从南京城南水厂、上元门水厂等单位调来的技术骨干和北河口水厂原有的检修工共40余名技术工人日夜轮班进行抢修,仍然造成日产70万吨的北河口水厂全面停产,导致半个南京城停水,直到7月30日凌晨3时30分南京城才开始逐步恢复供水。

虽然事故发生后,南京自来水公司立即启动应急预案,向全市水厂发出满负荷运转指示,并把各水厂供水范围扩大,同时通过水车送水,但由于停水面积太大,运水车只是杯水车薪,根本无法满足市民需求。此次南京停水事件持续时间较长,短则10多个小时，长则28个小时才恢复供水，而这段时间正值晚间用水高峰，“火炉”南京持续38℃以上高温，没水烧饭、没水洗澡，让老百姓在高温下遭到无水的痛苦折磨；同时波及范围广，殃及半个南京城近百万住户，信息又发布不及时、不充分，市民不知道发生了啥事，甚至产生恐慌，因此引起南京市民强烈不满。为此8月2日，南京代市长蒋宏冲在全市抗高温紧急会议上，就北河口水厂全面停产导致半个南京城停水事件向全市人民道歉说：“造成了城市大面积停水，给相当多群众生活带来较大影响，发生这种情况，尽管我们也有预案，对高温工作也有部署，下面的同志也做了不少工作，但我们政府、我作为代市长也深感内疚，代表政府向广大市民表示抱歉。”蒋宏坤还说：“群众之事无小事，这次事故的发生有公用设施建设跟不上社会需求增长的问题，也有部分干部责任心不够强，抓落实不够细、应急预案不周密的问题，对此要引起高度重视，切实加以解决。”同时还强调有事一定要让群众知道：“这么大的城市说一点问题没有不可能，但要尽可能少为市民带来麻烦，发生问题要实时信息发布，让市民早做准备。”

事故主要原因 一是对极端高温天气引发水厂非常态安全事故认识的局限性。对连续的极端高温天气可能引发水厂安全生产事故的非常态安全事故的思想认识存在局限性，过于“冒险”超负荷运行全部水泵，是引起此次事故的主要原因。二是对可能发生的极端高温天气引发水厂非常态安全事故没有针对性的预防措施。由于认识的局限性导致对可能发生的极端高温天气引发水厂非常态安全事故没有提前采取针对性的任何预防措施，对已使用了11年虽未出现过故障的陈旧设备零配件，而这些零配件关系到水厂供配电系统正常运行，关系到整个水厂的正常供水，并且水厂又承担着全市50%的供水任务，不能因为这些零配件“不易损坏”就没有提前准备备用件，尤其是经过精密科学计算，仅仅知道水厂超负荷运行全部水泵应该问题不大，就盲目“冒险”超负荷运行全部水泵，而对可能出现的风险没有采取任何针对性防范措施，是引起此次事故扩大化的根本原因。

(二)城镇供水企业气象灾害风险管理的局限性

虽然国家法律法规为城镇供水企业气象灾害防御工作奠定了坚实的法治基础，尤其是《中共中央、国务院关于推进防灾减灾救灾体制机制改革的意见》(中发〔2016〕35号)提出了牢固树立灾害风险管理和综合减灾理念，努力实现从减少灾害损失向减轻灾害风险转变的要求，并且《城镇供水企业安全技术管理体系评估指南》也早在2009就发布实施，但部分基层政府及其部门和城镇供水企业在供水系统气象灾害风险管理具体措施方面仍然存在局限性，使城镇供水系统气象灾害风险长期存在，严重影响了当地居民正常生活和身心健康，形成社会事件时有发生。例如2015年5月22日一场暴雨导致广西壮族自治区南宁市武鸣县灵水湖变成了一片黄色的汪洋，使武鸣县“每年一下暴雨，自来水就被污染”又上演的事件，就是一起城镇供水企业气象灾害风险管理中，在“努力实现从减少灾害损失向减轻灾害风险转变，有效提高城镇供水企业气象灾害的综合防范能力”的具体落实措施方面存在局限性的典型案例。

事件经过 2015 年 5 月 22 日，由于暴雨灾害天气影响，广西壮族自治区南宁市武鸣县河水暴涨并倒灌入武鸣县的饮用水源——灵水湖，使灵水湖变成了一片黄色的汪洋，导致武鸣县居民家中的自来水也变成了黄色，浑浊度超标达 120 多倍，无法饮用，武鸣县供水公司中断供水，直到 25 日凌晨 5 时 30 分，武鸣县供水公司经检测，自来水浊度为 3，已达到国家饮用水标准。因此 25 日早上，供水公司才可通过发短信、广播等方式，告知县城居民水质恢复正常的消息。

虽然 5 月 25 日洪水渐退，武鸣县自来水恢复正常，但县城十万居民心里的疑团却未散去。“为什么每年一下暴雨，自来水就被污染?”，“难道供水公司没有过滤就直接将受污染的水送往居民家?”。这次的自来水被污染事件却在网络上炸开了锅，武鸣市民对此讨论并未停止。不少网民联想到，2004 年、2008 年，武鸣县都曾出现因暴雨导致的较大自来水污染事件，而短暂的出现水质浑浊现象近几年几乎没断过。为此，广西新闻网-当代生活报记者冯耀华前往武鸣调查采访，武鸣县政府和武鸣县供水公司也首次就公众关注的问题进行了回应。

图 1-26 武鸣居民家中 24 日上午 10 时水龙头流出橙黄色自来水图片

住在武鸣县城解放街的居民张炎告诉记者，23 日早上，暴雨过后，他打开水龙头，流出的自来水好像蛋黄一般的颜色，盛一碗放在桌子上，他小孩开玩笑说:“好像一碗鲜橙多饮料”(图 1-26)。这两天，他和爱人轮流到供水公司设立的取水点去打水来煮饭菜，生活十分不便。张炎凭肉眼感观道出了他对自来水被污染后的看法，而武鸣县供水公司的检测数据，更直观反映这些“黄汤”的触目惊心:武鸣县供水公司潘兆环给记者提供的数据显示，23 日上午 11 时 35 分检测，武鸣自来水浊度为 60，是国家标准的 20 倍，到 24 日凌晨 2 时 30 分，自来水浊度达到 366，是国家标准的 122 倍。

事件发生后，为确保临时用水安全，武鸣县政府、武鸣县供水公司立即启动突发事件应急预案，23 日、24 日两天出动多台消防车、园林绿化车到广西东盟经济开发区取水，在县城文化广场、渡头社区、红岭社区、灵水社区设置 4 个临时免费供水点，从下午 4 时开始供市民排队取水(图 1-27)。

质疑:“水厂没有过滤装置么？为什么每次一下雨，武鸣自来水就要遭污染，而同样是暴雨季节，南宁市邕宁区的邕江水质也变浑浊，为什么南宁市区从未发生自

图 1-27 武鸣县城居民 23 日下午排队取水现场

来水变黄的事件呢?”事实上,早几年,武鸣自来水因暴雨被污染事件刚发生时,网上就有不少质疑的声音出现。暴雨——洪水倒灌灵水湖——自来水被污染——政府应急送水,近几年在武鸣反复上演着相同的动作,让人不得不怀疑武鸣的供水体系是不是哪里出了问题? 这两天,在武鸣一微信公众号推出的质疑水厂不作为的微信,一天时间点击就高达几万人。

为此记者浏览网民们的评论发现,归结起来主要有两个质疑:第一,是网民认为,灵水湖是全南宁最好的饮用取水源,水质清澈,在处理工序上理应成本更低,但武鸣水费并没有因此降低,反而跟南宁市区持平,交了跟南宁一样的水费,但却没有得到如南宁市民的用水待遇,反而每年暴雨季节让他们喝“黄汤”;第二,网民质疑,武鸣县供水公司收费不作为,没有投入资金安装沉淀过滤装备,直接抽取灵水湖的水未经过滤直接供给武鸣广大市民。

回应 对于网民们的质疑,25 日早上,武鸣县供水公司潘兆环在接受记者采访时表示,武鸣县的供水直抽直供是事实,也就是抽水泵从灵水湖抽水上来,在泵前投加消毒剂,就直接往用户家里送。简单说就是从泵房直接到用户。

但潘兆环解释说,直抽直供并不止武鸣一家水厂,南宁其他县也是采取这样的方式供水,这与 20 世纪 60 年代建厂初期的历史背景有关。当时灵水湖地下水出水量比较大,从下面冒出来的水,跟一把伞一般,很强劲,即便是洪水淹没灵水,也不会发生洪水倒灌到泵房的事情。所以,建厂时没有过高要求,就没有用水沉淀过滤的方法,但近几年周边生态环境恶化,灵水地下水出水量越来越弱,加之汛期河流水位上涨,倒灌到泵房的事情才慢慢出现。

至于网友质疑的水费问题,潘兆环说,武鸣水源质量比南宁市其他地方好这是客观事实,但南宁水厂是规模经营,一天产量相当于一个武鸣厂一个月的产量,在成本上没有可比性。另外,武鸣供水价格不由企业来定价,由相关部门根据供水成本、费用、税金和利润等核算构成，现在武鸣的水价是每吨 1.53 元，在南宁市中不是最高的。

对于为何不在水厂建设沉淀过滤工序，武鸣县供水公司总经理陆良平对记者称，除了历史原因外，还有一个原因是，灵水湖取水源所在地是风景保护区，规划中不允许大兴土木建设，另外涉及搬迁灵水湖边诸多村民，工作难度相当大。

解决 记者采访了解到，为应对自来水安全问题，南宁市上林、马山等县都纷纷采取措施，实行了双水源取水，但武鸣县目前还是单一的取水源，只有灵水湖这一个。这使得灵水一旦受到污染，武鸣便找不到可以替代的取水源供应。武鸣县人民政府副县长石岩告诉记者，采取应急方案解决这两天武鸣居民的用水安全外，前几年发生灵水水源被污染事件后，县委县政府已经开始着手从根本上解决这一事情。

石岩说，解决这一问题有长期和短期两个步骤，从长远规划来说，结合武鸣撤县改区工作和南宁教育园区落户武鸣的机会，要满足将来增加的十几万人用水的需求，已经规划了一个设计十万吨处理能力的武鸣西江河新水厂，总规划已经布置，已经有了初步的选址，目前在开展前期工作。短期解决方案是，打通和广西东盟经济开发区水厂的联网管，目前这一部分的联网管已完成了 90%，还差一公里左右的水管，因为涉及部分征地问题没解决，现在正在协调多个部门推进，会在 2 个月左右完成联网管贯通，届时，一旦灵水湖水源被污染，立刻停止武鸣水厂抽水，改由广西东盟经济开发区的水厂供水，实现双水源供水，确保不再出现类似自来水污染事件。

事件原因 暴雨灾害天气造成武鸣县单一饮用水源灵水湖被污染，是此次事件的主要原因；但武鸣县城镇供水长期存在公共安全的暴雨灾害风险，而基层政府针对这一暴雨灾害风险的科学管理中关于“改变单一取水源的有长期措施和广西东盟经济开发区的水厂应急供水的短期措施”具体推进工作却迟迟不到位，没有及时协调相关部门和供水公司消除城镇供水暴雨灾害风险，是产生每次暴雨灾害天气造成“暴雨——洪水倒灌灵水湖——自来水被污染——政府应急送水——影响居民正常生活”问题，使供水企业暴雨灾害风险转化为自来水被污染事件的根本原因。

（三）城镇供水企业防御气象灾害工作经费保障的局限性

气象安全生产事故是指能够预见或者能够防范可能发生气象危险因素情况下，因生产经营单位防范措施不落实、应急救援预案或者防范救援措施不力，导致气象危险因素直接或间接造成人身伤亡、财产损失的事故。因此气象安全生产事故属于安全生产事故范畴，是责任性事故，必须失职追责。而城镇供水企业气象灾害防御工作是指为了防止或减少大气运动形成的灾害性天气、危险气象要素等气象危险因素给城镇供水企业的生产经营活动带来影响，科学地处置好城镇供水企业气象安全生产事故风险，须采取相应的工程性措施和非工程性措施，以防范城镇供水企业气象安全生产事故发生的而必须做的工作，属于安全生产工作范畴。

但是由于部分基层政府及其部门和供水企业对气象安全生产事故和城镇供水企业气象灾害防御工作的科学内涵认识的局限性，没有按照《中华人民共和国安全生产法》（中华人民共和国主席令第 13 号）“第二十八条：生产经营单位新建、改建、扩建工程项目的安全设施（指生产经营单位在生产经营活动中用于预防生产安全事故的设备、设施、装置、建构筑物和其他技术措施的总称），必须与主体工程同时设计、同时施工、同时投入生产和使用。必须将安全设施投资纳入建设项目概算。”“第九十条：生产经营单位的决策机构、主要负责人或者个人经营的投资人不依照本法规定保证安全生产所必需的资金投入，致使生产经营单位不具备安全生产条件的，责令限期改正，提供必需的资金；逾期未改正的，责令生产经营单位停产停业整顿。有违法行为，导致发生生产安全事故的，对生产经营单位的主要负责人给予撤职处分，对个人经营的投资人处二万元以上二十万元以下的罚款；构成犯罪的，依照刑法有关规定追究刑事责任。”的有关规定对城镇供水企业防御气象灾害工作提供必要的经费保障，确保城镇供水企业防御气象灾害相关工程性措施和非工程性措施与城镇供水企业主体工程“三同时”。使城镇公共供水系统气象灾害风险转化为城镇公共供水系统气象安全生产事故，影响社会安全稳定的事件时有发生。

例如，2012 年 7 月 18 日、24 日福建省莆田市涵江供水厂位于秋芦镇陂头村的抽水泵站两台机组的控制设备遭雷击毁坏，导致莆田市涵江城区 3 万户居民因此停水的事件，就是一起城镇供水企业防御气象灾害工作经费保障存在局限性的典型案例。

事故经过 2012 年 7 月 24 日 14 时左右，福建省莆田市涵江区遭受雷电灾害天气袭击，造成莆田市涵江供水厂位于秋芦镇陂头村的抽水泵站两台机组的控制设备遭雷击毁坏（图 1-28），导致莆田市涵江城区 3 万户居民因此停水 5 个多小时。而就在 7 月 18 日下午，秋芦抽水泵站的供电线路也曾遭遇雷击，同样导致涵江城

图 1-28 秋芦溪畔供水厂的取水口及抽水泵站配电箱内的缆线被雷击中损坏

区全面停水。由于遭到雷击，秋芦抽水泵站内的两台机组设备已被烧毁，可能需要一周时间才会恢复使用。在该抽水泵站停摆期间，涵江供水管理处方面已协调相关部门，恢复从正在大修的渠道取水，供给自来水公司。

为什么在短短1周时间内，同一个抽水泵站会接连被雷击到？当地水电等公共设施遭雷击的现象多不多？莆田是否属于雷暴高发区？为此东南网-海峡都市报记者对此做了深入调查。

居民认为一周内停水两次实在伤不起。7月24日傍晚，有不少涵江居民打进海峡都市报“968111”新闻热线反映，家里停水了，焦急了解何时恢复供水。家住涵江区的涵西街道前街附近一小区的李女士打来电话说，中午的时候家里的水龙头还是有水的，但下午下班回家发现一点水都没有了。向邻居们打听后她才知道，原来几乎整个涵江城区都停水了。李女士说：“停水都不下个通知，由于事先家里没有备水，马桶没办法冲水，晚饭也做不了，更不用说洗澡了。”涵江区工业路一小区的陈先生说：“之前家里也停水好几个小时。这么热的天，三天两头停水，非常不方便。我打算让儿子到家门口的超市买几瓶矿泉水应急，洗漱的问题还可以忍一忍，但不能不喝水、吃饭啊。到底什么时候能恢复供水？”

记者随后调查发现，除了涵江城区江口部分区域外，几乎整个涵江城区的自来水供应都出现中断现象，导致涵江城区3万多用户停水，时间持续了五六个小时。直到7月24日晚10时左右，涵江城区才慢慢恢复自来水正常供应。

自来水公司认为设备带防雷功能不知为何中招。7月25日上午，涵江区自来水公司调度室工作人员郑先生称：“受前天下午雷雨天气的影响，涵江供水厂位于秋芦镇陂头村的抽水泵站两台机组的控制设备遭雷击毁坏，导致停水。”郑先生说：“由于当时事发突然，抽水电机没有来得及关上。”此前的7月18日下午，秋芦抽水泵站的供电线路也曾遭遇雷击，涵江城区因此也停水。由于两次事故都是突发事件，所以自来水公司方面无法事先通知用户。

说起这些天的雷雨天气，秋芦抽水泵站刘站长十分无奈。他表示，秋芦镇是个雷电多发区，虽然之前附近村民的一些家用电器经常遭雷击损坏，但站内抽水设备没被雷击中过，今年还是第一次。据其透露，秋芦抽水泵站其实是一个应急的抽水站，一个月之前，水利部门临时决定要对给涵江城区供水的渠道进行大修，泵站才又开通运行。渠道大修的工期大概是3个月左右，这期间，都会使用抽水设备和专门的输水管道。

由于遭到雷击，秋芦抽水泵站内的两台机组设备已被烧毁，可能需要1周的时间才能恢复使用。在该抽水泵站停摆期间，涵江供水管理处方面已协调相关部门，恢复从正在大修的渠道取水，供给自来水公司。

记者了解到在莆田当地一个论坛上，有人对秋芦抽水泵站接连两次遭雷击一事感到十分好奇，他们也质疑相关部门没有做好相关防护工作：“希望不会再有第三次!”对此，涵江供水管理处的工作人员称:“7 月 24 日下午，站内的设备本身就带有防雷功能，但不知为何还是中招了。”而且，电力部门的有关专家也到现场查看过，也表示对于这种情况没有更好的办法。

目前全市最大水厂已全部安装防雷设备。据了解，目前委托莆田市防雷监测技术中心进行年检的水厂只有莆田市水务投资集团的第二自来水厂一家。该厂为莆田市区约 8 万户、40 万人提供用水，占莆田全市供水量 95%左右。水厂责任重大，防雷工作也算是“全副武装”。第二自来水厂余洪柱厂长介绍，水厂所在地以前也是雷电多发地带，现在随着周边高层建筑增多，雷电数量减少了。目前水厂有四台水泵，其中两台是备用的。这些是核心设备，防护措施非常严密，从建厂开始就设有高压避雷器，每天 24 小时有人员看管，并有声光报警装置，出现异常，可以及时修复。此外，去年 10 月份，水厂委托莆田市防雷检测技术中心对厂内设备进行检测，耗资 8 万元对建筑物与接地系统进行整改，对厂区建筑物安装了新式标准避雷器。今年以来尚未因雷雨造成损失。

事故原因　从上述事故经过，尤其是东南网-海峡都市报记者对此做了深入调查的情况来看，秋芦镇陂头村的抽水泵站两台机组的控制设备遭雷击毁坏是造成停水事故的直接原因，但秋芦镇陂头村的抽水泵站所在地属于雷击多发区域，仅仅采用一般防雷措施，而没有向莆田市水务投资集团第二自来水厂那样投入适当经费，保障对抽水泵站防雷装置进行专门改造和按照国家有关法律法规、技术标准在每年雷雨季节前对抽水泵站防雷装置安全性能进行年度检测，是导致抽水泵站两台机组的控制设备遭雷击毁坏是造成停水事故的间接原因。

三、城镇供水企业防御气象灾害的可行性

(一)城镇供水企业气象灾害防御工作已导向定航

中国气象事业在创建之初确立了气象为人民服务的宗旨，始终作为气象工作的出发点和归宿。中国气象事业发展战略研究确立的“安全气象”是中国气象事业发展战略的有机组成部分，防止或减少大气运动形成的灾害性天气、危险气象要素等气象危险因素引发气象安全事故，必须采取工程性措施和非工程性措施而进行的气象安全工作是“安全气象”的核心内容。而城镇供水企业气象灾害防御工作是气象安全工作的具体实践，更是贯彻落实中共中央总书记、国家主席、中央军委主席习近平关于“防灾减灾救灾事关人民生命财产安全，事关社会和谐稳定，是衡量执政党领导力、检验政府执行力、评判国家动员力、体现民族凝聚力的一个重要方面。当前和今后一个时期，要着力从加强组织领导、健全体制、完善法律法规、推进重大防灾减灾工程建设、加强灾害监测预警和风险防范能力建设、提高城市建筑和基础设施抗灾能力，提高农村住房设防水平和抗灾能力、加大灾害管理培训力度、建立防灾减灾救灾宣传教育长效机制、引导社会力量有序参与等方面进行努力。”

和中共中央政治局常委、国务院总理李克强关于"当前，要特别重视做好极端天气和重大灾害预警预报、检查督查和应急处置工作，强化各项安全防范措施，坚决遏制重特大事故发生，切实把保障人民群众生命安全的承诺落到实处。"的具体实践。也是贯彻落实《中共中央、国务院关于推进防灾减灾救灾体制机制改革的意见》关于"牢固树立灾害风险管理理念，转变重救灾轻减灾思想，将防灾减灾救灾纳入各级国民经济和社会发展总体规划，作为国家公共安全体系建设的重要内容。完善防灾减灾救灾工程建设标准体系，提升灾害高风险区域内学校、医院、居民住房、基础设施(当然也包含城镇供水设施)及文物保护单位的设防水平和承灾能力。加强部门协调，制定应急避难场所建设、管理、维护相关技术标准和规范"的具体实践。

因此，习近平总书记对防灾减灾救灾工作的新要求和党中央国务院对防灾减灾救灾工作新部署，不仅给气象防灾减灾救灾工作指明了方向、赋予新的意义，同时也给城镇供水企业气象灾害防御工作导了向、定了航。

(二)城镇供水企业气象灾害防御工作体制机制更加健全

《中共中央、国务院关于推进防灾减灾救灾体制机制改革的意见》出台，进一步强化了地方应急救灾主体责任，更加充分发挥了地方党委和政府在灾害应对中的主体作用，承担主体责任；进一步强化了灾害风险防范，更加充分发挥了气象、水文、地震、地质、林业、海洋等防灾减灾部门在提升灾害风险预警能力，加强灾害风险评估、隐患排查治理等方面的作用；进一步加大了防灾减灾救灾投入，更加充分发挥了防灾减灾救灾资金多元投入保障防灾减灾基础设施建设、重大工程建设、科学研究、人才培养、技术研发、科普宣传、教育培训等方面的经费需求；进一步强化了各级财政要继续支持开展灾害风险防范、风险调查与评估、基层减灾能力建设、科普宣传教育等方面防灾减灾相关工作，更加充分发挥各级政府加强对防灾减灾救灾资金的统筹，提高了资金使用效益的作用。

而城镇供水企业气象灾害防御工作是防灾减灾救灾工作的具体工作实践，因此城镇供水企业气象灾害防御工作的法律法规与技术标准制定、科学研究、人才培养、技术研发、科普宣传、教育培训和城镇供水企业气象灾害防御的具体础设施建设、城镇供水企业气象灾害风险管理以及气象灾害防御工作的经费保障等方方面面体制机制必将更健全。

(三)城镇供水企业气象灾害防御常态化工作已经启动

城镇供水系统作为城镇"生命线工程"具有极其重要的作用，是连接城镇居民日常生活及社会工业生产等经济活动运行的纽带，因此城镇供水安全问题已经成为整个城镇安全和防灾系统的重要组成部分。而城镇供水企业气象灾害防御工作是城镇供水安全工作的重要组成部分，是贯彻落实防灾减灾救灾"两个坚持""三个转变"的具体实践，更是贯彻落实"以人民为中心"的具体实践。尤其是全国各省、自治区、直辖市已经按照《中共中央、国务院关于推进安全生产领域改革发展的意见》(中发〔2016〕33)、《中共中央、国务院关于推进防灾减灾救灾体制机制改革的意见》(中发〔2016〕35号)精神，相继出台了具体贯彻落实意见，例如重庆市委政府在2017年5月9日和7月23日分别颁布了《中共重庆市委、重庆市人民政府关于推进安全生产领域改革发展的实施意见》(渝委发〔2017〕15号)、《中共重庆市委 重庆市人民政府关于推进防灾减灾救灾体制机制改革的实施意见》(渝委发〔2017〕24号)(图1-29)。因此城镇供水企业必然按照国家有关法律法规的规定和安全生产领域改革发展的实施意见、防灾减灾救灾体制机制改革的实施意见的要求，依法依规将供水系统气象灾害防御工作同企业生产经营、安全生产同安排、同部署。所以城镇供水企业气象灾害防御常态化工作已经启动，并必将取得显著的社会效益、安全效益和经济效益。

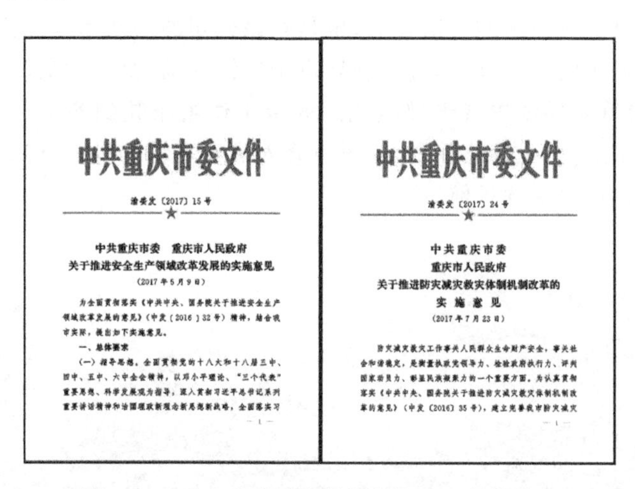
中共重庆市委文件

渝委发〔2017〕15号

中共重庆市委 重庆市人民政府
关于推进安全生产领域改革发展的实施意见
（2017年5月9日）

为全面贯彻落实《中共中央、国务院关于推进安全生产领域改革发展的意见》（中发〔2016〕32号）精神，结合我市实际，提出如下实施意见。

一、总体要求

（一）指导思想。全面贯彻党的十八大和十八届三中、四中、五中、六中全会精神，以邓小平理论、"三个代表"重要思想、科学发展观为指导，深入贯彻习近平总书记系列重要讲话精神和治国理政新理念新思想新战略，全面落实习

— 1 —

中共重庆市委文件

渝委发〔2017〕24号

中共重庆市委
重庆市人民政府
关于推进防灾减灾救灾体制机制改革的
实施意见
（2017年7月23日）

防灾减灾救灾工作事关人民群众生命财产安全，事关社会和谐稳定，是衡量执政党领导力、检验政府执行力、评判国家动员力、彰显民族凝聚力的一个重要方面。为认真贯彻落实《中共中央、国务院关于推进防灾减灾救灾体制机制改革的意见》（中发〔2016〕35号），建立完善我市防灾减灾

— 1 —

图1-29 重庆市委政府颁布实施意见文件图片

典型案例 福建省泉州市石狮供水公司在2016年9月防抗第14号强台风“莫兰蒂”，保障城镇“生命线工程”的案例，就是一起城镇供水企业防御气象灾害完全可行的典型案例。下面以2016年9月23日石狮日报的一篇报道纪实介绍此案例。

核心提示：在堪称中华人民共和国成立以来的最强台风“莫兰蒂”来袭时，迎来一个惊心动魄的震撼中秋。当你安坐家中，与家人团聚过中秋，和亲人、朋友互报平安之时，可曾知道这样一群彻夜坚守、不畏风雨、默默奋战在防抗台风一线上的供水人！台风“莫兰蒂”来势汹汹，福建省泉州市石狮供水公司按泉州市防抗台风工作要求，按照“以防为主、防抗结合、分工明确、保障供水、保证安全”的原则，及早部署，措施到位，严防死守全力以赴防御台风。台风期间，泉州市供水设备、设施和管网未出现受淹和损毁现象；全市供水水质情况良好，未因饮用水水质水量发生突发事件。2016年9月14—16日全市平均日送水量36.5万立方米，出厂水水质综合合格率达100%。

未雨绸缪排兵布阵：在“莫兰蒂”台风来临前2天，为切实保障“中秋”佳节期间的安全生产，保障节日正常供水，该公司未雨绸缪，进一步强化责任落实，严格工作要求，开展对各厂、分公司区域的巡查。组织人员疏通清洗各厂区的排水沟，清理水池上杂草树木，预防积水。对闸阀井盖进行加固铺盖等措施，并对原有少量积水的闸阀进行抽水，准备沙包袋等，检查送水、配电室、泵房等的漏水情况，查险情排隐患，确保各项预防工作准备到位。

9月14日，该公司紧急召开防抗台风“莫兰蒂”工作部署专题会议，传达福建省、泉州市防指部署工作精神，响应泉州市防台风Ⅰ级应急预案，全面部署防抗台风“莫兰蒂”，积极落实防御台风的各项措施。在公司主要领导的部署和亲临一线下，筑起一道道防汛大堤。

此次强台风是对石狮的一次考验，也是对该公司的一次考验。汛情就是命令，在公司董事长吴清民的带领下，公司领导班子冲锋在前，全体党员和中层干部奋勇当先，组织由分管领导和中层干部组成的8个工作组派驻到各水厂、分公司指导，督促各项防抗举措，备足抢修物资，应急抢修人员及车辆24小时待命（图1-30），为石狮市民的正常供水保驾护航。

台风来临前动员部署会　　台风来临前引水工程管道检修和供水井阀门检修现场

图1-30　公司全面动员部署防抗台风“莫兰蒂”工作

风雨之中尽“洪荒之力”：为了战胜这场自然灾害，打赢这场“硬仗”，公司从引水分公司、工程公司、机修厂抽调组成三支应急抢险队伍，奔赴各险情现场，每发现一处险情就及时处理。在此期间涌现出一件件感人肺腑的事迹，谱写了一曲供水人心系民生、忘我拼搏、人民利益高于一切的赤诚情怀。

9月15日凌晨4时30分，正值台风登陆1个多小时，风雨交加，工程公司经理黄明猛、副经理柳志锚带队二次巡查时，发现外国语学校石狮分校无负压设备可拆卸不锈钢罩出现不同程度损毁的情况，如不及时处理将危及设备运行，学校将面临停水，当即进行应急包封处理，并指派2名抢修队员驻点观测，上午即联系厂家对设备运行检测及不锈钢外罩破损进行处理，现在设备运行情况良好，外罩破损也已修复。

灾难无情，供水人有情。上午 9 时 42 分，抢险队又接到凤里华南社区协盛花苑地下室进水，急需调用大功率水泵支援的报告，黄明猛、柳志锚等急用户之所急，立即从物资仓库调用 3 台抽水泵在半小时内赶赴事发现场。他们根据现场实际情况制定科学的抽水方案，合理安排水泵安放位置，解决了小区的燃眉之急，受到各有关单位、群众的大力称赞，也是践行“两学一做”的生动体现。

因受暴雨影响，抢险队对取水源头进行清淤除障，增加滤池运行组数，增加排泥车排泥，提高滤格反冲洗的频率。对于高压配电室、机电房周边及时散排雨水，清理沟中堵塞物，以防排水受阻，抢修队员的汗水夹着雨水浸湿衣背，泥巴裹满了裤腿，他们在用“洪荒之力”坚守着内心的纯朴信念——以最快的时间排除险情和隐患，为市民群众送去放心水！

彻夜坚守查隐患排险情：狂风大雨，雨情和水情每时每刻都牵动着供水人的心，在这个万家团圆的中秋夜，一盒泡面就是供水人的中秋晚餐。8 个工作组成员都坚守在防御台风的第一线，冲锋在前，勇于担当，有条不紊地排除着一条条险情。20 万吨水厂厂长黄文献更是以身作则，忙得顾不上给家里人打个电话报声平安，以至于他的宝贝女儿一直给他打差评，埋怨他不是好爸爸。

针对强台风肆虐后的高达 2000 多度的源水浊度，水质监测站站长蔡雄伟、公司副总工程师王建浦连续三天三夜蹲守在赤湖水厂指导高浊度源水的处理，根据该厂在线监测和水质监测站的水质检测结果，指导主持赤湖水厂工作的支部书记蔡志伟及时组织调整应对措施，控制出厂水水质。此外，公司财务总监汪森辉带病值班坚守，办公室协调及时、后勤保障到位，充分体现了一名党员的先锋模范带头作用。

类似这样的事例其实还有很多很多，他们都是平凡而普通的供水人，每天都在与“水”打交道。但他们都有不怕吃苦、务实奉献的精神。齐心协力，众志成城，一定要打赢防抗台风“莫兰蒂”攻坚战！

严控水质确保市民用水无虞：台风一过，公司上下立即投入到恢复灾后重建工作中。因受强台风暴雨的影响，晋江上游持续泄洪，源水水质夹杂大量泥沙和杂物，水质发生异常，为了及时预判源水水质的变化情况，加强水位水质检查和巡视，该公司安排水质质检人员加大水质检测频率；同时关注取水口上游来水情况并及时清污，增加监测源水水质次数，观察机台和管道运行情况变化，及时发现问题，确保水质各项指标均安全达标，保证了出厂水水质安全稳定。

据悉，市供水公司每天都会按规定对水做色度、浊度、水温、肉眼可见物、细菌总数等 20 多项检测，每个月会对自来水做一次涵盖 42 项的总检测和分析。台风期间，供水公司适时启动防抗台风应急预案，主要负责人带头 24 小时值班，加强巡视、监控，协调各部门工作并深入一线防抗台风。维护人员加强设备的维护，及时抢修；密切关注水质变化，通过在线仪表及加强人工检测频率，确保水质。厂内自检取水、送水检测频率提高到半小时一次，水质站增加检测次数，一天取样两次。检测结果发现，所有出厂的水均符合国家标准，居民尽管放心饮用。

台风“莫兰蒂”期间，对每一位供水人来说都是一场考验。防抗台风工作不仅代表着供水人的责任感和使命感，也体现着供水人服务至上的服务理念，为人民服务的思想正如汩汩清泉滋润心田。目前，供水公司灾后恢复重建工作正扎实推进。

第二章　气象对城镇供水系统的影响

第一节　引言

城镇供水系统作为城市赖以生存和发展的基础设施之一，其安全直接关系到人民群众的身体健康、社会的稳定和经济的持续发展，是经济发展的重要保证。但由于城镇供水系统是在相对开放和自由的大气环境下建设并投入使用的，因此不可避免地受到大气运动形成的极端天气、气候事件和气象危险要素影响，其影响主要表现在以下两个方面。

一方面是城镇供水系统在建设过程中受到极端天气、气候事件和气象危险要素影响形成气象安全生产事故。

例如，2000年1月30日，铁道部某工程局施工的广东省深圳市东部某供水网络干线工程H标段在隧洞出口某工段因降水天气导致围岩雨水浸泡引发塌方，1月31日凌晨3时40分该单位对塌方段进行抢险处理过程中再次发生塌方造成5人死亡，2人轻伤，直接经济损失约39万元。

事故经过　广东省深圳市某供水网络干线工程是深圳市重点工程，建设单位是深圳市东部某供水网络工程建设指挥部，施工单位是铁道部某工程局，质检单位为市某工程质量监督站，设计单位为市水利规划院和铁道部隧道局设计院，监理单位为某监理公司。该工程由铁道部某工程局项目部私自分包给福建省福州市平潭县某建筑公司施工。2000年1月30日，分包队伍平潭县某建筑公司安排十余人在该工段二衬拱部安装绑扎钢筋，掘进班有五人在清理该工段下导隧道土方，并开始安装格栅拱架，15时许，施工人员发现该段右侧边墙起拱线位置处出现裂缝，并有掉渣掉砼现象，施工队即带人加固支撑，因不起作用便组织施工人员撤离了施工现场，并报告了项目部与监理部。项目部和监理部相关人员在现场研究制定了口头塌方抢险处理方案：先喷注砼对塌方暴露围岩及时进行封闭，然后做方木排架，对塌落拱进行支撑加固措施，再打入ϕ28钢筋锚杆，长度2.5～4.0米，布设ϕ28间距为40毫米的钢筋拱架及布设ϕ6间距为150毫米钢筋网片。1月31日0时00分至3时30分，掘进班5人、电焊班2人、衬砌班4人继续进行抢险。凌晨3时30分左右，在掘进班即将布设完成钢筋网片，准备喷射砼时，原塌方处围岩再次发生整体塌落，土量约20立方米，将正在施工作业的7名作业人员埋入塌体中，项目部于凌晨5时左右挖出全部被埋人员，并送医院抢救，其中5人抢救无效死亡，2人轻伤。

事故主要原因 一是技术方面的问题。未严格按照设计与图纸施工，造成初支体系未达到设计要求的承载能力；塌方处隧道穿过围岩为水工V类强风化软岩，现场土质为黏土，无水时，有一定自稳能力，但遇水浸泡后，围岩本身的自稳能力受到破坏，此处围岩曾经雨水浸泡，未引起足够重视；围岩第一次塌方后已丧失自稳能力，现场未认真研究塌方处理措施，抢险措施错误。二是管理方面问题。施工单位项目部管理、技术力量薄弱，项目管理混乱，安全体制不健全，安全管理不到位，未按投标文件的承诺配备管理与技术人员，现场主要工程技术人员无隧道施工经验，项目经理无资质证，现场无专职安全人员管理；在施工生产过程中未严格按施工组织设计施工，抢险作业未按程序编制书面抢险方案并要求进行审批。没有认真实施事故防范措施，对围岩被雨水浸泡和以前的塌方认识不足，险情发生后盲目套用以前的抢险方案；监理、质量监督工作不到位，对施工质量不符合设计要求的部位未严格要求整改，未按规定进行隐蔽工程验收，总监、监理无证上岗。质量监督单位对工程质量监督不严；建设单位指挥部，未对监理单位、施工单位实施有效的监督管理。该事故表明参与供水网络干线工程的施工单位、监理单位、建设单位对水工V类强风化软岩遇雨水浸泡自稳能力急剧下降这一气象危险因素可能引发安全事故的风险缺乏认识和防范是事故扩大化的主要原因。

又如，2015年4月12日，大风天气引发江苏省泰州市医药高新区江苏新景源建设集团有限责任公司承建的泰州三水厂三期改扩建及配套管网泵站工程四标段4号沉井搭设钢筋及脚手架坍塌事故，造成2人死亡，6人受伤，直接经济损失约216.37万元人民币。

事故经过 2015年4月12日17时多，根据工作安排，杨长林、魏仿等12人分别在4号沉井(该沉井为长方形，内径东西长为9.5米、南北长为4.8米、壁厚0.6米、高12.0米)南北脚手架上绑扎钢筋(南北两边每边6个人，每步2个人)，李霞等6人负责搬运钢筋。17时左右，天色突然变暗，一阵风自西向东刮向脚手架，当施工人员正准备撤离脚手架时，脚手架和钢筋整体自西向东坍塌，8名施工人员被埋。事故发生后，现场施工人员拨打了110、120，并且现场人员立即组织自救，王立怀等5人被救出。泰州市消防官兵到达现场时，事故现场还困了4人，大约10分钟时间，有3个人被救出，还有一人因为身上压着的钢筋太多，消防队员无法进行切割，救援难度较大。随后，现场救援人员紧急调来一辆吊车，将压在工人身上钢筋吊了起来，消防队员再进行切割，晚19时后，最后一名被困人员被救出(图2-1)。事故共造成2人死亡，6人受伤，其中1人当场死亡，1人送至泰州市中医院抢救无效死亡，其余6人被分别送至泰州市中西医结合医院和泰州市中医院进行救治，并于2015年5月、6月先后康复出院。

图 2-1 泰州市自来水三厂沉井工程工地脚手架因大风坍塌事故现场

事故主要原因 直接原因，脚手架立杆纵距偏大，未设置剪刀撑，未设置扫地杆，导致脚手架的整体稳定性和刚度降低。当沉井钢筋处于未浇筑混凝土、刃脚以上部分的钢筋未绑扎呈自由状态时，因施工过程中突发瞬间大风，导致钢筋发生摆动，对脚手架产生了撞击力，最终导致沉井钢筋与脚手架坍塌。间接原因，一是不按施工方案组织施工，事故沉井未按照《顶管、沉井专项施工方案》中要求的“混凝土分三次浇筑二次下沉”施工；脚手架搭设未按《脚手架施工方案》要求，设置纵横向扫地杆，同步搭设剪刀撑。二是针对灾害天气预警未采取防范措施，泰州市气象局分别于 2015 年 4 月 10 日、4 月 11 日、4 月 12 日发布气象预报：4 月 12 日下午泰州市有雷阵雨并伴有 4 到 5 级阵风，4 月 12 日 16 时 46 分发布黄色预警信号，提醒做好防雨、防风、防雷等安全工作。天气实况是 2015 年 4 月 12 日泰州国家气象观测站（位于泰州市农业开发区）测得极大风速为 19.5 m/s，风力达到 8 级，风向为西北风，出现时间为 4 月 12 日 17 时 17 分。2015 年 4 月 12 日泰州白马自动气象观测站测得极大风速为 21 m/s，风力达到 9 级，风向为东南风，出现时间为 4 月 12 日 17 时 17 分。风速 21 m/s 是泰州气象观测站当天测得最大风速。但是新景源公司未落实灾害天气应急预案，未采取停工等应对措施。三是未进行安全技术交底。事故沉井施工前，相关人员未就《顶管、沉井专项施工方案》《脚手架施工方案》中有关安全施工的技术要求向施工作业班组、作业人员进行交底。四是未采取切实措施整改事故隐患。新景源公司自开工以来，未组织定期和专项安全检查，未开展施工现场隐患排查工作。监理单位针对 1、2、3 号沉井分别于 2015 年 3 月 6 日、3 月 30 日、4 月 11 日下发监理通知单，提出需要加固脚手架等问题，新景源公司未引起重视，未采取整改措施，造成沉井脚手架搭设不牢固等隐患在施工中一直存在。安全员在对施工现场检查中，未能发现脚手架未设置剪刀撑等安全隐患，对发现的脚手架立杆间距过大等安全隐患，未采取整改措施。五是未开展职工“三级”安全教育和培训。施工人员上岗前，新景源公司、项目部、施工班组均未组织安全教育培训或专门的安全培训，仅以口头提醒。六是相关人员未到岗履职。中标项目技术负责人、安全员从 2015 年 3 月初就离开施工现场，项目经理不正常在施工现场履职，在监理单位多次指出后，2015年4月7日，新景源公司才改派技术负责人、安全员进场管理。改派的技术负责人、安全员未到主管部门备案，且安全员不具备上岗资格。

上述案例表明，参与城镇供水系统建设的企业必须严格按照《露天建筑施工现场不利气象条件与安全防范》(QX/T154—2012)技术标准规定，参考《气象安全生产事故风险管理与实践》(气象出版社2016年出版)研究成果，采取相应气象灾害防御措施消除城镇供水系统在建设过程中的气象安全生产事故风险，防止气象安全生产事故风险向气象安全生产事故转化，确保城镇供水系统建设安全。另外由于城镇供水系统在建设过程中还没有为城镇居民生活用水、城镇工业用水、城镇农用水和消防用水提供保障，因此城镇供水系统在建设过程中的极端天气、气候事件和气象危险要素影响不是本章论述的重点。

另一方面是城镇供水系统在投入使用后的生产运营过程中受到极端天气、气候事件和气象危险要素影响形成气象安全生产事故。由于生产运营的城镇供水系统已为城镇居民生活用水、城镇工业用水、城镇农用水和消防用水提供保障，一旦城镇供水系统发生气象安全生产事故，极易引发城镇安全稳定的社会事件。因此城镇供水系统在投入使用后的生产运营过程中的极端天气、气候事件和气象危险要素影响是本章论述的重点。鉴于城镇供水系统的取水子系统、制水子系统、输配水子系统、二次供水子系统等四大子系统的生产运营特性和位置布局的差异性，为此本章分别论述极端天气、气候事件和气象危险要素等气象危险因素对各子系统的影响。

第二节　气象对城镇供水系统的取水子系统影响

气象对城镇供水系统的取水子系统影响主要表现在对取水子系统的取水源和取水设施的影响。

一、气象对取水源的影响

(一)气象对地表水源的影响

地表水涉及江河水、水库水、湖泊水、海洋水，具有径流量大，矿化度、硬度和含铁锰量较低的优点，但是受地面自然条件和其他状况的影响比较显著，且水质和水量具有明显的季节性变化。例如，水的浊度较高，特别是在汛期时，浊度升高相当明显；水温也随着环境温度的变化而不断地变化，有机物和细菌的含量也较高；并且地表水比较容易受到污染。因此为保证供水的地表水源安全，不仅需要对地表、地下与地表水源安全密切相关的地形、地质、水文、卫生防护等方面采取相应措施，而且还需要对地上大气中与地表水源安全密切相关的极端天气、气候事件和气象危险要素采取相应措施。而这些气象危险因素对地表水源的影响主要表现在对水质和水量的影响，其主要影响如表 2-1 所示。

表 2-1　主要气象危险因素对地表水源的影响及其潜在后果

气象危险因素	水量影响	水质影响	影响方式	潜在后果
暴雨	有	有	洪灾，河水流量剧增、水库溢水，水质变差	供水成本增加 供水中断
干旱	有	有	河水流量剧减少、水库储水量剧减，缺乏原水，水质变差	供水成本增加 供水减少 供水中断
高温	有	有	水库储水量减少，水库缺乏原水，水质变差等	供水成本增加 水库供水减少 水库供水中断
低温	有	无	原水冰冻、水量剧减、缺乏原水	供水成本增加 供水中断
沙尘暴	无	有	水质变差	供水成本增加

（二）气象对地下水源的影响

地下水涉及井水、泉水、地下河水，具有水质清澈、水文稳定、分布广等特点，并且地下还有水流量较小，有的矿化度、硬度较高，部分地区可能出现矿化度很高或其他物质如铁、氟、锰、硫酸盐、氯化物、各种重金属或硫化氢的含量较高甚至很高的特点，尤其是地表水补给和水质变化与大气降水渗透密切相关。因此为保证供水的地下水源安全，不仅需要对地表、地下与地下水源安全密切相关的地形、地质、水文、卫生防护等方面采取相应措施，而且还需要对地上大气中与地下水源安全密切相关的极端天气、气候事件和气象危险要素等方面采取相应措施。而这些气象危险因素对地下水源的影响主要表现在对水质和水量的影响，其主要影响如表 2-2 所示。

表 2-2　主要气象危险因素对地下水源的影响及其潜在后果

气象危险因素	水量影响	水质影响	影响方式	潜在后果
暴雨	无	有	暴雨导致地表面人为堆放的有毒有害物质渗透进入地下水源造成水质变差	供水成本增加 供水中断
干旱	有	有	地下水源储水量减少、水位降低，缺乏原水，水质变差	供水成本增加 供水减少 供水中断
高温	有	无	高温通过土壤毛孔系统蒸发土壤水分使地下水源储水量减少、水位降低	供水成本增加 供水减少

（三）气象对水源影响的典型案例

水量影响的典型案例 2018年1月开始，由于吉林省吉林市桦甸市持续极寒低温天气导致城市供水设施遭遇严重冻害，尤其是桦甸市三水厂应急临时取水的河道结冰干涸造成取水中断。为避免春节期间影响居民正常用水，2月12日，桦甸市丛刚副市长带领市容环境管理局主要领导及供水主管部门工作人员一同赶到抢修现场协调指导，督促供水企业采取有效措施。桦甸市三水厂首先对临时取水管线进行抢修，出动工人80人，工程车辆4台，供热水的车辆1台，其他车辆10台，并组织发电机、挖掘机等多种机械设备开展抢修工程；其次，增大关门砬子水库放水量以补充取水，出动挖掘机等设备，对16.5公里发别河道进行疏浚、破冰，将水源引流至泵站取水口，以缓解临时取水量不足等情况（图2-2）。政府与供水企业全力抢修冻结临时取水管线，保证了居民能够度过一个欢乐祥和的春节。

图2-2 抢修现场

水质影响的典型案例 2009年7月23日晚，内蒙古自治区赤峰市的一场暴雨导致赤峰市新建城区九龙供水公司在车伯尔民俗园内的9号水源井侵入大量雨污水，进而污染了饮用水。7月23日晚，新建城区部分小区居民就已经发现自来水水质异样，成浑浊状，闻起来有一股腥臭的味道。居民张丽萍称，发现自来水浑浊腥臭后，曾于7月25日早给九龙供水公司打电话，当时自来水公司答复是，水厂的水没毛病，是用户的管道问题。事实是7月24日晨，九龙供水公司工作人员在例行巡查时，发现其设在新城区车伯尔民俗园内的9号水源井附近地面有存水，且已流入井内。但该公司仅仅是对管网系统设三个排水点，不断加消毒药消毒，保持不停泵，到7月25日居民质询水质问题电话急剧增多，公司才加大了消毒剂的投放剂量，直到7月26日上午供水公司才关闸停水，当天下午才向所辖社区的居民发出公告，提醒居民，不要直接饮用生水。截至27日17时30分，赤峰市新城区自来水受污染事件造成千余市民在饮用自来水后出现腹泻、呕吐、头晕、发热等症状，有1154人门诊就医、110人口服药物治疗、15人住院观察（图2-3）。

图2-3 患者在赤峰市医院排队等候治疗现场

二、气象对取水设施的影响

取水子系统的取水设施主要涉及与水源能够安全取水有关的取水构筑物和与取水泵站能够安全运行有关的泵站机电设施、电子监控设施，因此气象对取水设施的影响主要表现在对取水构筑物和取水泵站机电设施、电子监控设施的影响。

（一）气象对取水构筑物的影响

城镇供水系统的取水子系统涉及取水构筑物不仅包含了取用地下水需要修建的多用管井、大口井、辐射井、渗渠和取用地表水需要修建大坝，而且包含了取水泵站需要修建的泵房和取水管网。因此为保证供水的取水构筑物安全，不仅需要对取水构筑物安全密切相关的地形、地质、水文和抗浮、抗裂、防倾覆、防滑坡等方面采取相应措施，而且还需要对地上大气中与取水构筑物安全密切相关的极端天气、气候事件和气象危险要素等方面采取相应措施。而这些气象危险因素对取水构筑物的主要影响如表 2-3 所示。

表 2-3　主要气象危险因素对取水构筑物的影响及其潜在后果

气象危险因素	影响部位			影响方式	潜在后果
	水源相关构筑物	泵站相关构筑物	取水相关管网		
台风 大风 沙尘暴	有	有	无	台风、大风、沙尘暴可能形成巨浪、水位高出水坝使水坝受损，台风、大风沙尘暴可能使泵站相关构筑物受损	供水中断
暴雨	有	有	有	暴雨可能造成水坝崩塌，淹没、冲毁泵站相关构筑物，冲毁、堵塞取水相关管网	供水中断
低温 寒潮 霜冻 暴雪	无	无	有	低温、寒潮、霜冻、暴雪可能冻结、冻裂取水相关管网	供水成本增加 供水中断
雷电	有	有	无	雷电可能造成高出地面的取水构筑物受损	供水成本增加 供水中断
冰雹	有	有	无	冰雹可能造成高出地面的取水构筑物受损	供水成本增加

（二）气象对取水泵站机电设施与电子监控设施的影响

城镇供水系统的取水子系统涉及取水泵站机电设施与电子监控设施不仅包含

了取用原水的泵站供配电设施、水泵机组及其管网，而且包含了取用原水的泵站电子监控系统相关设施(图 2-4)。

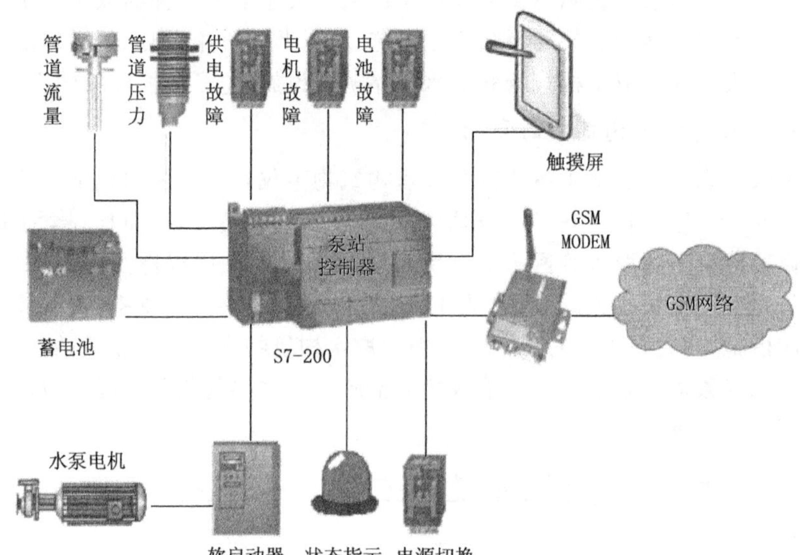

图 2-4 泵站电子监控系统相关设施框图

因此为保证供水的取水设施安全运行，不仅需要对取水设施安全运行密切相关的人为破坏、技术故障等方面采取相应措施，而且还需要对地上大气中与取水设施安全运行密切相关的极端天气、气候事件和气象危险要素等方面采取相应措施。而这些气象危险因素对取水设施安全运行的主要影响如表 2-4 所示。

表 2-4 主要气象危险因素对取水设施运行的影响及其潜在后果

气象危险因素	影响部位			影响方式	潜在后果
	供配电相关设施	水泵机组及其管网	电子监控相关设施		
雷电	有	有	有	雷电可能损毁供配电相关设施、水泵机组、电子监控相关设施	供水成本增加 供水中断
暴雨	有	有	有	暴雨可能淹没、损毁泵站供配电相关设施、水泵机组、电子监控相关设施，堵塞水泵机组及其管网	供水中断
低温 寒潮 霜冻 暴雪	有	有	有	低温、寒潮、霜冻、暴雪可能冻结、冻裂水泵机组相关管网，影响供配电、电子监控相关设施和水泵机组正常运行	供水成本增加 供水中断

续表

气象危险因素	影响部位			影响方式	潜在后果
	供配电相关设施	水泵机组及其管网	电子监控相关设施		
高温	有	有	有	高温可能导致供配电相关设施和水泵机组超负荷运行受损，同时可能影响供配电、电子监控相关设施和水泵机组正常运行	供水成本增加 供水中断
大雾	有	无	有	大雾可能导致供配电、电子监控相关设施短路	供水成本增加 供水中断
暴雪 台风 大风 沙尘暴	有	无	无	暴雪、台风、大风、沙尘暴可能导致供配电相关设施受损	供水中断

（三）气象对取水设施安全运行影响的典型案例

气象对取水构筑物影响的典型案例 2015年6月27日18时起，四川省巴中市南江县遭受暴雨侵袭，致使南江河河水猛涨（图2-5），造成南江县供排水有限责任公司养生潭水厂抽水泵房及应急抽水设施被淹无法取水生产，导致县城供水从6月28日14时停止供水。

图2-5 暴雨侵袭致使南江河河水猛涨现场图

气象对取水设施安全运行影响的典型案例 2012年7月18日、24日福建省莆田市涵江供水厂位于秋芦镇陂头村的抽水泵站两台水泵机组控制设备和配电箱内的缆线被雷击中损坏导致莆田市涵江城区3万户居民因此停水；2012年4月19

日广东省汕头市富湾水厂一级泵站1组电柜因遭受雷击被损坏导致停水；2013年7月20日湖北省汉川市自来水公司新河镇的三水厂取水泵站十千伏供电专线遭雷击，其中三根绝缘导线严重受损断电，导致泵站断电，汉江原水取水中断，原水无法送回城区水厂造成市区部分高层用户用水停水；2014年5月19日广东省汕尾市供水总公司赤沙泵站两条供电线路遭雷击后出现故障，造成水厂无法补水，导致市区上午8时30分开始停水；2014年10月1日四川省广元市苍溪县供排水公司肖家坝取水泵房电力设备遭雷击损坏，导致取水中断，造成苍溪县城区大面积停水；2015年7月29日山东省潍坊市方家屯泵站受到暴雨大风天气影响导致泵站的高压线路发生故障使泵站无法运行，造成潍坊市部分城区停水；2016年6月19日凌晨6时50分重庆市彭水县受持续暴雨灾害天气影响，导致重庆市彭水县自来水公司关口取水泵站输电线路出现故障，机器设备无法运行，造成彭水县的河堡、白云、沙沱、高家台、外河坝等区域及高楼、高坡停水；2017年8月3日夜间至4日暴雨雷电灾害天气造成辽宁省大连市自来水集团红凌路泵站、石屯泵站等用电线路出现故障，水泵机组停运导致大连市城区部分区域停水；2018年1月以来，吉林省吉林市桦甸市持续极寒低温天气导致城市供用水设施遭遇严重冻害，导致桦甸市城区部分区域停水。这些停水事件充分说明了气象危险因素对取水设施安全运行的影响非常频繁，应高度重视。

第三节　气象对城镇供水系统的制水子系统影响

城镇供水系统的制水子系统相关制水设施主要涉及与制水子系统安全运行有关的制水构筑物、制水机电设施、制水电子监控设施，因此气象对城镇供水系统的制水子系统影响主要表现在对与制水子系统安全运行有关的制水构筑物、制水机电设施、制水电子监控设施的影响。

一、气象对制水构筑物的影响

制水构筑物是指根据供水对象的专门要求改善天然水源的水质，并按用水的水质标准对原水进行加工，去除水中的有害成分，使处理后的水质符合生活或工业生产等用水的各种要求，并确保在任何情况下净水处理设施的正常运行而需要修建的构筑物。因此制水构筑物主要包括以下净水处理过程中需要修建的构筑物：

一是净水处理过程中混凝投药控制系统涉及的构筑物。饮用水处理时，原水中的杂质颗粒的大小，通常在0.01～100微米的范围，其中比较大的颗粒很容易在沉淀和过滤中去除。但是很多产生浑浊度和色度的胶体很难自然下沉，需要混凝过程。混凝过程包括投药、混合和絮凝三个部分，也即在水厂进水中投加混凝剂

(如铁盐和铝盐)和其他药剂(如活化硅酸)后,经几秒钟的强烈混合,药剂迅速而均匀地分布于水中,使水中的污染物胶体颗粒失去稳定性,从相互排斥转为相互吸引,然后脱稳的胶体在絮凝池中因相互碰撞而结合,最后生成有一定大小、密度和强度的絮凝体,俗称"矾花",可在以后的沉淀池和滤池中去除。因此在整个混凝工艺过程中(图 2-6),须配套建设相应的配药池、地下药室池、絮凝池、机械混合池及其相应的生产厂房。

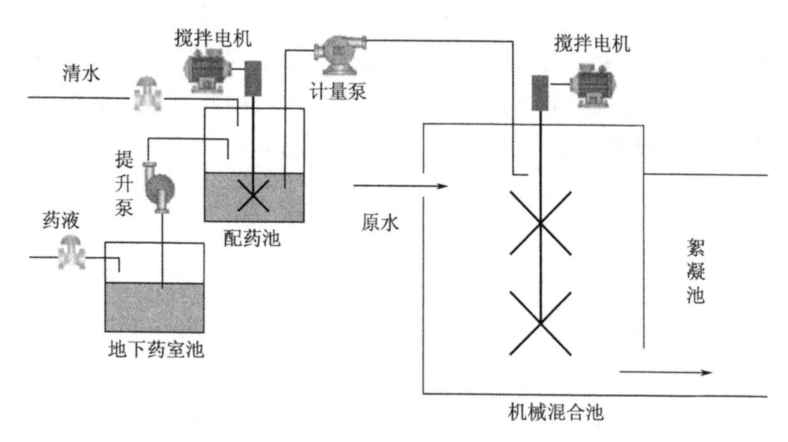

图 2-6　混凝投药工艺框图

二是净水处理过程中沉淀池控制系统涉及的构筑物。在给水处理中,设置沉淀是为了去除包括矾花在内的悬浮固体颗粒,以保证后续滤池的合理工作周期和滤后水的质量。定期排除沉淀池中的污泥是水厂运行的日常工作内容,如果不及时排泥,污泥越积越多,会减少沉淀区的容积,改变池内的水流状态,有时甚至会因污泥腐化而产生气味影响净水效果。因此在整个沉淀池排泥工艺过程中(图 2-7),须配套建设相应沉淀池、调节池及其相应的生产厂房。

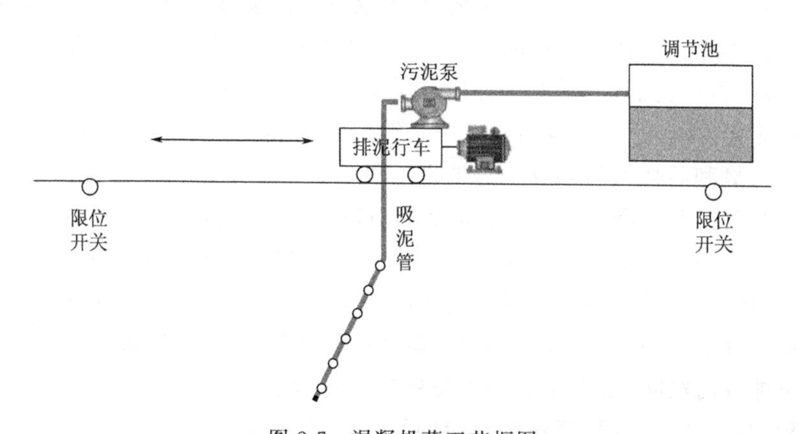

图 2-7　混凝投药工艺框图

三是净水处理过程中滤池控制系统涉及的构筑物。过滤是沉淀水通过颗粒介质(如无烟煤、石英砂等滤料)以去除水中悬浮杂质使水澄清过程。滤池的工作过程分为过滤和反冲洗。过滤时,表层滤料首先黏附了絮凝后的颗粒,一段时间后,滤层中逐渐积累了杂质颗粒,孔隙率变小,在流量不变的情况下则孔隙内流速增加,在水流冲刷的作用下,黏附在滤层上的杂质颗粒又会脱落,向下面的滤层移动,于是下层滤料发挥黏附截留杂质的作用。过滤时,整个滤层中,质颗粒的去除就是这样一层一层地进行下去,直到表层滤料中的孔隙逐渐被堵塞,甚至滤料表层形成泥膜,这时过滤阻力增大,等到滤池水头达到极限值或水质不合格时,过滤过程结束,此时过滤层需要进行反向冲洗,以恢复过滤能力。因此在整个滤池工艺过程中(图 2-8),须配套建设相应滤池及其相应的生产厂房。

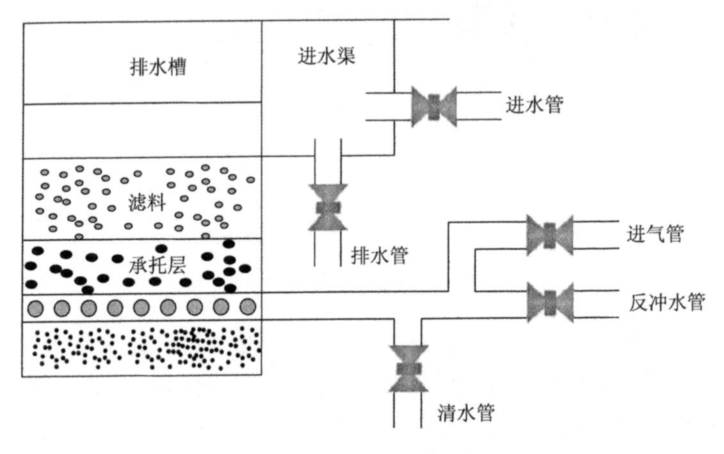

图 2-8 滤池工艺框图

四是净水处理过程中加氯消毒控制系统涉及的构筑物。在饮用水消毒过程中,以氯为主要消毒剂,对某些水源水质,预氯化可以去除氨氮和臭味,并对沉淀池和滤池中藻类生长起到控制作用。饮用水消毒的目的首先是去除水源中的致病微生物,也称为首次主消毒,通常在滤前或滤后投加消毒剂;其次是在配水管网中保持适当剩余氯,以防止微生物再生长,也称为再次消毒。为达到上述目的,加氯系统分为前加氯和后加氯两部分。另外由于氯气在空气中达到一定浓度,必然会对员工的人身安全和周围的环境系统造成严重的危害,甚至发生爆炸,是化学危险物品物质。故在加氯消毒工艺中,氯气在加氯间构筑物空间的浓度应低于 1 PPM,大于 3 PPM 被视为超标。需要依靠加氯间室内的小功率风机排除泄漏的氯气,但对于可能突发性的大面积氯气泄漏事故,如氯瓶爆裂等紧急情况,对于大量泄漏出的氯气不可能及时消除,必须配置一套高效的泄氯吸收装置。因此在整个加氯消毒工艺过程中(图 2-9),须配套建设相应的氯气库房和加氯消毒工艺、泄氯吸收工艺涉及的生产厂房。

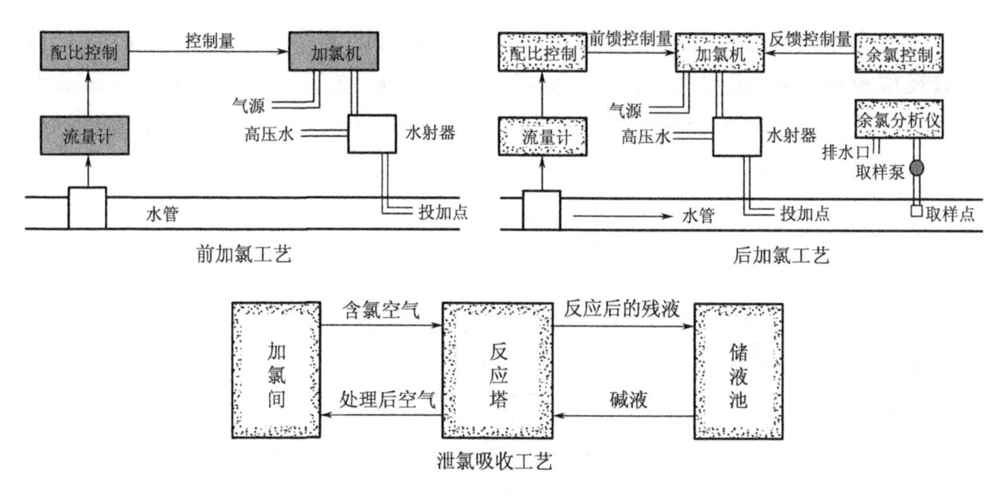

图 2-9　加氯工艺框图

另外对于饮用水深度处理工艺方面涉及的臭氧接触池、活性炭滤池等构筑物这里不作单独介绍，但是把它们纳入加氯消毒控制系统涉及的构筑物范畴。

五是净水处理过程中恒压供水控制系统涉及的构筑物。送水泵房负责将清水池的水向城市管网进行送水，由于生产生活用水过程中存在不同时间段用水量不均现象。如果不对供水量进行调节，管网压力的波动会很大，容易出现管网失压或爆管事故，同时也浪费了大量电能。为了节约电能，又能保证正常用水，采用变频恒压供水方式，系统能根据压力变化情况及时调整电机转速，将供水压力控制在一定范围之内，既满足了变化的用水需求，也起到了节能降耗的目的。因此在整个恒压供水控制工艺过程中（图 2-10），须配套建设送水泵房及其相应的生产厂房。

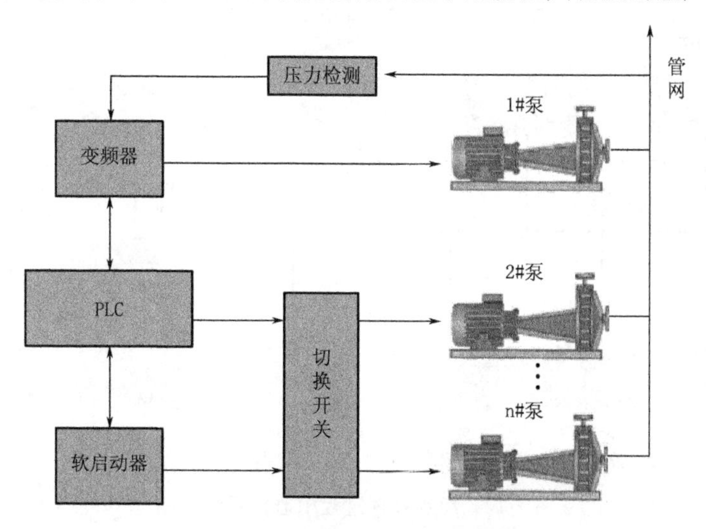

图 2-10　恒压供水控制工艺框图

六是净水处理过程中排污处理控制系统涉及的构筑物。净水处理过程中，存在着反应池排泥水、沉淀池排泥水和滤池反冲排泥水，如何处理这些排泥水是必须考虑的问题。因此在整个排污处理控制工艺过程中（图 2-11），须配套建设调节池（下清水池）、浓缩池、上清水池及其相应的生产厂房。

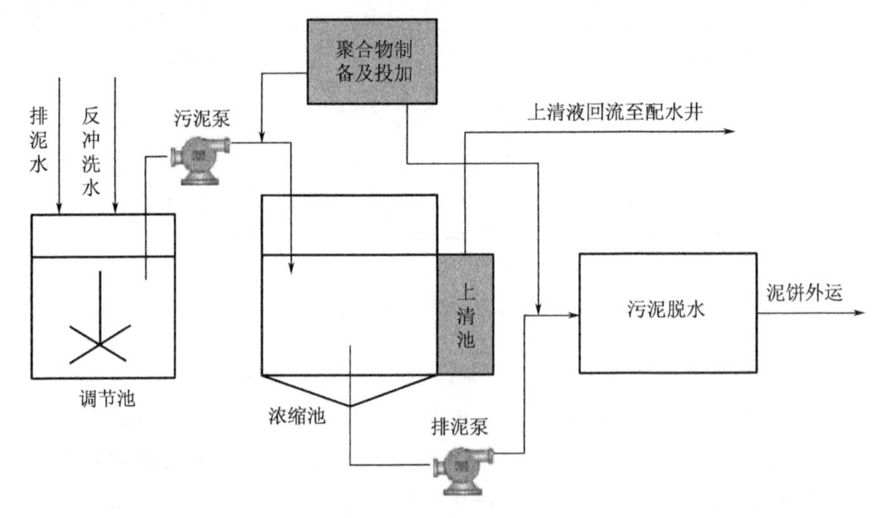

图 2-11　排污处理控制工艺框图

七是净水处理过程中控制中心系统涉及的构筑物。控制中心对净水处理过程的各个处理系统运用工业控制计算机、工业组态软件和工业通信网络进行监控（图 2-12），因此须配套建设控制中心系统涉及中心机房及其辅助用房。

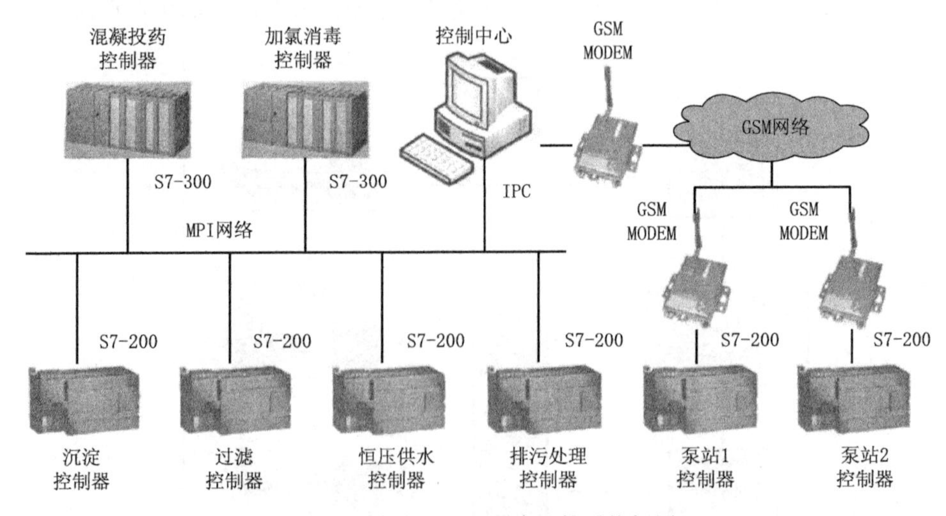

图 2-12　净水处理过程中监控系统框图

八是净水处理过程中需要建设的供配电系统涉及供配电房等构筑物。

九是净水处理过程中需要建设的水质检测实验室和办公辅助用房等构筑物。

从上述净水处理工艺流程中涉及的制水构筑物来看，制水构筑物可分为与化学危险物品有关的构筑物（如氯气库房、加氯车间、反应塔、储液池等）和与化学危险物品无关的构筑物（如配药池、地下药室池、絮凝池、机械混合池、沉淀池、调节池、滤池、清水池、浓缩池、送水泵房及其相应的生产厂房和配电房、水质检测实验室和办公辅助用房等），因此为保证供水的制水构筑物安全，不仅需要对制水构筑物安全密切相关的地形、地质、水文和抗震、抗裂、防倾覆、防滑坡等方面采取相应措施，而且还需要对地上大气中与制水构筑物安全密切相关的极端天气、气候事件和气象危险要素等方面采取相应措施。而这些气象危险因素对制水构筑物的主要影响如表 2-5 所示。

表 2-5　主要气象危险因素对制水构筑物的影响及其潜在后果

气象危险因素	影响部位		影响方式	潜在后果
	与化学危险物品相关的制水构筑物	与化学危险物品无关的制水构筑物		
台风 大风 沙尘暴	有	有	台风、大风、沙尘暴可能使相关制水构筑物受损	供水成本增加 供水中断
暴雨	有	有	暴雨可能淹没、冲毁相关制水构筑物	供水中断
雷电	有	有	雷电可能造成高出地面的制水构筑物受损，同时可能造成与化学危险物品相关的制水构筑物发生爆炸	供水成本增加 供水中断

典型案例　2017 年 7 月 1 日，暴雨灾害天气导致湖南省长沙市宁乡县黄材水厂厂区内山体滑坡，控制室、变电场、无阀滤池被泥石流掩埋，受黄材水库水位影响，取水浮船上的取水管超出最大可调整角度后被拉断，造成黄材全镇停水。横市镇铁冲水厂主管多段受损，造成横市、双凫铺、大成桥、回龙铺、喻家坳、老粮仓 6 个乡镇停水；田坪水厂厂区内山体滑坡，浆砌石护坡垮塌，洞庭桥水厂主管道灰汤段 DN315 主管受损 800 余米，厂区滑坡，挡墙垮塌，排水沟受损，造成灰汤全镇停水；花明楼水厂、南田坪水厂、其余乡镇水厂管道均不同程度受损。灾害发生后，宁乡县水务局城乡供水管理总站迅速启动供水保障各项应急预案，对抢险行动进行统一安排部署，水厂维修人员、技术人员第一时间赶赴受灾现场，制定供水抢修方案，全体工作人员每天都夜以继日地投入到抢修工作中，到 7 月 27 日，供水总站率先完成所有灾后重建处险项目（图 2-13）。

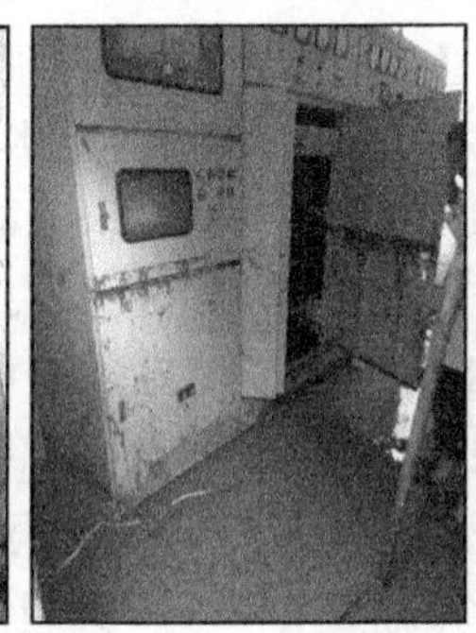

图 2-13 灾害抢险及灾后重建现场图

二、气象对制水机电设施与制水电子监控设施的影响

城镇供水系统的制水子系统涉及的制水机电设施与制水电子监控设施，不仅包含了净水处理工艺流程中各个处理系统涉及的供配电设施、机械设备及其管网，而且包含了净水处理工艺流程中各个处理系统电子监控系统相关设施。而这些电子监控系统相关设施主要包括以下净水处理过程中需要的电子监控设施：

一是在净水处理过程中混凝投药工艺中需自动完成进水浊度、温度、压力等相关量的采集和控制量输出，并自动将地下药液通过提升泵提到配药池，将其稀释到一定浓度后，由计量泵进行投药，从而完成混凝投药工艺流程所需要的混凝投药智能电子监控设施(图 2-14)。

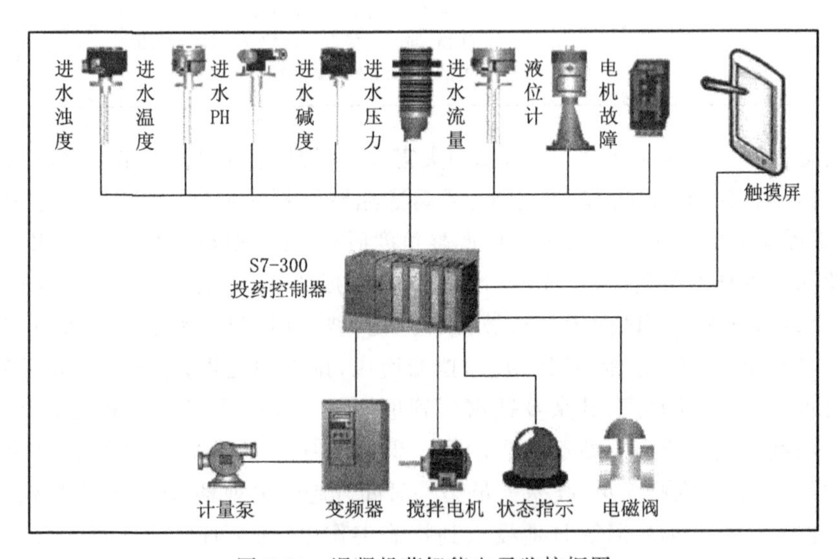

图 2-14 混凝投药智能电子监控框图

二是在净水处理过程中沉淀池排泥工艺需自动完成流量、压力和故障信号的采集，并自动控制排泥行车在轨道上来回移动，带动吸泥管在平流池底移动，与吸泥管相连的污泥泵将池底的污泥吸走，并送到调节池待进一步处理，从而完成沉淀池排泥工艺流程所需要的沉淀池排泥智能电子监控设施(图 2-15)。

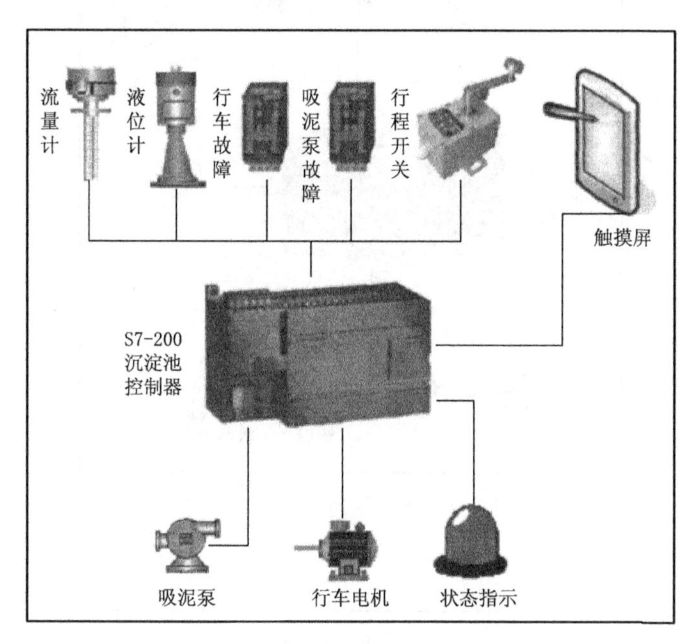

图 2-15　沉淀池排泥智能电子监控框图

三是在净水处理过程中滤池工艺需自动完成浊度、液位和故障信号的采集，输出相关的控制信号，并根据工艺要求对进水管、进水渠、排水槽、滤料层、承托层、清水管和进气管、反冲水管、排水管涉及的各个阀门、风机、水泵进行自动控制，从而完成滤池工艺流程所需要的滤池智能电子监控设施(图 2-16)。

四是在净水处理过程中加氯工艺需自动完成流量、气体浓度等相关量的采集和加氯机、风机、泵等相应量的输出，并根据前加氯时的水管流量自动控制加氯机、水射器完成所要的氯投入量，以及根据后加氯时的水管流量与余氯量自动控制加氯机、水射器完成所要的氯投入量，从而完成加氯工艺流程所需要的加氯消毒智能电子监控设施(图 2-17)。

五是在净水处理过程中恒压供水工艺需自动完成管网压力和水泵故障信息进行采集，输出控制变频器和软启动器，切换开关等信号，并根据管网压力变化情况，通过软启动器启动或关闭工频泵实现先开先停控制，从而完成恒压供水工艺流程所需要的恒压供水智能电子监控设施(图 2-18)。

六是在净水处理过程中排泥水处理工艺需自动完成液位、泥位、电机和水泵故障进行采集，输出相应的控制信号，并自动采用收集、浓缩、投加 PAM 和离心脱水

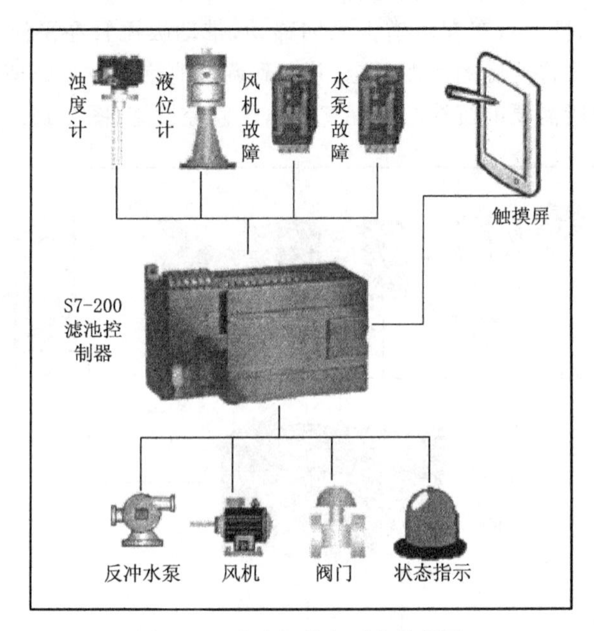

图 2-16　滤池智能电子监控框图

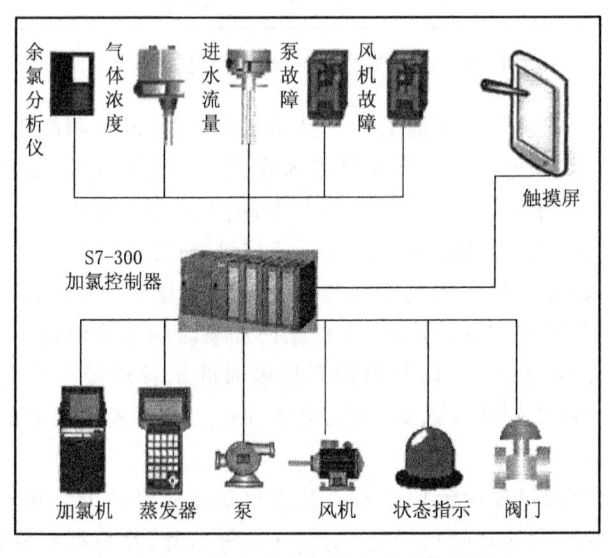

图 2-17　加氯消毒智能电子监控框图

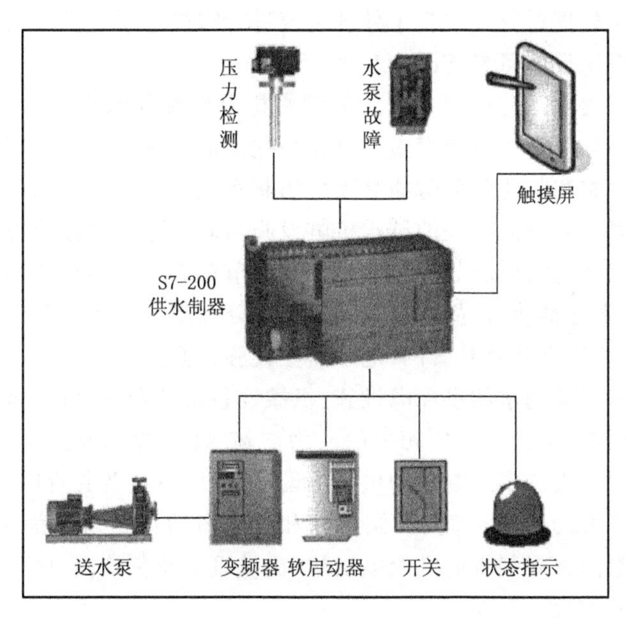

图 2-18　恒压供水智能电子监控框图

工艺完成排泥水到泥饼的处理过程，从而完成排泥水处理流程所需要的排泥水处理智能电子监控设施（图 2-19）。

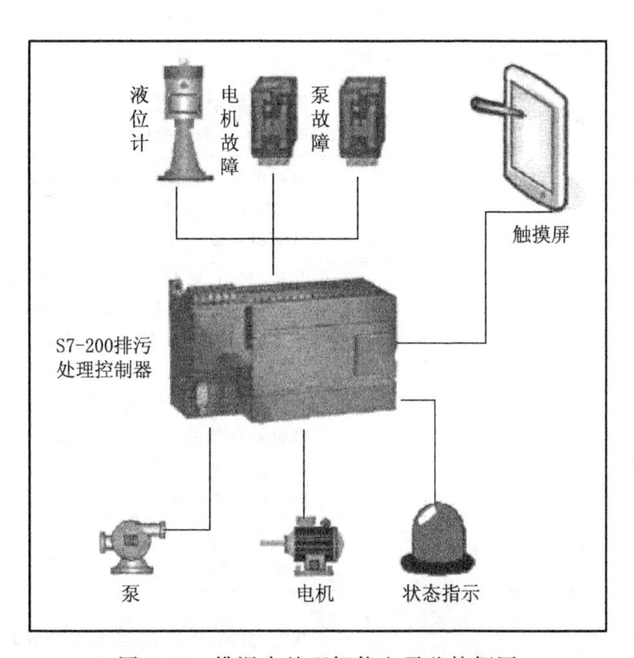

图 2-19　排泥水处理智能电子监控框图

七是在净水处理过程中对各个处理系统进行智能电子监控所需要的中心智能电子监控中心系统设施可参前图 2-12 所示。

从上述净水处理工艺流程中涉及的制水机电设施与制水电子监控设施来看，制水机电设施与制水电子监控设施可分为与化学危险物品有关的制水机电设施与制水电子监控设施和与化学危险物品无关的制水机电设施与制水电子监控设施两大类。但与化学危险物品有关的制水机电设施与制水电子监控设施属于专用安全设施，在生产、安装、调试、验收、使用、维护等环节都必须严格按照国家有关安全生产法律法规、技术标准执行，故在此就不对净水处理工艺流程中各个处理系统涉及的供配电设施、机械设备及其管网、电子监控设施按照是否与化学危险物品相关进行划分。因此为保证制水的供配电设施、机械设备及其管网、电子监控设施安全运行，不仅需要对其安全运行密切相关的人为破坏、技术故障等方面采取相应措施，而且还需要对地上大气中与制水的供配电设施、机械设备及其管网、电子监控设施安全运行密切相关的极端天气、气候事件和气象危险要素等方面采取相应措施。而这些气象危险因素对制水的供配电设施、机械设备及其管网、电子监控设施安全运行的主要影响如表 2-6 所示。

表 2-6 主要气象危险因素对制水供配电、机械设备及其管网、电子监控等设施运行的影响及潜在后果

气象危险因素	影响部位			影响方式	潜在后果
	供配电相关设施	机械设备及其管网	电子监控相关设施		
雷电	有	有	有	雷电可能损毁供配电相关设施、机械设备、电子监控相关设施	供水成本增加 供水中断
暴雨	有	有	有	暴雨可能淹没、损毁供配电相关设施、机械设备、电子监控相关设施，堵塞机械设备及其管网	供水中断
低温 寒潮 霜冻 暴雪	有	有	有	低温、寒潮、霜冻、暴雪可能冻结、冻裂机械设备相关管网，影响供配电、电子监控相关设施和机械设备正常运行	供水成本增加 供水中断
高温	有	有	有	高温可能导致供配电相关设施和机械设备超负荷运行受损，同时可能影响供配电、电子监控相关设施和机械设备正常运行	供水成本增加 供水中断
大雾	有	无	有	大雾可能导致供配电、电子监控相关设施短路	供水成本增加 供水中断
暴雪 台风 大风 沙尘暴	有	无	无	暴雪、台风、大风、沙尘暴可能导致供配电、电子监控相关设施受损	供水中断

气象对制水供配电设施影响的典型案例 2016年7月10日上午10时43分，浙江省宁波市鄞江镇梅园村毛家坪水厂高压配电间的配电箱因雷击导致短路发生火灾(图2-20)，造成水厂停止供水事故。事故发生后立即报警，宁波市鄞州消防接到报警后调派古林中队16人乘3台消防车火速前往救援，消防官兵到达现场首先用灭火器进行扑灭，在用了20多个灭火器，直到确认断电没有危险了以后，才用泡沫进行灭火。经过1小时40分钟的救援，火势终于被扑灭。

图2-20 水厂配电箱因雷击导致短路发生火灾现场

气象对制水机械设备及其管网影响的典型案例 2016年8月3日中午，湖北省宜昌市猇亭区遭受建区以来的罕见特大暴雨天气。3小时内全区累计平均降雨量108.2毫米，累计最大降雨量174毫米；全区17个雨量站有10个雨量站超过100毫米。因暴雨突发山洪，导致猇亭二水厂全厂遭受冲击，使水厂后面的挡土墙和厂区围墙被突发而来的山洪冲开了30多米的溃口，山洪涌进厂区造成供水设备被淹，气水反冲洗水泵和电路严重受损，供水生产被中断，并且厂区内积满了泥水和被洪水冲下来的沙石。灾情发生后，猇亭区委区政府连夜召集蓝天水务公司、云池街道办事处以及住建、农林水、经信、城管等相关部门，召开紧急会议研究部署抢修工作(图2-21)，到8月4日上午，供水才已基本恢复。但二水厂副厂长王先荣提醒居民：因暴雨影响，水质在短时期内有所降低，建议在此期间居民不要直接饮用，目前水厂正在采购新的气水反冲洗水泵和其他相关设备，待厂区淤泥全部清除后进行更换。

图2-21 抢修现场

气象对制水电子监控设施影响的典型案例 2015年7月26日傍晚，一场仅仅持续近10分钟的雷雨天气，湖北省武汉汉南区纱帽水厂的自动控制系统就被雷击损毁导致水厂停止生产，造成汉南区全区停水6小时。事故发生后立即启动应急预案，经过3个小时的抢修，供水系统得以恢复，当水厂开始恢复供水时，却发现配电系统也因雷击损毁，又立即协调供电部门立即抢修，直到7月27日凌晨时分才全面恢复供水。又如，2004年8月6日2时40分左右，雷电灾害天气导致江西省南昌朝阳水厂老泵房液位传感器、新泵房压力传感器、加矾间343-5通讯模块和二期滤池CPU226、CPU215-2、EM277、EM231、EM221、24 V变压器、液位传感器等电子器件以及监控系统监控球型机被雷击损坏，严重影响水厂正常生产，并造成了近10万元直接经济损失。

第四节 气象对城镇供水系统的输配水子系统影响

城镇供水系统的输配水子系统相关输配水设施主要涉及与输配水子系统安全运行有关的输水管、供水管、附件、连通管等输配水管网，水厂调节及增压相关的泵站机电设施，水厂调节及增压相关构筑物和输配水相关的电子监控设施，因此气象对城镇供水系统的输配水子系统影响主要表现在对与输配水子系统安全运行有关的输配水管网、输配水构筑物、输配水泵站机电设施、输配水电子监控设施的影响。由于气象对输配水构筑物、输配水机电设施、输配水电子监控设施影响与气象对取水构筑物、取水泵站机电设施、电子监控设施的影响基本相同，因此气象对输配水构筑物、输配水泵站机电设施、输配水电子监控设施影响可参阅本章第二节关于“气象对取水设施的影响”相关内容，故本节重点论述气象对输配水管网的影响。

输配水管网在整个城镇供水系统中涉及的地理范围广、布局分散，不仅包含从水源到水厂的长距离管道系统，而且包含从水厂到城镇用水户的管道系统，其布置形式有树枝状和环网状，而输配水管道主要有预应力钢筋混凝土管、钢管、灰口铸铁管、球墨铸铁管、PVC管、玻璃钢管等金属类管道和非金属管道两类。因此为保证输配水管网安全，不仅需要对输配水管网安全密切相关的地形、地质、水文、植被和抗震、抗裂、防倾覆、防滑坡等方面采取相应措施，而且还需要对地上大气中与输配水管网安全密切相关的极端天气、气候事件和气象危险要素等方面采取相应措施。而这些气象危险因素对输配水管网的主要影响如表2-7所示。

表2-7 主要气象危险因素对输配水管网的影响及其潜在后果

气象危险因素	金属类管道	非金属类管道	影响方式	潜在后果
雷电	有	无	雷电可能损毁金属类管道的阴极阳极保护装置，导致金属类管道加速腐蚀	供水成本增加供水中断
暴雨	有	有	暴雨可能冲毁输配水管道	供水中断

续表

气象危险因素	金属类管道	非金属类管道	影响方式	潜在后果
低温 寒潮 霜冻 暴雪	有	有	低温、寒潮、霜冻可能冻结、冻裂输配水管道。低温导致输配水管道受轴向拉应力影响易使管道爆管	供水成本增加供水中断
高温	有	有	高温导致输配水管道受轴向压应力影响易使管道爆管	供水中断

典型案例 2016年6月23日晚，暴雨灾害天气导致重庆市大足区巴岳山山洪暴发，将位于大足区龙滩子街道龙星八社长约20余米的源水管道冲毁，而该源水管道是一条由大足区龙水湖取水，并送往城区水厂的唯一一条源水管道，此次事故造成大足的双桥经开区、邮亭镇、双路街道、龙摊子街道3万余户停水，近10万人饮水受到影响。事故发生后，重庆大足双桥水务公司立即组织力量从6月24日凌晨5点开始全力抢修(图2-22)，预计24日晚上6点将恢复供水。

图2-22 源水管抢修现场

第五节 气象对城镇供水系统的二次供水子系统影响

城镇供水系统的二次供水子系统相关的二次供水设施主要涉及与二次供水子系统安全运行有关的用户供水管网、用户调节及增压相关的泵站机电设施、用户调节及增压相关构筑物和用户调节及增压相关的电子监控设施，因此气象对城镇供水系统的二次供水子系统影响主要表现在对与二次供水子系统安全运行有关的用户供水管网和用户调节及增压相关的构筑物、泵站机电设施、电子监控设施的影响。虽然用户供水管网和用户调节及增压相关的构筑物、泵站机电设施、电子监控等设施与气象对输配水构筑物、输配水泵站机电设施、输配水电子监控设施、输配水管网的影响基本相同。但在整个城镇供水系统中，由于用户调节及增压相关的构筑物常用的水池、水塔和水箱等存储的水是不需要对水质进行检测检验，是直接面对用户供水，而暴雨灾害天气常常影响用户调节及增压相关地面水池存储的水质导致供水安全事故。例如，1994 年 7 月中旬，北京市海淀区某小区东十一楼发生了一起因暴雨引发居民饮水污染事故就是一起典型的暴雨灾害天气引发用户地面水池污染导致供水安全案例。

事故经过 由于小区东十一楼的二次供水的线路是：市政供水→地下蓄水池→高位水箱→用户，而与蓄水池相隔一个泵房的地下室为厕所，厕所下水通入一个化粪池，化粪池内有一管道通入小区附近的小月河，因此在 1994 年 7 月 12 日暴雨导致小月河水位上涨过程中，使小月河水倒流入小区化粪池，经化粪池与地下厕所的管道，污水从厕所便池内翻出，流入地下室，然后通过蓄水池的溢水管（该溢水管为一胶皮管，末端放在地下室地上）进入蓄水池；最后地下室污水越积越高，达 1.7 米，蓄水池仅 1.5 米，污水便直接从蓄水池口进入，蓄水池经泵进入高位水箱，经高位水箱流至各户。7 月 13 日，部分居民反映水有臭味、浑浊，房管也已发现地下室积水达 1.7 米深，立即抽污水，并清洗、消毒蓄水池。但房管人员没有通知各户居民大量放水，停止饮用，也未报告卫生防疫部门，最后造成居民因饮用被污染的水发生腹痛、腹泻、呕吐、里急后重、发烧等。直到发现污染的第 6 天，出现多例腹泻病人，房管人员才报告海淀区卫生防疫站。

事故原因 暴雨灾害天气是此次事故的诱因。而二次供水设施设计不合理，选用的建筑材料、涂料质量差，不按要求施工，施工后不清洗、消毒，房管人员在不验收或草率验收情况下就让居民迁入，二次供水管理又不善；以及在发生水污染事故时，不想办法控制局面，解决问题，而是千方百计地隐瞒真相，不告诉群众，也不报告有关部门是事故发生的直接原因，也是事故扩大化的主要原因。

因此为保证二次供水子系统安全运行，不仅要向关注气象对输配水构筑物、输配水泵站机电设施、输配水电子监控设施、输配水管网的影响一样关注气象对二次供水设施的影响，而且更要采取有效措施防止暴雨灾害天气对用户调节及增压相关地面水池中水质影响的风险发生，确保供水安全。

第三章　城镇供水企业气象灾害风险形成机理研究

第一节　引言

由于引发城镇供水企业安全事故的灾害性天气基本上属于突发性灾害天气，其原因非常复杂，涉及城镇供水企业所在地的天气气候背景、地质地貌、经济社会发展状况和城镇供水企业防御气象灾害的能力等等诸多因素，其发生具有一定的随机性和不确定性。因此近年来由于部分城镇供水企业对暴雨、雷电、高温、大风、大雾、低温冷害、干旱等灾害性天气导致城镇供水系统安全事故风险的形成机理不清楚，对安全事故风险消除重视不够，从而造成事故风险转化为安全事故的事件时有发生。

例如，2013 年 3 月 27 日 11 时 35 分，广东佛山水业集团高明供水有限公司高明水厂所在地——广东省佛山市高明区遭到了强对流天气袭击。12 时 28 分左右，高明水厂供电专线的一座输电塔上方遭遇雷击，线路上连锁引起的火花迸射时间长达半小时，导致高明水厂 10 千伏供电专线的线路设施被击爆(图 3-1)，供水因此被迫中断。事故造成高明区(除高明区荷城富湾外)的中心城区突然出现大范围断水 150 分钟，影响到部分用户短时间的用水。由于高明水厂所在的范围恰好是雷击高发区，虽然水厂的供电系统均有防雷系统，而且在其内部供电系统中，还安装了相关的防雷设备，确定了双保险，并且还进行定期防雷安全检查，但高明水厂供电专线遭雷击事故已不是第一次，同一位置的输电塔就曾在 2008 年 8 月 6 日因避雷器被盗而遭雷

图 3-1　高明水厂 10 千伏供电专线受损线路抢修现场

击，造成荷城城区3小时断水。所以高明区供电部门提出建议，在高明水厂需要专门设置备用供电线路，确保水厂的双电源供电。而在此问题未得到解决之前，供水公司可自备发电机组，以此确保高明自来水厂的用电安全。

雷击时该输电塔上装有避雷器，且避雷器并未损坏。为何雷击时避雷设备不起作用呢？因为，防雷设备的泄流能力和响应时间有限，不可能100％避免雷击对线路设备造成的影响和破坏。

为何没有备用电源供电？2008年8月5日，高明水厂就曾因避雷线被盗剪，为避免台风天气下雷击烧毁发电机组，8月6日8时至11时这3个小时内，高明水厂停止供水，以修复被盗剪的避雷线，受此影响，高明区的荷城中心城区约20万居民及该区部分企业一度停水。当时高明供电局曾建议，在220千伏荷城变电站预留水厂乙线专线间隔，将其作为高明自来水厂的备用供电线路，以确保实现双电源供电。高明供电局方面表示，虽然一再建议，但高明水厂目前仍是单电源供电。高明供电局方面解释称，双电源相当于采用了一套备用电源，一旦遇到类似雷击，就可切换到备用电源。

那么，近5年时间已过去，为什么高明供水公司仍未采纳供电部门这一建议？高明供水公司相关负责人表示，建设整套备用电源的技术与资金投入都存在问题，因此一直没有实现双电源供电，但近期已与供电部门达成意向，将在荷城苏村加设变电站，到时水厂就可实现双电源供电。至于出事时供电局能否提供临时发电机组，高明供电局相关负责人回应，“10千伏的负荷太大，我们的发电机无法临时进行供电。”高明供水公司方面也表示，目前该厂并没有与供水配套的备用发电机，以前老厂曾使用的380伏备用发电机已无法满足现在的需要。

上述案例表明：此次停水事故的诱因是雷电灾害天气，而广东佛山水业集团高明供水有限公司对雷电灾害性天气引发供水系统安全事故导致停水的风险形成机理和风险最低合理原则认识不清楚，认为水厂供电系统有了防雷设施就可以100％防止雷电灾害发生，不知道水厂供电系统安装防雷设施是为了降低水厂雷电灾害事故风险达到风险最低合理原则，也既解决水厂雷电灾害事故风险的投资又科学合理，同时又将水厂雷电灾害事故风险控制在可以接受的范围。而高明水厂所在地恰好是雷击高发区，仅仅依靠具有防雷设施单电源线路供电就无法将水厂雷电灾害事故风险控制在可以接受的范围，因此高明水厂必须加大投入建设备用电源供电设施实现双电源供电，才能使水厂雷电灾害事故风险控制在可以接受的范围，才能确保水厂在雷电灾害天气背景下仍然能正常生产。所以高明水厂对供电系统安装防雷设施是否达到水厂雷电灾害事故风险最低合理原则的认识局限性，导致其在备用电源供电设施建设的技术与资金投入都存在问题，使高明水厂没有备用电源供电是此次水厂停水事故的直接原因。如果该厂对雷电灾害性天气引发供水系统安全事故导致停水的风险形成机理和消除风险最低合理原则有所认识、重视，就完全可以解决高明自来水厂建设套备用电源的技术与资金投入问题，实现双电源供电，就不会出现此停水事件。故高度重视灾害性天气引发供水企业安全事故风险形成机理研究，切实加强供水企业气象灾害风险的认知，按照风险最低合理原则采取有效措施消除或者降低风险是防止或者减少、减轻灾害性天气引发供水企业安全事故的重要环节。

第二节　灾害性天气引发城镇供水企业安全事故的成灾机制

一、灾害性天气引发城镇供水企业安全事故的机理分析

由于灾害性天气引发城镇供水企业安全事故是气象衍生灾害之一，其机理与气象自然灾害成灾机理完全相同。而气象自然灾害是自然灾害的主要灾害，占自然灾害总量70%以上，为此参考国内外有关自然灾害形成机制的致灾因子论、孕灾环境论、承灾体论及区域灾害系统论等理论，分析表明灾害性天气引发城镇供水企业安全事故的机理是城镇供水企业所在地的灾害天气致灾因子、城镇供水企业孕灾环境、城镇供水企业承灾体和灾害性天气引发城镇供水企业安全事故损失等重要因素综合、相互作用的产物(图3-2)。

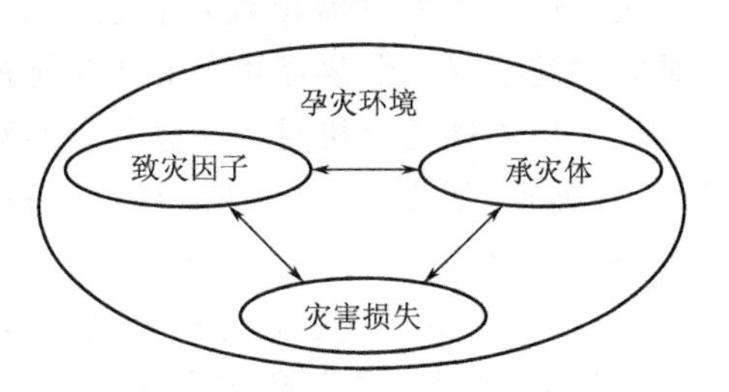

图3-2　灾害性天气引发城镇供水企业安全事故构成要素示意图

（一）城镇供水企业孕灾环境

城镇供水企业气象灾害事故的孕灾环境是指灾害性天气危险因子、城镇供水企业承灾体所处的外部环境。它是由大气圈、岩石圈、水圈、生物圈、物质文化（人类技术）圈所组成的综合地球表层环境，但不是这些要素的简单叠加，即简单的线性关系，而表现在地球表层过程中一系列具有耗散特性的物质循环和能量流动以及信息与价值流动的非线性，即过程响应关系。从广义角度看，孕灾环境的稳定程度是标定区域孕灾环境的定量指标，孕灾环境对气象灾害系统的复杂程度、强度、灾情程度以及灾害系统的群聚与群发特征起决定性的作用。

（二）城镇供水企业致灾因子

城镇供水企业致灾因子即灾害性天气危险因子（如暴雨、高温、雷电等），它是指可能造成财产损失、人员伤亡、资源与环境破坏、社会系统混乱等孕灾环境中的异变因子，存在于孕灾环境之中。

(三)作为承灾体城镇供水企业

城镇供水企业承灾体即灾害天气作用的对象,它是指包括城镇供水企业工人、城镇供水企业生产管理人员、城镇供水企业生产设施、城镇供水企业建构物等在内的物质文化环境。

(四)城镇供水企业气象灾害损失

城镇供水企业气象灾害损失即灾情,是灾害性天气引发城镇供水企业安全事故造成的灾害结果,灾情的大小不仅与灾害性天的强度有关,而且与城镇供水企业的供水系统的脆弱性、防灾减灾能力、城镇供水企业工人与城镇供水企业生产管理人员对气象灾害的认识水平等很多因素有关。

二、灾害性天气引发城镇供水企业安全事故的形成过程

灾害性天气引发城镇供水企业安全事故的形成在时间上有一个孕育和发展的演化过程,与气象灾害形成过程全相同。一般分为孕育期、潜伏期、预兆期、爆发期、持续期、衰减期和平息期七个阶段,从而构成气象灾害的一个周期(图 3-3)。但是由于气象灾害成灾机制和影响因素非常复杂,使每一次气象灾害在各个形成阶段的时间尺度、表现形式、严重程度几乎不完全尽同。因此,每个气象灾害形成过程,时间有长短,程度有轻重,都由具体的气象灾种确定。

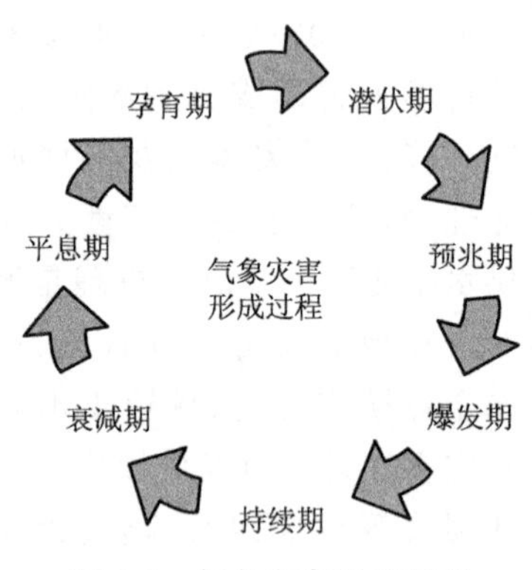

图 3-3　气象灾害形成过程

(一)气象灾害孕育期

气象灾害的孕育是一个复杂的过程,各种孕灾因子相互作用,为灾害的发生创造有利条件。有时一种孕灾因子的作用即可引发一场灾害,但更多的情况是多因子的交互组合,共同作用。

(二)气象灾害潜伏期

气象灾害经过孕育期的发展,气象灾害的致灾因子开始进入量的积累阶段,但致灾因子对承灾体并不产生明显的破坏作用,气象灾害处于“暗发生”阶段,以致人们往往不能察觉灾害的存在。抗灾能力对致灾因子的扩充、发展还能起一定的抑制作用,对致灾因子的侵袭也能进行有效的调控,因而致灾因子的作用并不明显。

(三)气象灾害预兆期

当气象灾害的致灾因子经过量的变化,积累达到一定的程度后,往往在其自然形态方面或与之相关联的其他方面表现出某种特殊的迹象来,常常预示着不久之后灾害的迅速发生。

(四)气象灾害爆发期

气象灾害致灾因子开始对气象灾害承灾体产生破坏作用的阶段称为爆发期。爆发期的时间长短,与气象灾害类别密切相关,差异很大。

(五)气象灾害持续期

气象灾害持续期是气象灾害发生后的气象灾害范围、区域迅速扩散,灾情全面形成阶段。该阶段是气象灾害致灾因子的破坏性力量积聚到一定程度的释放,也是人类采取一系列措施抗御灾害的时期。

(六)气象灾害衰减期

气象灾害的发生是物质和能量聚散的结果。灾害爆发后,经过一段时间的持续期,灾害因子的能量在与承灾体的相互冲突对抗作用中不断耗散和输出,当灾害输入和积聚的能量不足以在更大的规模和更高的程度上破坏承灾体时,灾害的破坏性逐渐减弱,灾害范围开始缩小,灾情相对缓解,灾害因子处于自我收敛的状态,这一阶段就是灾害的衰减期。

(七)气象灾害平息期

气象灾害载体的破坏力弱化到一定程度,不再对承灾体构成危害时,停止破坏作用,气象灾害的发生即进入平息期。此时,造成灾害的各种因子已从异常变动状态恢复到正常运行状态,并将在条件允许的情况下孕育下一次灾害的发生。

第三节 城镇供水企业气象灾害风险形成机理

一、城镇供水企业气象灾害风险的科学内涵

风险评估又称安全性或危险性评价,是指利用系统工程方法对将来或现有系统因受外动力因素作用和影响下可能存在的危险性及后果进行综合评估和预测,目的是通过科学、系统的安全评价估算,为评估系统的总体安全性以及制定有效的预防和防御措施提供科学依据,并消除或控制系统中的危害因素,最大限度降低系统中存在的致灾风险。"风险"一词,在不同的学科、领域,有不同的定义,一般安全生产方面分析与研判事故发生的可能性与防范措施,习惯称为"安全评价",而自然灾害方面分析与研判事故发生的可能性与防范措施,习惯称为"风险评估",其实这两种称谓没有任何本质区别。从灾害学的角度,因大气变化的不确定性和突发性而造成损失或损害的可能性,就是气象灾害风险。而城镇供水企业气象灾害风险是指城镇供水企业气象灾害发生及其给城镇供水企业工人、城镇供水企业生产管理人员及城镇供水企业财产造成损失的可能性,具有自然属性和社会属性。由于无论自然变异还是人类活动都可能导致气象灾害发生,因此城镇供水企业气象灾

害风险具有普遍性。城镇供水企业气象灾害风险的主要基本概念包含气象灾害风险识别、气象灾害风险分析、气象灾害风险评价、气象灾害风险管理等。

(一)城镇供水企业气象灾害风险识别

城镇供水企业气象灾害风险识别即对供水企业面临的潜在灾害性天气风险加以判断、归类和鉴定的过程。识别城镇供水企业气象灾害发生的风险区、气象灾害种类、引起气象灾害的主要危险因子以及气象灾害引发后果的严重程度,识别气象灾害风险危险因子的活动规模(强度)和活动频次(概率)以及气象灾害时空动态分布。

(二)城镇供水企业气象灾害风险分析

城镇供水企业气象灾害风险分析主要有两种方式:一是利用城镇供水企业所在地气象灾害历史资料对城镇供水企业气象灾害风险进行量化分析,计算出风险的大小,即给出城镇供水企业气象灾害事件发生的概率以及产生的后果;二是根据城镇供水企业气象灾害致灾机理,对影响气象灾害风险的各个因子进行分析,计算出城镇供水企业气象灾害风险指数大小。城镇供水企业气象灾害风险分析是城镇供水企业气象灾害风险管理的核心内容。

(三)城镇供水企业气象灾害风险评价

城镇供水企业在气象灾害风险分析的基础上,建立一系列评估模型,根据城镇供水企业气象灾害特征(致灾因子及其强度)、风险区域特征和城镇供水企业气象灾害防灾减灾能力,寻求可预见未来时期的各种承灾体的经济损失值、伤亡人数等状况。

(四)城镇供水企业气象灾害风险管理

针对城镇供水企业的供水系统不同的风险区域,在城镇供水企业气象灾害风险评价的基础上,利用城镇供水企业气象灾害风险评价的结果判断是否需要采取措施、采取什么措施、如何采取措施,以及采取措施后可能出现什么后果等做出判断。

二、城镇供水企业气象灾害风险的基本特征

城镇供水企业气象灾害风险与其他气象灾害承灾体一样,其气象灾害风险具有客观性、随机性、模糊性、必然性、不可避免性、区域性、社会性、可预测性、可控性、多样性、差异性、迁移性、滞后性、重现性等特征。充分认识城镇供水企业气象灾害风险的基本特征对于研究城镇供水企业气象灾害的演变规律、成灾机制,建立健全城镇供水企业气象灾害监测预警体系,提升城镇供水企业气象灾害防御能力,加强城镇供水企业气象灾害风险管理水平具有重要现实意义。

三、城镇供水企业气象灾害风险形成的基本要素

城镇供水企业气象灾害风险与其他承灾体的气象灾害风险一样，其气象灾害风险的基本要素可以归纳为以下几方面。

（一）城镇供水企业承灾背景要素

城镇供水企业承灾背景主要包括自然和社会经济两个方面。自然背景，如城镇供水企业所在地的大气环流和天气系统，主要包括影响该地各个时期的环流系统和各种尺度的天气系统；水文条件，主要指流域、水系、水位变化等条件；地形地貌是影响天气系统的重要因素，主要包括海拔、高差、走向、形态等；植被条件对灾害发生强度有很大影响，主要涉及植被类型、覆盖率、分布等。社会经济条件主要包括人口数量、分布、密度，厂矿企业的分布，农业、工业产值和总体经济水平等，还包括现有气象灾害防治能力等。

（二）城镇供水企业致灾体活动要素

城镇供水企业气象灾害产生和存在与否的第一个必要条件是要有气象灾害风险源。城镇供水企业气象灾害风险中的风险源也称灾变要素，主要反映城镇供水企业气象灾害本身的危险性程度，主要包括：气象灾害种类、灾害活动规模、强度、频率、致灾范围、灾变等级等。这种过程或变化的频率越大，那么它给城镇供水企业造成破坏的可能性就越大；过程或变化的超常程度越大，它对城镇供水企业造成的破坏就可能越强烈；相应地，城镇供水企业承受的来自该气象灾害风险源的灾害风险就可能越高。

（三）城镇供水企业承灾体特征要素

有气象灾害危险性并不意味着气象灾害就一定发生，因为气象灾害是相对于行为主体—城镇供水企业生产者、管理者及城镇供水企业生产活动而言的，只有某风险源有可能危害某城镇供水企业承灾体后，对于一定的风险承担者来说，才承担了相对于该风险源和该风险载体的灾害风险。城镇供水企业承灾体特征要素主要反映供水企业承灾体的脆弱性、承灾能力和可恢复性。

（四）城镇供水企业破坏损失要素

城镇供水企业破坏损失要素主要反映城镇供水企业承灾体的期望损失水平，主要包括损失构成，即受灾种类、损毁数量、损毁程度、价值、经济损失、人员伤亡等。

（五）城镇供水企业气象灾害防治工程要素

主要包括城镇供水企业气象灾害防御工程措施、工程量、资金投入、防治效果和预期减灾效益等。例如城镇供水企业防御雷电灾害的雷电防护工程就是城镇供水企业必须采取的气象灾害防御工程措施。

四、城镇供水企业气象灾害风险的形成机制

由于自然灾害风险是指未来自然因子变异的可能性及其造成损失的程度，其形成机制如图 3-4 所示。而城镇供水企业气象灾害风险是自然灾害风险之一，因此按照自然灾害形成原理，结合城镇供水企业防御气象灾害能力对城镇供水企业气象灾害风险制约与影响的因素，城镇供水企业气象灾害风险是城镇供水企业气象灾害危险度、城镇供水企业承灾体暴露性、城镇供水企业承灾体脆弱性、城镇供水企业防灾减灾能力等四个主要因素相互影响，共同作用而形成风险（图 3-5）。

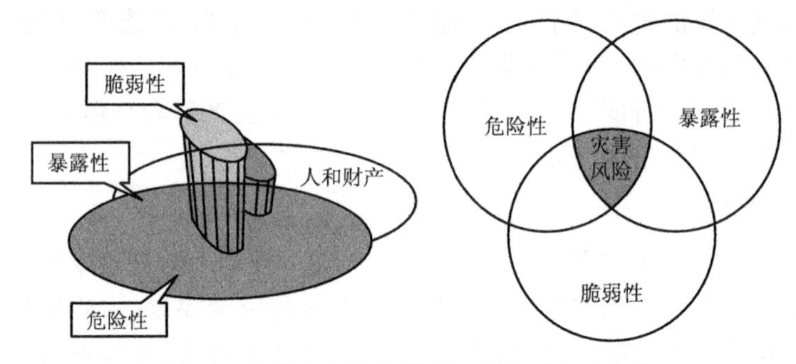

图 3-4　自然灾害风险形成机制及要素示意图

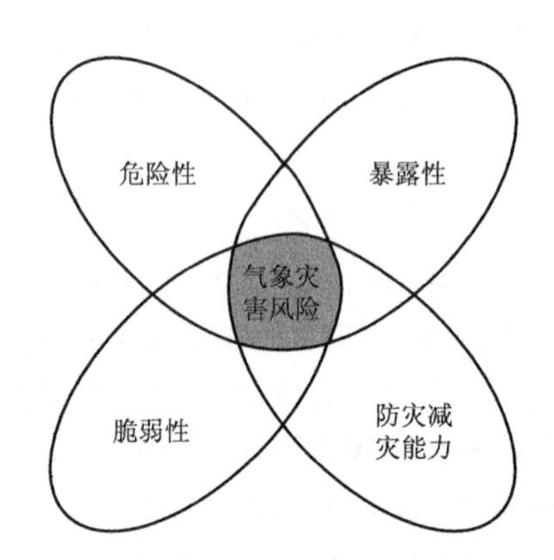

图 3-5　城镇供水企业气象灾害风险四要素

城镇供水企业气象灾害的危险性是指城镇供水企业所在地气象灾害异常程度，主要是由气象危险因子活动规模（强度）和活动频次（概率）决定。一般城镇供水企业气象危险因子强度越大，频次越高，城镇供水企业气象灾害对城镇供水企业造成的破坏损失越严重，城镇供水企业气象灾害的风险就越大。

城镇供水企业承灾体的暴露性是指城镇供水企业可能受到气象危险因子威胁前所有的员工和财产。一个城镇供水企业暴露于气象危险因子的员工越多和财产越大，则城镇供水企业可能遭受潜在损失就越大，城镇供水企业气象灾害风险

越大。

城镇供水企业承灾体的脆弱性是指在城镇供水企业的所有员工和所有财产，由于潜在的气象危险因素而造成的伤害或损失程度，综合反映了城镇供水企业气象灾害的损失程度。一般城镇供水企业承灾体的脆弱性愈低，气象灾害损失愈小，气象灾害风险也愈小，反之亦然。

城镇供水企业防灾减灾能力是指城镇供水企业在受灾害之前的防御气象灾害能力和在短期和长期内能够从气象灾害中恢复的水平。包括城镇供水企业防御气象灾害的工程性措施和非工程性措施以及城镇供水企业应急管理能力、减灾投入、资源准备等。显然城镇供水企业防灾减灾能力越高，可能遭受潜在损失就越小，城镇供水企业气象灾害风险越小。

由于城镇供水企业气象灾害既有自然属性、社会经济属性，又具有普遍性的影响；以及城镇供水企业气象灾害因子自身变化的不确定性、城镇供水企业气象灾害风险评估方法的不精确性导致评估结果的不确切性、减轻城镇供水企业气象灾害风险而采取措施的可靠性的影响；导致城镇供水企业气象灾害风险又具有不确定性。因此城镇供水企业气象灾害风险的大小，是由城镇供水企业气象灾害的危险性、城镇供水企业承灾体的暴露性、城镇供水企业承灾体的脆弱性以及城镇供水企业防灾减灾能力等四个因子相互作用决定的。

第四章 城镇供水企业气象灾害风险评估技术

第一节 引言

城镇供水企业气象灾害风险评估就是根据《气象灾害敏感单位风险评估技术规范》(DB50/T580-2014)有关技术规定，并结合城镇供水企业建设或(和)生产运营实际，对城镇供水企业建设或(和)生产运营全过程、各个系统、每个环节的气象灾害风险进行准确评估，分析与研判灾害性天气的不确定性和突发性而导致伤害、损失或不利影响等事故发生的可能性与防范措施，有效控制气象灾害对城镇供水系统的损程度，从而进一步提升城镇供水企业整体效益，为城镇供水企业正常生产运营给予基础服务保障的一系列活动。因此，城镇供水企业气象灾害风险评估技术主要涉及城镇供水企业气象灾害风险评价的政策与技术依据、基本原则、基本原理和城镇供水企业的气象灾害风险源辨识、风险分析、评估模型以及城镇供水企业气象灾害风险的评估流程、评估报告编写大纲、管理与控制等方面的研究与技术应用。为了深刻理解这些城镇供水企业气象灾害风险评估技术科学内涵，首先需了解以下城镇供水企业气象灾害风险评估技术涉及主要专业术语和定义。

一是城镇供水企业单灾种气象灾害。就是指城镇供水企业涉及的城镇供水系统在气象灾害风险区一定时段内仅有1种灾害性天气造成的气象灾害。

二是城镇供水企业多灾种气象灾害。就是指城镇供水企业涉及的城镇供水系统在气象灾害风险区一定时段内超过1种灾害性天气造成的气象灾害。

三是城镇供水企业气象灾害敏感区域。就是指城镇供水企业涉及的城镇供水系统各子系统根据其地理、地质、土壤、气象、环境等条件和子系统的重要性及其工作特性，经气象主管机构和供水行业主管部门共同认证，在遭受暴雨、雷电、浓雾等灾害性天气时，可能发生气象灾害的各子系统涉及区域。

四是城镇供水企业阶段性气象灾害敏感区域。就是指城镇供水企业涉及的城镇供水系统各子系统在新建、改建、扩建过程中，根据各子系统新建、改建、扩建阶段性工作任务所在地的地理、地质、土壤、气象、环境等条件和阶段性工作任务的重要性、特殊性，经气象主管机构和供水行业主管部门认证，在遭受暴雨、雷电、浓雾等灾害性天气时，可能发生气象灾害的各子系统涉及区域。

五是城镇供水企业气象灾害单灾种风险。就是指在城镇供水企业所在地，同一天内只有 1 种灾害性天气造成城镇供水企业人员伤亡、财产损失的可能性。

六是城镇供水企业多灾种气象灾害叠加风险事件。就是指在城镇供水企业所在地，同一天内 2 种或 2 种以上的灾害性天气可能造成气象灾害敏感单位人员伤亡、财产损失的风险事件。

七是城镇供水企业气象灾害风险管理。就是通过分析气象灾害风险的不确定性和突发性及其对城镇供水企业的影响，采取相应的措施，将城镇供水企业气象灾害风险降低至最低的管理过程。

八是城镇供水企业气象灾害风险控制。就是指城镇供水企业实施风险管理决策的行为。采取各种措施减小气象灾害风险事件发生的可能性，或者把可能的损失控制在一定的范围内，以避免在风险事件发生时带来的难以承担的损失。

九是城镇供水企业应急预案。就是指城镇供水企业针对可能发生的重大突发事件，为保证迅速、有序、有效地开展应急救援行动、降低突发事件损失而预先制定的有关计划或方案。

十是城镇供水企业安全保障措施。就是指城镇供水企业预防灾害事故发生和防止灾害事故扩大的各种气象技术措施及管理措施。

第二节　城镇供水企业气象灾害风险评价的依据

一、城镇供水企业气象灾害风险评价的政策依据

城镇供水企业气象灾害风险评价的主要政策依据如下。

(1)《中华人民共和国气象法》

(2)《中华人民共和国安全生产法》

(3)《中华人民共和国水法》

(4)《中华人民共和国防洪法》

(5)《中华人民共和国城市供水管理条例》(国务院令第 158 号)

(6)《中共中央、国务院关于推进安全生产领域改革发展的意见》(中发〔2016〕33 号)

(7)《中共中央、国务院关于推进防灾减灾救灾体制机制改革的意见》(中发〔2016〕35 号)

(8)《气象灾害防御条例》(国务院令第 570 号)

(9)《国务院关于优化建设工程防雷许可的决定》(国发〔2016〕39 号)

(10)《国务院办公厅关于进一步加强气象灾害防御工作的意见》(国办发〔2007〕49 号)

(11)《国务院办公厅关于印发国家气象灾害应急预案的通知》(国办函〔2009〕120 号)

(12)《国务院安全生产委员会办公室关于加强汛期安全生产工作的通知》(安委办字〔2005〕8 号)

(13)《国务院安委会办公室关于切实做好汛期安全生产工作的通知》(安委办〔2008〕11 号)

(14)《国务院安委会办公室关于加强汛期安全生产工作的通知》(安委办〔2009〕10 号)

(15)《国务院安委会办公室关于切实做好汛期安全生产工作的通知》(安委办〔2010〕9 号)

(16)《国务院安委会办公室关于进一步做好汛期安全生产工作的紧急通知》(安委办明电〔2011〕30 号)

(17)《国务院安委会办公室关于切实加强汛期安全生产工作的通知》(安委办〔2012〕17 号)

(18)《国务院安委会办公室关于做好汛期安全生产工作的通知》(安委办明电〔2013〕8 号)

(19)《国务院安委会办公室、国家安全监督管理总局关于做好汛期安全生产工作的通知》(安委办〔2014〕9 号)

(20)《国务院安委会办公室关于进一步加强汛期安全生产工作的紧急通知》(安委办明电〔2014〕11 号)

(21)《国务院安委会办公室关于做好汛期安全生产工作的紧急通知》(安委办明电〔2015〕8 号)

(22)《国务院安委会办公室关于加强“五一”节日期间和汛期安全生产工作的通知》(安委办明电〔2016〕6 号)

(23)《国务院安委会办公室关于进一步加强汛期安全生产工作的紧急通知》(安委办明电〔2017〕10 号)

(24)《中国气象局、国家安全生产监督管理总局关于进一步强化气象相关安全生产管理工作的通知》(气发[2017]14 号)

(25)《城市供水水质管理规定》(建设部令第 156 号)

(26)《国务院安全生产监督管理总局关于加强防汛、防台风和防雷工作确保安全生产的紧急通知(安监总协调〔2006〕163 号)

(27)《国家安全监管总局 中国气象局 国家海洋局 国家林业局 中国地震局国

家防汛抗旱总指挥部办公室关于建立可能引发安全生产事故灾难的自然灾害预警工作机制的通知》(安监总应急〔2007〕239 号)

(28)《国家气象灾害防御规划(2009—2020 年)》(气发〔2010〕7 号)

(29)《国家安全生产监督管理总局关于进一步加强自然灾害预警工作的通知》(安监总应急〔2008〕115 号)

(30)《国家安全监管总局关于进一步加强和完善自然灾害引发生产安全事故预警工作机制的通知》(安监总应急〔2009〕105 号)

针对重庆市情况参考以下文件。

(1)《重庆市保护城市供水管道及其附属设施规定》(重庆市人民政府第 24 号令)

(2)《重庆市城市饮用水二次供水管理办法》(重庆市人民政府第 26 号令)

(3)《重庆市气象灾害预警信号发布与传播办法》(重庆市政府令第 224 号)

(4)《重庆市人民政府关于进一步明确安全生产监督管理职责决定》(渝府发〔2009〕80 号)

(5)《重庆市人民政府办公厅关于加强气象灾害敏感单位安全管理工作的通知》(渝办发〔2010〕344 号)

(6)《重庆市突发气象灾害应急预案》(渝办发〔2011〕148 号)

二、城镇供水企业气象灾害风险评价的技术依据

城镇供水企业气象灾害风险评价的主要技术依据如下。

(1)《风险管理—原则与实施指南》(GB/T 24353-2009)

(2)《风险管理—术语》(GB/T 23694-2009)

(3)《风险管理—风险评估技术》(GB/T 27921-2011)

(4)《城镇供水企业安全技术管理体系评估指南》(中国城镇供水排水协会)

(5)《安全评价通则》(AQ8001—2007)

(6)《室外给水设计规范》(GB50013-2006)

(7)《城镇供水厂运行、维护及安全技术规程》(CJJ58-2009)

(8)《雷电防护第二部分:风险管理/Protection against Lightning—Part 2: Risk management》(GB/T 21714.2—2008/IEC 62305-2:2006 IDT)

(9)《雷电灾害风险评估技术规范》(QX/T85—2007)

(10)《气象灾害敏感单位安全气象保障技术规范》(DB50/368-2010)

(11)《气象干旱等级》(GB/T20481-2006)

(12)《干旱评估标准(试行)》(国家防汛总指挥部)

(13)《建筑物防雷装置检测技术规范》(GB/T 21431-2008)

(14)《短期天气预报》(GB/T 21984-2008)

(15)《雷电灾害调查技术规范》(QX/T 103-2009)
(16)《接地降阻剂》(QX/T 104-2009)
(17)《防雷装置施工质量监督与验收规范》(QX/T 105-2009)
(18)《防雷装置设计技术评价规范》(QX/T 106-2009)
(19)《爆炸和火灾危险环境防雷装置检测技术规范》(QX/T 110-2009)
(20)《建筑物防雷设计规范》(GB50057-2010)
(21)《城市火险气象等级》(GB/T 20487-2006)
(22)《能见度等级和预报》(QX/T 114-2010)
(23)《重大气象灾害应急响应启动等级》(QX/T 116-2010)
(24)《气象灾害预警信号图标》(GB/T 27962-2011)
(25)《雾的预报等级》(GB/T 27964-2011)
(26)《降水量等级》(GB/T 28592-2012)
(27)《临近天气预报》(GB/T 28593-2012)
(28)《高温热浪等级》(GB/T 29457-2012)
(29)《露天建筑施工现场不利气象条件与安全防范》(QX/T 154-2012)
(30)《爆炸和火灾危险环境雷电防护安全评价技术规范》(QX/T 160-2012)
(31)《台风灾害影响评估技术规范》(QX/T 170-2012)
(32)《城市雪灾气象等级》(QX/T 178-2013)
(33)《安全防范系统雷电防护要求及检测技术规范》(QX/T 186-2013)
(34)《雷电灾情统计规范》(QX/T 191-2013)
(35)《气象灾害敏感单位风险评估技术规范》(DB50/580—2014)

第三节 城镇供水企业气象灾害风险评价的基本原则

城镇供水企业气象灾害风险评价理论与方法虽然多种多样,但仍然存在一些规律性、普遍性的评价原则需要遵守。

一、城镇供水企业气象灾害风险评价的精细化原则

城镇供水企业气象灾害风险评价必须对城镇供水企业所处的地理位置、地质特征、土壤特性、气候背景、周边环境条件等情况和城镇供水企业防御气象灾害能力,城镇供水企业可能遭受灾害性天气以及城镇供水企业在遭受灾害性天气时可能造成人员伤亡、财产损失、社会影响的后果进行宏观与微观有机结合地分析,坚持对灾害性天气导致城镇供水企业安全事故的气象灾害安全隐患排查、治理、监管等各个环节的风险进行科学的精细化评估原则,把城镇供水企业安全事故的气象灾害安全隐患消灭在萌芽状态,确保城镇供水企业安全生产。

二、城镇供水企业气象灾害风险评价的动态性原则

城镇供水企业气象灾害风险评价必须坚持根据城镇供水企业所在地气象灾害天气的动态变化特性对导致城镇供水企业安全事故的气象灾害风险源进行实时、适时的动态评价原则，才能对城镇供水企业安全事故的气象灾害安全隐患及时辨识，从而果断采取有效的城镇供水企业气象灾害防御措施，对不容许出现的气象灾害安全隐患进行科学地控制、动态消除，确保供水企业安全生产。

三、城镇供水企业气象灾害风险评价的不可承受原则

由于各种灾害风险评价方法，即使是非常科学合理，但都是人们的一种主观判断，需要佐以历史事故经历的参照，因此凡违反有关安全生产、职业健康、防灾救灾等法律、法规、标准规定要求的城镇供水企业气象灾害风险评价结论，无论风险级别为几级，甚至是"零"风险，其评估结论一律列为不可承受的风险，严格按照"安全第一、预防为主、综合治理"的方针，采取有效的城镇供水企业气象灾害防御措施，确保城镇供水企业安全生产。这种将违反有关法律、法规、标准规定的城镇供水企业气象灾害风险评价结论列为不可承受风险的规定称为城镇供水企业气象灾害风险评价的不可承受原则。

四、城镇供水企业气象灾害风险评价的可接受原则

(一)风险最低合理原则

任何系统都是存在风险的，不可能通过预防措施来彻底消除风险；而且当系统的风险水平越低时，需要进一步降低就越困难，其成本往往成指数曲线上升。也即安全改进措施投资的边际效益递减，最终趋于零，甚至为负值。因此，必须在系统的风险成本之间做出一个折中，使解决风险的投资又科学合理，同时又将风险控制在可以接受的范围，为此提出风险最低合理原则，也是人们常提到的"ALARP 原则"(图 4-1)。

风险评估的 ALARP 原则的具体内容如下。

1. ALARP 原则内涵

(1)对系统进行定量风险评估，如果所评估出的风险指标在不可容忍线之上，则落入不可容忍区。此时，除特殊情况外，该风险是不能被接受的。

(2)如果所评出的风险指标在可忽略线之下，则落入可忽略区。此时，该风险是可以被接受的。无须再采取安全改进措施。

(3)如果所评出的风险指标在可忽略线和不可容忍线之间，则落入"可容忍区"，此时的风险水平符合"ALARP 原则"。此时. 需要进行安全措施投资进行成

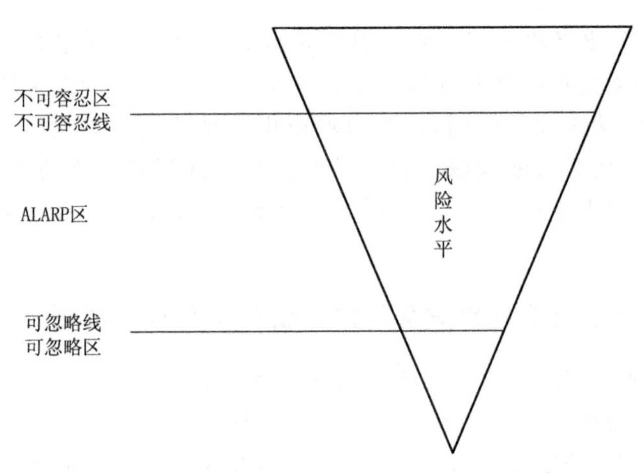

图 4-1　风险评估的 ALARP 原则示意图

本-风险分析 Cost-RiskAnalysis)，如果分析结果能够证明进一步增加安全措施投资对系统的风险水平降低贡献不大，则风险是“可容忍的”，即可以允许该风险的存在，以节省一定的成本。

2. ALARP 原则的经济本质

同系统的经济活动一样，采取安全措施，降低系统风险的活动也是经济行为，同样服从一些共同的经济规律。在经济学中，主要用生产函数理论来描述和解释系统的经济活动。下面是有关学者通过研究分析系统安全改进措施投资的边际效益变化规律得到的 ALARP 原则的经济本质结论。

(1)如果对系统不采取任何安全措施，则系统将处于最高风险水平。

(2)在安全措施投资的投入过程中，风险并不是呈线性降低的，而是同生产要素的边际产出一样先递增后递减。也就是说，风险管理的安全投入有一个最佳经济效益点。

(3)在一定的技术状态下，系统的风险水平降到一定程度后将不再随着安全投入的增加而明显降低。这也说明系统的风险是不可能完全消除的，只能控制在一个合理可行的范围内。

3. 个人风险的 ALARP 原则的含义

根据英国、美国等国内外有关专家对个人的死亡风险做过调查分析表明，个人风险上限设为 10^{-3}，下限设为 10^{-6}。依据个人风险上限和风险下限，可以得到个人风险的 ALARP 原则(表 4-1)。

表 4-1　个人风险的 ALARP 原则

危险区域	风险水平
不可容忍区	年个人风险不能证明是合理的 年个人风险 $\geqslant 10^{-3}$
可容忍区	只有当证明进一步降低风险的成本与获得的收益极不相称时，风险才可能认为是可容忍的 $10^{-6} \leqslant$ 年个人风险 $< 10^{-3}$
可忽略区	风险可以接受，无须再论证或采取措施 年个人风险 $< 10^{-6}$

从表 4-1 可知，当风险水平超过上限（年个人风险 10^{-3}），则落入"不可容忍区"。此时除特殊情况外，该风险是无论如何不能被接受的；当风险水平低于下限（年个人风险 10^{-6}），则落入"可忽略区"，此时该风险是可以被接受的，无须再采取安全改进措施；当风险水平在上限与下限之间，则落入"可容忍区"，此时的风险水平符合最低合理可行原则，是"可容忍的"，即可以允许该风险的存在，以节省一定成本，并且工作人员在心理上应当愿意承受该风险，并具有控制该风险的信心。但是一定要注意"可容忍的"并不等同于"可忽略的"，因此工作人员必须认真全面地研究"可容忍的"风险，找出其作用规律，做到心中有数，高度关注风险的动态发展趋势，严防风险的进一步发展扩大。

（二）风险接受准则

由于人们往往认为风险越小越好，但是从经济安全的角度来看这是一个错误的概念。因为无论减少危险发生的概率还是采取防范措施使发生危险造成的损失降到最小，都要投入资金、技术和劳务。通常的做法是将风险限定在一个合理的、可接受的范围，实现"风险与利益间达到平衡""不要接受非必需的风险""接受合理的风险"等风险管理效益最大化。因此制定可接受风险准则，除了考虑人员伤亡、建筑物损坏和财产损失外，环境污染和对人健康潜在危险的影响也是一个重要因素。但由于风险可接受程度受到不同行业特殊性影响，具有不同的准则。因此风险接受准则制定必须是科学、实用，不仅在技术上是可行的，在应用上可操作，而且还要反映公众的价值观、灾害承受能力，同时还要考虑社会的经济能力。所以风险接受准则制定必须进行费用——效益分析，寻找平衡点，优化标准，从而制定风险评价标准——最大可接受水平。

例如国际民用航空组织（ICAO）规定航空器灾难性失效概率的可接受准则为 10^{-5}；美国联邦航空管理局（FAA）规定航空器灾难性失效概率的可接受准则为 10^{-9}；法国航空工业（FAI）规定航空器灾难性失效概率的可接受准则为：

10^{-9}——灾难性事故，机毁人亡；

10^{-7}——危险事故，由于超载或超应力使安全系数骤降，机组人员无法履行任务而造成严重损坏；

10^{-5}——重大事故，飞机性能明显蜕化，增加机组人员工作负荷，安全系数明显降低。

第四节　城镇供水企业气象灾害风险评估的基本原理

城镇供水企业气象灾害风险评估是对灾害性天气引发城镇供水企业安全事故的危险源进行辨识和评估。城镇供水企业气象灾害危险源是导致城镇供水企业安全事故的潜在的不安全因素，气象灾害危险源的危险评估包括对城镇供水企业气象灾害危险源自身危险性的评估以及对城镇供水企业气象灾害危险源危害程度的评估两个方面。城镇供水企业气象灾害危险源的危害程度与对城镇供水企业气象灾害危险源的控制效果密切相关，对城镇供水企业气象灾害危险源自身危险性的评估包括确认城镇供水企业气象灾害危险源以及来自城镇供水企业气象灾害危险源的危险性。城镇供水企业气象灾害风险评估与其他风险评估一样，其评估原理主要分为四类。

一、城镇供水企业气象灾害风险评估的相关性评估原理

城镇供水企业气象灾害风险评估的城镇供水企业的供水系统结构特征与灾害天气引发城镇供水企业安全事故的因果关系是相关性评估原理的基础。相关是两种或多种客观现象之间的依存关系。相关分析是对因变量和自变量的依存关系密切程度的分析。通过相关分析，可透过错综复杂的现象，测定其相关程度，揭示其内在联系。系统危险性通常不可能通过试验进行分析，但可以对利于事故发生过程中的相关性进行评估。系统与子系统、系统与要素、要素与要素之间都存在着相互制约、相互联系的相关关系。只有通过相关分析，才能找出系统与子系统、系统与要素、要素与要素之间的因果关系，正确的建立相关数学模型，进而对系统危险性作出客观正确的评估。因此相关性评估原理对于深入研究灾害天气引发城镇供水企业安全事故与灾害天气的关系进行全面分析具有重要的指导意义。

二、城镇供水企业气象灾害风险评估的类推评估原理

类推评估原理是指已知灾害天气与灾害天气引发城镇供水企业安全事故之间的相互联系规律，则可利用先导事件——灾害天气的发展规律来评估迟发事件——灾害天气引发城镇供水企业安全事故的发展趋势。其前提条件是寻找类似事件。如果两种事件有些基本相似时，就可以揭示两种事件的其他相似性，并认为两种事件是相似的。如果一种事件发生时经常伴随着另一事件，则可认识这两种

事件之间存在着某些联系.即相似关系。

三、城镇供水企业气象灾害风险评估的概率推断评估原理

由于灾害天气引发城镇供水企业安全事故的发生是一个随机事件,任何随机事件的发生都有着特定的规律;其发生概率是一客观存在的定值。所以概率推断评估原理是指利用概率来预测现在和未来灾害天气引发城镇供水企业安全事故的可能性大小,以此来评价城镇供水企业气象灾害风险性的一种风险评估原理。

四、城镇供水企业气象灾害风险评估的惯性评估原理

任何灾害天气引发城镇供水企业安全事故的发展变化都与灾害天气历史行为密切相关。历史行为不仅影响现在,而且还会影响到将来,即灾害天气的发展具有延续性,该特性称为惯性。惯性表现为趋势外推,并以趋势外延推测其未来状态。因此惯性评价原理就是利用灾害天气发展有惯性这一特征进行评估灾害天气引发城镇供水企业安全事故的风险的一种风险评估原理,该评估原理通常要以灾害天气发生、发展及引发城镇供水企业安全事故的机理等稳定性为前提。但由于灾害性天气发生、发展及引发城镇供水企业安全事故的机理受诸多因素影响极其复杂,绝对的稳定性是不存在的。因此在利用惯性评估原理时,要注意灾害天气的趋势外推有时也具有局限性。

第五节　城镇供水企业气象灾害的风险源辨识与风险分析

一、城镇供水企业气象灾害的风险源辨识

(一)城镇供水企业气象灾害风险源辨识方法

城镇供水企业气象灾害风险源辨识实质是辨识城镇供水企业所在地灾害性天气对城镇供水企业可能造成气象灾害的灾害性天气风险源识别,因此城镇供水企业气象灾害风险源辨识常常采用专家调查分析法,分析城镇供水企业面临的潜在灾害性天气风险源可引发的气象灾害,识别城镇供水企业气象灾害发生的风险区、气象灾害种类、引起气象灾害的主要灾害性天气危险因子特征和气象灾害时空动态分布特征及气象灾害引发后果的严重程度。也即城镇供水企业灾害天气风险源识别的专家调查分析法就是气象灾害风险评估专家对城镇供水企业所在地的地理、地质、土壤、气象、环境等情况进行实地调查和分析后,采用问卷表格方式对城镇供水企业灾害天气风险源进行预测和识别的方法。其工作步骤如下。

(1)首先,从气象灾害风险评估专家库,随机抽取至少 3～5 名气象灾害风险评估专家组成城镇供水企业的灾害天气风险分析现场调查分析小组。

(2)现场调查分析小组对城镇供水企业相关背景资料调查和收集,通常包括以下内容。

① 收集该城镇供水行业国内外相关法律法规、技术标准及该建设项目相关资料;

② 实地调查评估城镇供水企业的地理、地质、土壤、气象、环境等情况以及城镇供水企业的工作特性和其他属性,对日常生产活动中的设备运行情况、对灾害性天气引发安全事故采取的工程性措施和非工程性措施、应急预案的编制等情况进行详细记录,并对城镇供水企业所在地区的气象条件进行统计分析,识别和分析其潜在的气象灾害危险因素;

③ 调查和统计城镇供水企业历史上所有发生过的气象灾害事故,对发生的地点、时间、强度、造成的后果等进行深入分析,查出事故的直接和间接原因;

(3)将城镇供水企业的背景资料搜集整理完成后,每位专家对该评估单位的风险事件、风险原因、影响形式、风险影响后果等按照表 4-2 进行填写,并根据城镇供水企业所在地区灾害天气种类依次进行筛选,甄别是否为评估的城镇供水企业风险源;

表 4-2　城镇供水企业的灾害天气风险源辨识表

供水企业名称					地址			
联系方式					时间			
事件		描述						
		风险事件	风险原因	风险影响形式	风险影响后果		历史上是否发生灾害事件	是否风险源
					局部	整体		
供水企业灾害天气类别	暴雨							
	暴雪							
	寒潮							
	大风							
	高温							
	干旱							
	雷电							
	冰雹							
	霜冻							
	浓雾							
	霾							
	道路结冰							
	森林火险							
	……	……	……	……	……	……	……	……
	……	……	……	……	……	……	……	……
专家签名								

(4)依据每位专家填写表 4-2 的城镇供水企业灾害天气风险源辨识结论形成统计分析表 4-3，按照少数服从多数原则，最终确定作为气象灾害风险评估专家组的城镇供水企业灾害天气风险源辨识结论；若出现无法执行少数服从多数原则的状况，则由气象灾害风险评估专家组组长按照会议协商原则，组织召开城镇供水企业灾害天气风险源筛选，甄别的气象灾害风险评估专家会，形成最终确定作为气象灾害风险评估专家组的城镇供水企业灾害天气风险源辨识结论。

表 4-3 城镇供水企业的灾害天气风险源的气象灾害风险评估专家及专家组辨识结论统计表

<table>
<tr><td colspan="2">供水企业名称</td><td colspan="3"></td><td>地址</td><td colspan="4"></td></tr>
<tr><td colspan="2">联系方式</td><td colspan="3"></td><td>时间</td><td colspan="4"></td></tr>
<tr><td colspan="2" rowspan="4">事件</td><td colspan="8">灾害天气风险源辨识结论</td></tr>
<tr><td>专家签名 1</td><td>专家签名 2</td><td>专家签名 3</td><td>专家签名 4</td><td>专家签名 5</td><td colspan="3">专家组是否风险源辨识结论</td></tr>
<tr><td rowspan="2">是否风险源结论</td><td rowspan="2">是否风险源结论</td><td rowspan="2">是否风险源结论</td><td rowspan="2">是否风险源结论</td><td rowspan="2">是否风险源结论</td><td colspan="2">少数服从多数原则</td><td rowspan="2">会议协商原则结论</td></tr>
<tr><td>是:否</td><td>结论</td></tr>
<tr><td rowspan="15">供水企业灾害天气类别</td><td>暴雨</td><td></td><td></td><td></td><td></td><td></td><td></td><td></td><td></td></tr>
<tr><td>暴雪</td><td></td><td></td><td></td><td></td><td></td><td></td><td></td><td></td></tr>
<tr><td>寒潮</td><td></td><td></td><td></td><td></td><td></td><td></td><td></td><td></td></tr>
<tr><td>大风</td><td></td><td></td><td></td><td></td><td></td><td></td><td></td><td></td></tr>
<tr><td>高温</td><td></td><td></td><td></td><td></td><td></td><td></td><td></td><td></td></tr>
<tr><td>干旱</td><td></td><td></td><td></td><td></td><td></td><td></td><td></td><td></td></tr>
<tr><td>雷电</td><td></td><td></td><td></td><td></td><td></td><td></td><td></td><td></td></tr>
<tr><td>冰雹</td><td></td><td></td><td></td><td></td><td></td><td></td><td></td><td></td></tr>
<tr><td>霜冻</td><td></td><td></td><td></td><td></td><td></td><td></td><td></td><td></td></tr>
<tr><td>浓雾</td><td></td><td></td><td></td><td></td><td></td><td></td><td></td><td></td></tr>
<tr><td>霾</td><td></td><td></td><td></td><td></td><td></td><td></td><td></td><td></td></tr>
<tr><td>道路结冰</td><td></td><td></td><td></td><td></td><td></td><td></td><td></td><td></td></tr>
<tr><td>森林火险</td><td></td><td></td><td></td><td></td><td></td><td></td><td></td><td></td></tr>
<tr><td>……</td><td>……</td><td>……</td><td>……</td><td>……</td><td>……</td><td>……</td><td>……</td><td>……</td></tr>
<tr><td>……</td><td>……</td><td>……</td><td>……</td><td>……</td><td>……</td><td>……</td><td>……</td><td>……</td></tr>
<tr><td colspan="10">专家组组长签名：</td></tr>
</table>

(二)城镇供水企业多灾种叠加的灾害天气风险源

根据城镇供水企业自身特点及灾害性天气形成机理，应用城镇供水企业所在地近三十年的气象观测资料，按照多灾种气象灾害叠加风险事件编码方法对城镇供水企业的灾害天气风险源进行编码，分析城镇供水企业在同一天内可引发气象灾害的潜在灾害性天气种类，识别同一天内多种潜在灾害性天气风险源导致城镇供水企业气象灾害发生的风险区、气象灾害种类、引起气象灾害的主导灾害性天气风险源和可叠加的灾害天气风险源以及气象灾害引发后果的严重程度，识别主导灾害性天气风险源和可叠加的灾害天气风险源的活动规模和活动频次以及气象灾害时空动态分布。

多灾种气象灾害叠加风险事件编码方法就是将暴雨、暴雪、寒潮、大风、高温、干旱、雷电、冰雹、霜冻、浓雾、霾、道路结冰、森林火险等城镇供水企业所在地气象灾害风险源，按照以下定义进行顺序编号：风险源 1—暴雨灾害风险源、风险源 2—暴雪灾害风险源、风险源 3—寒潮灾害风险源、风险源 4—大风灾害风险源、风险源 5—高温冷害风险源、风险源 6—干旱灾害风险源、风险源 7—雷电灾害风险源、风险源 8—冰雹灾害风险源、风险源 9—霜冻灾害风险源、风险源 10—大雾灾害风险源、风险源 11—霾害风险源、风险源 12—道路结冰灾害风险源、风险源 13—森林火险灾害风险源、……，同时取气象灾害敏感单位所在地气象观测站逐日观测资料，按照“站点（气象观测站编号＊＊＊＊＊）年（YYYY）月（MM）日（DD）风险源 1（0 或 1）风险源 2（0 或 1）风险源 3（0 或 1）风险源 4（0 或 1）风险源 5（0 或 1）风险源 6（0 或 1）风险源 7（0 或 1）风险源 8（0 或 1）风险源 9（0 或 1）风险源 10（0 或 1）风险源 11（0 或 1）风险源 12（0 或 1）风险源 13（0 或 1）……风险源重叠种类（X）”的编码规定，作为多灾种气象灾害叠加风险事件种类的具体事件特征符号进行编码的方法。在多灾种气象灾害叠加风险事件编码方法中，风险源括号内的“0 或 1”表示该风险源灾害天气是否发生：用“1”表示＊＊＊＊＊气象观测站在 YYYY 年 MM 月 DD 日观测到该风险源灾害天气，即该风险源灾害天气发生了；用“0”表示＊＊＊＊＊气象观测站在 YYYY 年 MM 月 DD 日没有观测到该风险源灾害天气，即该风险源灾害天气没有发生。风险源重叠种类括号内的“X”表示＊＊＊＊＊气象观测站在 YYYY 年 MM 月 DD 日内同时观测到风险源灾害天气类别个数：“0”表示没有观测到风险源灾害天气，即风险源灾害天气没有发生；“1”表示仅仅观测到 1 种类别的风险源灾害天气，即只有 1 种类别的风险源灾害天气发生；“2”表示同时观测到 2 种类别的风险源灾害天气，即有 2 种类别的风险源灾害天气在当天同时发生；“3”表示同时观测到 3 种类别的风险源灾害天气，即有 3 种类别的风险源灾害天气在当天同时发生，以此类推。

例如编号为 575162007071711100100000004 的事件表示：重庆沙坪坝气象观测站 2007 年 07 月 17 日同时观测到暴雨、高温、大风、雷电等 4 类别的风险源灾害天气，即有暴雨、高温、大风、雷电等 4 种类别的风险源灾害天气在当天同时发生，而其他种类别的灾害天气在当天没有发生。

示例：重庆某学校气象灾害敏感单位的多灾种气象灾害叠加风险事件编码分析

按照上述编码方法逐日记录某学校所在地天气现象，然后分析该学校所在地气象观测站1981-2010年10957天的气象资料，得出具体的灾害风险源统计如表4-4～表4-7所示。

表4-4 重庆某学校多灾种气象灾害叠加风险事件中灾害风险源的比例表

气象灾害风险源数量(个)	0	1	2	3	4	5	6
气象灾害风险源观测事件(个)	8419	2363	168	7	0	0	0
占总样本百分比(%)	76.837	21.566	1.533	0.064	0	0	0
占灾害天气发生事件百分比(%)	—	93.105	6.619	0.276	0	0	0
占气象灾害叠加风险事件百分比(%)	—	—	96.000	4.000	0	0	0

说明：0表示没有气象灾害发生。

表4-5 重庆某学校气象灾害风险源发生次数统计表

灾害风险源	暴雨	高温	大风	大雾	低温	雷电
灾害发生的次数(次)	84	351	64	1087	4	1130
各灾害发生次数的百分比(%)	3.088	12.905	2.353	39.963	0.147	41.544

表4-6 重庆某学校2灾种气象灾害风险源组合表

风险源		暴雨	高温	大风	大雾	低温	雷电
暴雨	P2	——	0	5	0	0	68
	PP2(%)	——	0	2.857	0	0	38.857
高温	P2	——	——	1	1	——	42
	PP2(%)	——	——	0.571	0.571	——	24.000
大风	P2	——	——	——	2	0	47
	PP2(%)	——	——	——	1.143	0	26.857
大雾	P2	——	——	——	——	2	14
	PP2(%)	——	——	——	——	1.143	8.000
低温	P2	——	——	——	——	——	0
	PP2(%)	——	——	——	——	——	0
雷电	P2	——	——	——	——	——	——
	PP2(%)	——	——	——	——	——	——

说明：1. P2表示2灾种气象灾害风险源组合的具体数量(单位：个)；

2. PP2表示2灾种气象灾害叠加风险事件发生次数占气象灾害叠加风险事件百分比(单位：%)。

表4-7 重庆某学校三灾种气象灾害风险源组合表

三灾种气象灾害风险源组合	3灾种气象灾害叠加风险事件发生次数(次)	3灾种气象灾害叠加风险事件发生次数占气象灾害叠加风险事件百分比(%)
暴雨+高温+雷电	0	0

续表

三灾种气象灾害风险源组合	3灾种气象灾害叠加风险事件发生次数(次)	3灾种气象灾害叠加风险事件发生次数占气象灾害叠加风险事件百分比(%)
暴雨+大风+雷电	5	2.857
暴雨+大雾+雷电	0	0
高温+大风+雷电	1	0.571
高温+大雾+雷电	0	0
大风+大雾+雷电	1	0.571
大雾+低温+雷电	0	0

说明:0表示没有气象灾害发生。

二、城镇供水企业气象灾害的风险分析

(一)城镇供水企业的气象灾害天气风险分析

1. 城镇供水企业的天气特征分析

依据城镇供水企业所在地近三十年的气象观测资料,分析灾害性天气的特征,评估气象灾害敏感单位遭受气象灾害的可能性。

2. 灾害性天气对城镇供水企业影响分析

根据灾害性天气对城镇供水企业的危害机理和方式,分析灾害性天气对城镇供水企业的各种影响。

3. 城镇供水企业灾害性天气风险识别分析

结合城镇供水企业所在地的地理、地质、气象、环境等条件和城镇供水企业的重要性及其工作特性,分析灾害性天气可能引发的风险事件以及主要的影响对象和影响方式等。

(二)城镇供水企业多灾种叠加的灾害天气风险分析

(1)依据城镇供水企业所在地近三十年的气象观测资料,分析城镇供水企业的多灾种气象灾害叠加风险事件中各种灾害风险源的分配比例、多灾种气象灾害叠加风险事件的风险源重叠发生的概率、多灾种气象灾害叠加风险事件的风险源重叠组合类型。

(2)辨识城镇供水企业主导气象灾害风险源及与主导气象灾害风险源可叠加的其他气象灾害风险源。

(三)城镇供水企业安全气象保障措施分析

分析城镇供水企业是否根据有关法律法规的规定和技术规范的要求,采取相应的工程性措施及非工程性措施。

(四)灾害性天气可能引发城镇供水企业事故后果分析

分析城镇供水企业遭受灾害性天气时,可能引起人员伤亡、财产价值损失的程度以及可能造成的社会影响及其后果。

第六节 城镇供水企业气象灾害风险评估实用模型

一、城镇供水企业气象灾害风险评估实用模型 CQGSMES 研发的背景

由于城镇供水企业气象灾害风险评估是针对城镇供水企业需考虑小尺度的局地天气气候背景、地质地貌、经济社会发展状况和城镇供水企业自身防御气象灾害的能力等诸多因素复杂多变条件,开展和实施气象灾害风险评估,具有评估对象空间尺度小但受灾害天气影响的时间长、评估的灾害天气“风险源”种类多且局地性与突发性强、评估的气象灾害风险引发的事故后果的社会影响大等特征;另外各种风险评估方法都有各自的特点和适用范围,在选用时应根据评估方法的特点、具体条件和需要,针对评估对象的实际情况、特点和评估目标分析、比较,慎重选用,并且无论采用哪种评估方法都有相当大的主观因素,都难免存在一定的偏差和遗漏。因此,需要在目前城镇供水企业气象灾害风险评估的 LEC 法、MES 法、MLS 法、人工神经网络法、安全模糊综合法、安全状况灰色系统评法、系统危险性分类法、危险概率法、FEMSL 法、模糊评法等基本评估方法的基础上,结合重庆城镇供水企业气象灾害风险评估试验点工作经验,从科学性、实用性、操作性等方面参考并吸收当前常用的自然灾害风险评估方法和气象灾害风险评估方法以及安全生产评价方法的优点,建立在 MES 评估方法基础上进行优化改进的城镇供水企业气象灾害风险评估实用方法,即城镇供水企业气象灾害风险评估的实用模型——CQGSMES 模型。

二、城镇供水企业气象灾害风险评估实用模型 CQGSMES 的计算公式及其物理意义

(一)评估实用模型 CQGSMES 计算公式

评估实用模型 CQGSMES 计算公式为:

$R_{1K}=M_K E_K S_{1K}$

$R_1=\sum_{K=1}^{N}(R_{1K})=\sum_{K=1}^{N}(M_K E_K S_{1K})$

$R_{2K}=M_K E_K S_{2K}$

$R_2=\sum_{K=1}^{N}(R_{2K})=\sum_{K=1}^{N}(M_K E_K S_{2K})$

(二)评估实用模型CQGSMES计算公式各参数的物理意义

评估实用模型CQGSMES计算公式各参数的物理意义如下：

(1)R_{1K} 表示 K 类别灾害性天气事件引发城镇供水企业安全事故造成人员伤害的风险程度；

(2)R_1 表示城镇供水企业在同一定时段内有 N 个类别灾害性天气事件叠加引发城镇供水企业安全事故造成人员伤害的综合风险程度；

(3)R_{2K} 表示 K 类别灾害性天气事件引发城镇供水企业安全事故造成设施设备房屋等财产损失的风险程度；

(4)R_2 表示城镇供水企业在同一定时段内有 N 个类别灾害性天气事件叠加引发城镇供水企业安全事故造成设施设备房屋等财产损失的综合风险程度；

(5)N 表示城镇供水企业在同一定时段内存在的引发城镇供水企业安全事故的气象灾害"风险源"类型个数；

(6)K 表示城镇供水企业存在的气象灾害"风险源"类型的具体类别，也即影响城镇供水企业的灾害性天气类型的具体类别；

(7)M_K 表示城镇供水企业为应对 K 类别灾害性天气事件引发城镇供水企业安全事故而采取的工程性和非工程性控制措施的状态；

(8)E_K 表示城镇供水企业及其员工暴露在影响城镇供水企业及其员工的 K 类别灾害性天气频繁程度，也即灾害性天气发生频率的大小；

(9)S_{1K}——表示 K 类别灾害性天气事件引发城镇供水企业安全事故造成的人员伤害的情况；

(10)S_{2K}——表示 K 类别灾害性天气事件引发城镇供水企业安全事故造成的设施设备房屋等财产损失情况。

三、城镇供水企业气象灾害风险评估实用模型CQGSMES的参数选择原则

(一)K 参数选择原则

1. K 参数最大值选择原则

K 参数最大值是根据城镇供水企业所在地气象历史资料和城镇供水企业由于灾害性天气导致的安全事故的历史资料统计分析获得的城镇供水企业气象灾害"风险源"类型的总类别数量，也即影响城镇供水企业的灾害性天气类型的总类别数量。例如重庆城镇供水企业的 K 参数最大值为7。

2. K 参数具体值选择原则

K 参数具体值是根据城镇供水企业所在地气象历史资料和城镇供水企业由于灾害性天气导致的安全事故的历史资料统计分析获得的城镇供水企业气象灾害"风险源"类型的具体类别的特征符号，也即影响城镇供水企业的灾害性天气类型

的具体类别的特征符号，以区别各气象灾害“风险源”类型。例如重庆城镇供水企业的 K 参数具体值的选择原则如表 4-8 所示。

表 4-8　重庆的 K 参数具体值选择原则表

K	1	2	3	4	5	6	7
灾害天气	暴雨	高温	大风	大雾	低温冷害	雷电	干旱
说明	a. 低温冷害风险源将暴雪、寒潮、道路结冰等三个灾害性天气对城镇供水企业安全产生影响的那部分风险内容纳入其风险范畴 b. 高温灾害风险源将森林火险灾害性天气对城镇供水企业安全产生影响的那部分风险内容纳入其风险范畴 c. 由于冰雹灾害天气常常与雷电、暴雨、大风等灾害性天气同时发生，其造成的损失分别纳入雷电灾害、暴雨灾害、大风灾害等风险源的风险范畴 d. 霾灾害风险源引发城镇供水企业安全事故不显著，并且霾灾害天气与大雾灾害性天气常常同时发生，其造成的损失纳入大雾灾害风险源的风险范畴						

（二）N 参数选择原则

N 参数是根据城镇供水企业所在地气象历史资料和城镇供水企业由于灾害性天气导致的安全事故的历史资料统计分析获得的城镇供水企业在同一定时段内存在的引发城镇供水企业安全事故的灾害性天气类型个数，也即城镇供水企业在同一定时段内存在的城镇供水企业气象灾害“风险源”类型个数。

（三）M_K 参数选择原则

M_K 参数是根据城镇供水企业应对 K 类别灾害性天气事件引发城镇供水企业安全事故而采取的工程性和非工程性控制措施的状态的差异来确定其值大小。M_K 参数的选择原则如表 4-9 所示。

表 4-9　M_K 参数选择原则表

M_K	城镇供水企业应对 K 类别灾害性天气事件引发安全事故的控制措施状态
5	无控制措施
3	有减轻事故后果的应急措施。例如报警系统、应急预案等非工程性措施，具体可按照《气象灾害敏感单位安全气象保障技术规范》(DB50/368—2010)第 9 条气象灾害敏感单位安全气象保障措施规定评判
1	有预防措施。例如建立了气象灾害预警信息接收系统和发布系统，安装了防御雷电灾害的雷电防护装置及年度安全性能检测合格等工程性措施，具体可按照《气象灾害敏感单位安全气象保障技术规范》(DB50/368—2010)第 9 条气象灾害敏感单位安全气象保障措施规定评判

（四）E_K 参数选择原则

E_K 参数是城镇供水企业及其员工暴露在影响城镇供水企业及员工的 K 类别灾害性天气下的暴露频繁程度，一般是根据城镇供水企业所在地气象历史资料统计分析导致城镇供水企业安全事故的 K 类别灾害性天气出现频率按照一定原则给予赋值。E_K 参数的选择原则如表 4-10 所示。

表 4-10　E_K 参数选择原则表

E_K	K 类别灾害性天气出现频繁程度	K 类别灾害性天气出现频率(%)
10	每天出现 2 次或 2 次以上	200
6	每天出现 1 次	100
3	每 7 天出现 1 次	14.2857
2	每 30 天出现 1 次	3.3333
1	每 180 天出现 1 次	0.5556
0.5	每 365 天出现 1 次或 1 次以下	0.2740

根据表 4-10 的数据可以推导出，K 类别灾害性天气出现频繁程度介于每天出现 1 次至每 365 天出现 1 次之间或 K 类别灾害性天气出现频率 P(P＝$N1$ 年内出现 K 类别灾害性天气的天数/$N1$ 年总天数)介于 100%至 0.2740%之间的 E_K 值计算公式如下：

当 0.2740%＜P＜14.2587%时，$E_k=0.06204\ln(P)+1.3178$

从图 4-2 可知，该公式计算的 E_k 与 P 关系曲线同表 4-10 获得 E_k 与 P 关系的图解曲线非常拟合，因此该公式计算的 E_k 非常可信。

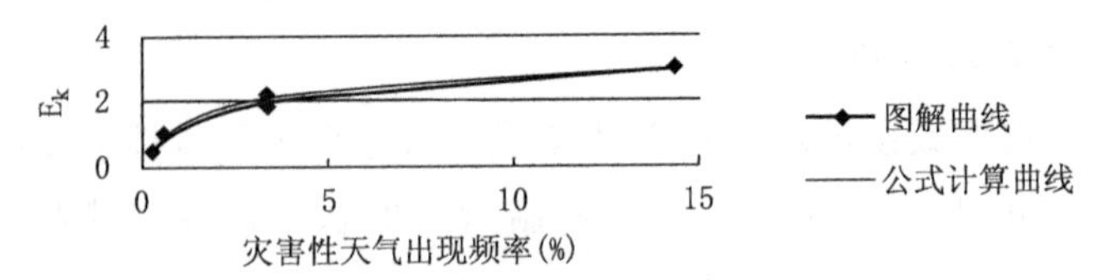

图 4-2　P＜14.2587%的 E_k 与 P 关系的公式计算曲线与图解曲线比较图

当 14.2587%＜P＜200%时，$E_k=0.00003P^2+0.0319P+2.5385$。

从图 4-3 可知，该公式计算的 E_k 与 P 关系曲线同表 4-10 获得 E_k 与 P 关系的图解曲线非常拟合，因此该公式计算的 E_k 非常可信。

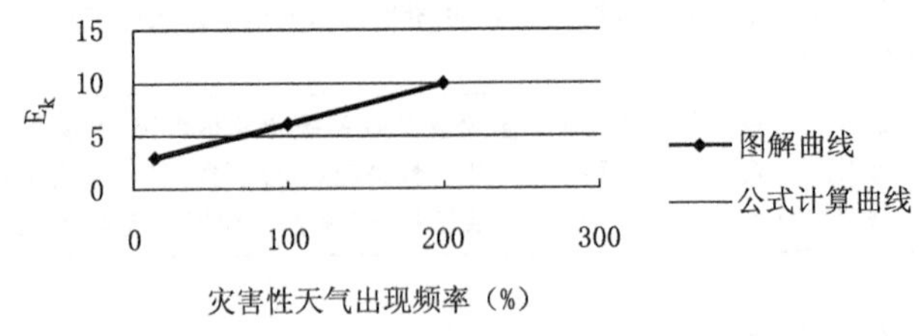

图 4-3　P＞14.2587%的 E_k 与 P 关系的公式计算曲线与图解曲线比较图

(五)S_{1K} 参数选择原则

S_{1K} 参数选择的核心是确定 K 类别灾害性天气事件引发城镇供水企业安全事

故造成人员伤害状况 SS_{1K}，SS_{1K} 的确定有以下几种方式。

(1)根据城镇供水企业近10年以上 K 类别灾害性天气事件引发城镇供水企业安全事故造成人员伤害的历史资料统计分析出 K 类别灾害性天气事件引发城镇供水企业安全事故造成人员伤害1年的平均值，即为该城镇供水企业的 SS_{1K}。

(2)根据城镇供水企业所在地同一个天气气候背景下的省或地或县行政区域内近 $N1$ 年(大于5年)灾害性天气事件引发事故导致人员伤害的历史资料和人口资料分别统计分析出该行政区域内灾害性天气事件引发事故造成的人员死亡人数、受伤人数、人口数量的年平均值 $S11$、$S12$、$S13$，并将 $S11$、$S12$ 分别除以 $S13$ 然后乘以该城镇供水企业员工人数即为城镇供水企业灾害性天气事件引发事故导致人员伤害的总人数 S_1；最后将 S_1 除以城镇供水企业气象灾害“风险源”类型的总类别数，从而获得该城镇供水企业的 SS_{1K}。

(3)根据城镇供水企业所在地的同一个天气气候背景下的省或地或县行政区域内近 $N1$ 年(大于5年)自然灾害引发事故导致人员伤害的历史资料和人口资料分别统计分析出该行政区域内自然灾害引发事故造成的人员死亡人数、受伤人数、人口数量的年平均值 $S14$、$S15$、$S16$，并将 $S14$、$S15$ 分别除以 $S16$，然后根据“1992年至2001年期间世界气象组织统计的气象灾害占了同期各类自然灾害90%左右的结论”乘以0.9，再乘以该城镇供水企业员工人数即为城镇供水企业灾害性天气事件引发事故导致人员伤害的总人数 S_1；最后将 S_1 除以城镇供水企业气象灾害“风险源”类型的总类别数，从而获得该城镇供水企业的 SS_{1K}。

根据该城镇供水企业的 SS_{1K}，S_{1K} 参数的选择原则如表4-11所示。

表4-11　S_{1K} 参数选择原则表

S_{1K}	发生人身伤害事故后果(SS_{1K})
10	有多人死亡
8	有1人死亡
4	永久失能
2	需要医院治疗
1	轻微受伤，仅需要急救

(六)S_{2K} 参数选择原则

S_{2K} 参数选择的核心是确定 K 类别灾害性天气事件引发城镇供水企业安全事故造成设施设备房屋等财产损失状况 SS_{2K}，SS_{2K} 的确定有以下几种方式：

(1)根据城镇供水企业近10年以上 K 类别灾害性天气事件引发城镇供水企业安全事故造成设施设备房屋等财产损失的历史资料统计分析出 K 类别灾害性天气事件引发城镇供水企业安全事故造成设施设备房屋等财产损失的1年平均值，即为该城镇供水企业的 SS_{2K}。

(2)根据城镇供水企业所在地同一个天气气候背景下的省或地或县行政区域内近 $N1$ 年(大于 5 年)灾害性天气事件引发事故导致设施设备房屋等财产损失的历史资料和 GDP 资料分别统计分析出该行政区域内灾害性天气事件引发事故造成设施设备房屋等财产损失、GDP 的年平均值 $S21$、$G1$,同时统计出该城镇供水企业 $N1$ 年 GDP 的年平均值 $G2$;将 $S21$ 除以 $G1$ 然后乘以该城镇供水企业 GDP 的年平均值 $G2$ 即为该城镇供水企业灾害性天气事件引发事故导致设施设备房屋等财产损失的总损失量 S_2;最后将 S_2 除以城镇供水企业气象灾害"风险源"类型的总类别数,从而获得该城镇供水企业的 SS_{2K}。

(3)根据城镇供水企业所在地的同一个天气气候背景下的省或地或县行政区域内近 $N1$ 年(大于 5 年)自然灾害引发事故导致设施设备房屋等财产损失和 GDP 的历史资料,分别统计分析出该行政区域内自然灾害引发事故导致设施设备房屋等财产损失、GDP 的年平均值 $S22$、$G3$,同时统计出该城镇供水企业 N 年的 GDP 年平均值 $G4$;将 $S22$ 分别除以 $G3$,然后根据"1992 年至 2001 年期间世界气象组织统计的气象灾害造成的经济损失为 4460 亿美元,占了同期所有自然灾害经济损失的 65%的结论"乘以 0.65,再乘以该城镇供水企业 GDP 年平均值 $G4$ 即为该城镇供水企业灾害性天气事件导致设施设备房屋等财产损失的总损失量 S_2;最后将 S_2 除以城镇供水企业气象灾害"风险源"类型的总类别数,从而获得该城镇供水企业的 SS_{2K}。

根据该城镇供水企业的 SS_{2K},S_{2K} 参数的选择原则如表 4-12 所示。

表 4-12 S_{2K} 参数选择原则表

S_{2K}	单纯财产损失事故后果(人民币)
10	$SS_{2K} \geqslant 1$ 亿元
8	1000 万元 $\leqslant SS_{2K} < 1$ 亿元
4	100 万元 $\leqslant SS_{2K} < 1000$ 万元
2	3 万元 $\leqslant SS_{2K} < 100$ 万元
1	$SS_{2K} < 3$ 万元

(七)R_{1K} 参数选择原则

R_{1K} 参数是根据上述参数通过公式计算出的 K 类别灾害性天气事件引发城镇供水企业安全事故造成人员伤害的风险程度,用风险等级表示。R_{1K} 参数的选择原则如表 4-13 所示。

表 4-13 R_{1K} 参数选择原则表

风险源等级	R_{1K}(发生人身伤害事故)	危险程度	整改时效
一级	$R_{1K} \geqslant 180$	员工极其危险	停产整改
二级	$90 \leqslant R_{1K} < 180$	员工高度危险	立即整改

续表

风险源等级	R_{1K}（发生人身伤害事故）	危险程度	整改时效
三级	$50 \leqslant R_{1K} < 90$	员工显著危险	需要整改
四级	$18 \leqslant R_{1K} < 50$	员工一般危险	需要注意
五级	$R_{1K} < 18$	员工稍有危险	可以接受

（八）R_1 参数选择原则

R_1 参数是根据上述参数通过公式计算出的城镇供水企业在同一定时段内有 N 个类别灾害性天气事件叠加引发城镇供水企业安全事故造成人员伤害的综合风险程度，用风险等级表示。R_1 参数的选择原则如表 4-14 所示。

表 4-14　R_1 参数选择原则表

风险源等级	R_1（发生人身伤害事故）	危险程度	整改时效
一级	$R_1 \geqslant 180$	员工极其危险	停产整改
二级	$90 \leqslant R_1 < 180$	员工高度危险	立即整改
三级	$50 \leqslant R_1 < 90$	员工显著危险	需要整改
四级	$18 \leqslant R_1 < 50$	员工一般危险	需要注意
五级	$R_1 < 18$	员工稍有危险	可以接受

（九）R_{2K} 参数选择原则

R_{2K} 参数是根据上述参数通过公式计算出的 K 类别灾害性天气事件引发城镇供水企业安全事故造成设施设备房屋等财产损失的风险程度，用风险等级表示。R_{2K} 参数的选择原则如表 4-15 所示。

表 4-15　R_{2K} 参数选择原则表

风险源等级	R_{2K}（单纯财产损失事故）	危险程度	整改时效
一级	$R_{2K} \geqslant 24$	财产极其危险	停产整改
二级	$12 \leqslant R_{2K} < 24$	财产高度危险	立即整改
三级	$6 \leqslant R_{2K} < 12$	财产显著危险	需要整改
四级	$3 \leqslant R_{2K} < 6$	财产一般危险	需要注意
五级	$R_{2K} < 3$	财产稍有危险	可以接受

（十）R_2 参数选择原则

R_2 参数是根据上述参数通过公式计算出的供水企业在同一定时段内有 N 个类别灾害性天气事件叠加引发城镇供水企业安全事故造成设施设备房屋等财产损失的综合风险程度，用风险等级表示。R_2 参数的选择原则如表 4-16 所示。

表 4-16　R_2 参数选择原则表

风险源等级	R_2(单纯财产损失事故)	危险程度	整改时效
一级	$R_2 \geqslant 24$	财产极其危险	停产整改
二级	$12 \leqslant R_2 < 24$	财产高度危险	立即整改
三级	$6 \leqslant R_2 < 12$	财产显著危险	需要整改
四级	$3 \leqslant R_2 < 6$	财产一般危险	需要注意
五级	$R_2 < 3$	财产稍有危险	可以接受

四、城镇供水企业气象灾害风险评估实用模型 CQGSMES 的适用范围

评估实用模型 CQGSMES 除不适用于雷电灾害性天气引发城镇供水企业安全事故的风险评估外，其他害性天气引发城镇供水企业安全事故的风险评估均可适用。雷电灾害性天气引发城镇供水企业安全事故的风险评估不适用于 CQGSMES 模型的主要原因如下。

(1)由于 CQGSMES 模型的 E_K 参数是城镇供水企业及其员工暴露在影响城镇供水企业及员工的 K 类别灾害性天气的暴露频繁程度，其时间尺度主要是日、月、年。而雷电灾害性天气的形成机制非常复杂，雷电放电生命周期在毫秒级以内，因此雷电发生频率不是日、月、年时间尺度来评估，而是秒、分钟、小时时间尺度。例如造成 2007 年重庆市开县义和镇兴业村小学学生 51 伤亡(死亡 7 人，轻伤 44 人)的雷电灾害天气在 5 月 23 日 16 时 10 分左右发生事故的 16 时—16 时 30 分时间段内，共发生了 162 次闪电，平均每分钟发生 5 次以上；又如造成 2005 年重庆市綦江县古南镇重庆东溪化工有限公司乳化车间发生爆炸导致 31 人伤亡(死亡 19 人，轻伤 12 人)雷电灾害天气在 4 月 21 日 22 时 25 分左右发生事故的 22—23 时时间段内，共发生了 6091 次闪电，平均每分钟发生 101 次以上、每秒钟发生 1 次以上。

(2)雷电灾害天气引发城镇供水企业安全事故的风险非常复杂，雷电侵入城镇供水企业的危害途径不仅可从空中雷电直击方式入侵，还可从空间雷电电磁脉冲方式入侵；不仅可从地面通过雷电波方式入侵而且还可从地下雷电地电位反击发生入侵；真是无孔不入，具有典型三维侵入方式。

(3)雷电灾害天气导致的灾害事故损失惨重，如重庆市“十五”期间，据不完全统计因雷电灾害造成经济损失高达 11.2 亿元，人员伤亡 84 人。而重特大雷电灾害事故时有发生，例如重庆开县一次雷击事故造成 7 名学生死亡，重庆市綦江县古南镇重庆东溪化工有限公司一次雷击事故造成 19 人死亡。

基于上述三个方面原因使雷电灾害风险评估非常复杂而又非常重要，因此国内外都高度重视雷电灾害评估工作，国际电工委员会第 81 技术委员会制定并颁布了《雷电防护第二部分：风险管理(Protection against Lightning—Part 2：Risk management)》(IEC 62305-2:2006 IDT),我国也等同采用了该标准制作为“雷电风险评估技术”国家推荐性技术规范(GB/T 21714.2-2008),国务院防雷行政主管机构——中国气象局制定并颁布了《雷电灾害风险评估技术规范》(QX/T85—2007)、重庆市也制定并颁布了《雷电灾害风险评估技术规范》(DB50/214-2006)。这些技术标准都非常明确地规定了雷电灾害评估的技术方法和计算公式,必须严格遵照执行。

所以城镇供水企业气象灾害风险评估实用模型—CQGSMES模型,只适用于除雷电灾害天气外的其他害性天气引发城镇供水企业安全事故的风险评估。

但是为了确保评估实用模型CQGSMES在城镇供水企业多灾种气象灾害叠加风险分析的通用性,我们根据城镇供水企业雷电灾害风险评估结论确定的城镇供水企业防雷类别,参考《建筑物防雷设计规范》(GB50057-2010)等有关规范关于建筑物防雷类别划分标准的物理意义、《气象灾害敏感单位安全气象保障技术规范》(DB50/368-2010)关于气象灾害敏感单位类别划分标准的物理意义、CQGSMES模型关于灾害性天气事件引发城镇供水企业安全事故造成人员伤害的风险等级(R_{1K})与造成设施设备房屋等财产损失的风险等级(R_{2K})的物理意义,结合重庆城镇供水企业气象灾害风险评估试验点工作研究成果,经有关专家从科学性、实用性、操作性等方面研究表明:一类防雷建筑物的城镇供水企业R_{16}、R_{26}参数值可分别赋值为90、12;二类防雷建筑物的城镇供水企业R_{16}、R_{26}参数值可分别赋值为50、6;三类防雷建筑物的城镇供水企业R_{16}、R_{26}参数值可分别赋值为18、3;无类别防雷建筑物的城镇供水企业R_{16}、R_{26}参数值可分别赋值为5、1。

五、城镇供水企业气象灾害风险评估实用模型CQGSMES的评估结论应用原则

(一)CQGSMES模型评估的人员伤害与财产损失的风险等级的处置原则

CQGSMES模型评估的人员伤害与财产损失的风险等级处置原则是当灾害性天气事件引发城镇供水企业安全事故造成人员伤害的风险等级和造成设施设备房屋等财产损失的风险等级同时存在时,以造成人员伤害的风险等级为主,只有造成设施设备房屋等财产损失的风险等级达到二级以上时,才将R_{2K}、R_2参数值的13.738%分别叠加到R_{1K}、R_1参数值。

(二)城镇供水企业气象灾害敏感单位CQGSMES评估的风险等级与敏感类别的关系处置原则

根据近几年重庆市城镇供水企业气象灾害敏感单位安全管理试点经验,结合重庆市地方标准《气象灾害敏感单位安全气象保障技术规范》(DB50/368-2010)关

于重庆气象灾害敏感单位的气象灾害损失等级划分和敏感单位分类的规定，城镇供水企业气象灾害敏感单位CQGSMES评估的风险等级与敏感类别的关系处置原则如表4-17所示。

表4-17 城镇供水企业气象灾害敏感单位的风险等级与类别关系表

CQGSMES评估的风险源等级	敏感单位的类别
一级	一类
二级	二类
三级	三类
四级	四类
五级	

第七节 城镇供水企业气象灾害风险评估流程与评估报告编写大纲

一、城镇供水企业气象灾害风险评估实用模型CQGSMES的评估工作流程

城镇供水企业气象灾害风险评估实用模型CQGSMES的评估工作步骤主要分为受理城镇供水企业气象灾害风险评估申请；审查被评估城镇供水企业提供的申请资料是否完整、准确，根据评估需求收集相关资料；辨识城镇供水企业气象灾害风险源；分析计算城镇供水企业气象灾害风险明确风险等级；提出城镇供水企业防御气象灾害的工程性与非工程性措施以及进一步完善城镇供水企业气象灾害风险管理的建议。

CQGSMES的评估具体工作程序如图4-4所示。

二、城镇供水企业气象灾害风险评估报告编写大纲

城镇供水企业气象灾害风险评估实用模型的评估报告编写大纲主要分为以下四部分。

(一)概述

1. 引言

简要介绍城镇供水企业基本情况。主要包括城镇供水企业的占地面积、建筑物长宽高、建筑物数量；城镇供水企业配电系统介绍；城镇供水企业弱电系统等介绍；城镇供水企业员工数量；城镇供水企业GDP等。

简要论述目前城镇供水企业气象灾害防御现状及存在问题、城镇供水企业防

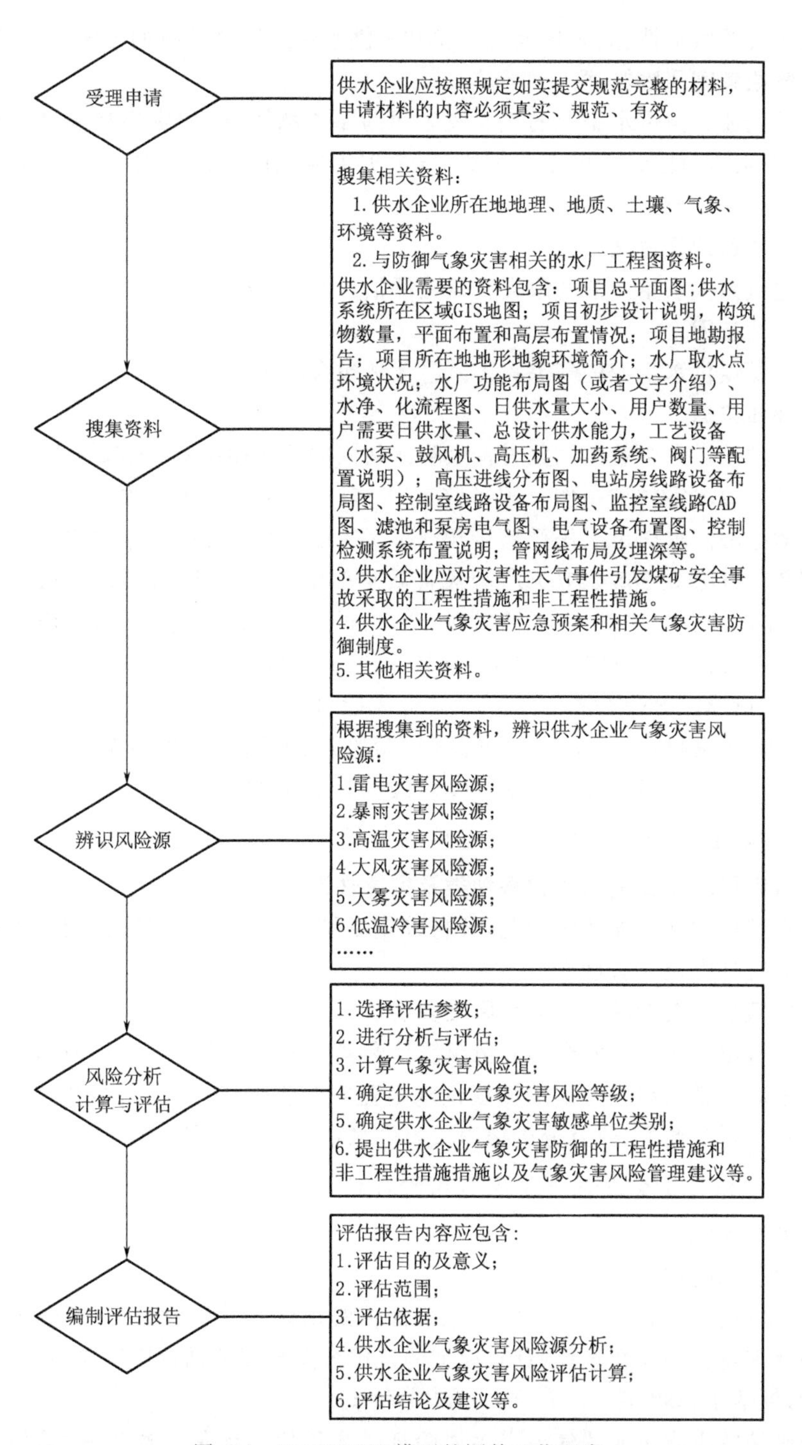

图 4-4 CQGSMES 模型的评估工作程序

御气象灾害的紧迫性、灾害性天气引发城镇供水企业安全事故的成灾机制等。

2. 气象灾害风险概述

简要论述城镇供水企业的气象灾害风险基本概念、气象灾害风险评价的基本原则、气象灾害风险评价的基本理论、气象灾害风险的分级方法与评估程序、气象灾害风险可接受原则等。

3. 评估目的及意义

论述城镇供水企业的气象灾害风险评估目的、意义等。

4. 评估范围

论述城镇供水企业的气象灾害风险评估包含范围。

5. 评估依据

给出城镇供水企业的气象灾害风险评估依据的法律法规、规范性文件、技术标准等，如《气象灾害防御条例》(国务院令第 570 号)、《重庆市气象灾害预警信号发布与传播办法》(重庆市人民政府令第 224 号)、《气象灾害敏感单位安全气象保障技术规范》、(DB50/368-2010)《气象灾害敏感单位风险评估技术规范》(DB50/580-2014)、《雷电防护第二部分：风险管理/Protection against Lightning—Part 2：Risk management》(GB/T 21714. 2-2008/IEC 62305-2：2006 IDT)、《雷电灾害风险评估技术规范》(QX/T85—2007)、《雷电灾害风险评估技术规范》(DB50/214-2006)、《风险管理：术语》GB/T23694-2009)、《风险管理：原则与实施指南》(GB/T24353-2009)、《风险管理：风险评估技术》(GB/T27921-2011)等。

(二)城镇供水企业的气象灾害风险分析

1. 城镇供水企业的气象灾害种类及灾害性天气

结合城镇供水企业实际情况，分析确定城镇供水企业所在地区城镇供水企业的气象灾害种类及灾害性天气。

2. 城镇供水企业的气象灾害风险源辨识

根据城镇供水企业安全事故情况统计资料和国内灾害性天气引发城镇供水企业安全事故文献资料以及重庆城镇供水企业安全管理试点经验，结合城镇供水企业气候背景实际情况，研究分析辨识城镇供水企业的气象灾害风险源。

(三)城镇供水企业的气象灾害风险评估

1. 评估模型

(1)模型计算公式

论述城镇供水企业的气象灾害风险评估实用模型建模背景、计算公式和模型参数的物理意义与参数选择原则，模型的适用范围与评估结论应用原则

(2)评估工作程序

明确城镇供水企业的气象灾害风险评估实用模型评估工作步骤，给出评估工作程序框图

2. 城镇供水企业分灾种气象灾害风险评估

详细分析研究城镇供水企业所在地 K 类别气象灾害天气时间特征、K 类别气象灾害天气对城镇供水企业的影响与危害、城镇供水企业 K 类别气象灾害天气风险识别、城镇供水企业 K 类别气象灾害天气风险特征，提出城镇供水企业防御 K 类别气象灾害天气风险的处置措施与对策建议。

3. 城镇供水企业多灾种气象灾害叠加风险综合评估

详细论述城镇供水企业多灾种气象灾害叠加风险事件的定义、多灾种气象灾害叠加风险事件发生状况、城镇供水企业多灾种气象灾害叠加风险特征，综合分析给出城镇供水企业多灾种气象灾害叠加引发城镇供水企业安全事故造成人员伤害的综合风险程度与设施设备房屋等财产损失的综合风险程度，确定城镇供水企业的气象灾害敏感类别等。

（四）城镇供水企业气象灾害风险的评估结论及建议

根据城镇供水企业气象灾害风险评估实用模型评估得到的城镇供水企业的气象灾害风险等级与气象灾害敏感类别，按照 DB50/368-2010 的有关规定，提出城镇供水企业的防御气象灾害的工程性措施及非工程性措施以及城镇供水企业的气象灾害风险管理建议等。

第八节　城镇供水企业气象灾害风险管理与控制

城镇供水企业气象灾害风险管理与控制必须根据城镇供水企业气象灾害风险评估结论，按照国家相关法律法规和技术规范的规定须采取相应的气象灾害防御工程性措施和非工程性措施。但从大量的城镇供水企业气象灾害事故分析表明：由于受传统思维影响，城镇供水企业存在重视减少气象灾害损失、忽视气象灾害风险消除和重视气象灾害后救助、忽视气象灾害前预防的现象，使其在城镇供水系统建设、运营过程都能够按照国家有关法律法规和技术规范规定完成城镇供水企业气象灾害防御工程设施建设，但忽视了气象灾害防御工程设施的运行维护、风险分析评估、隐患排查整治等气象灾害防御非工程性措施建设，甚至还出现没有相应的气象灾害防御非工程性措施，从而导致城镇供水企业气象灾害风险管理与控制存在局限性。因此本节重点介绍城镇供水企业气象灾害风险管理与控制非工程性措施的核心：城镇供水企业安全气象保障措施和城镇供水企业气象灾害应急预案。

一、城镇供水企业安全气象保障措施

城镇供水企业安全气象保障措施是指城镇供水企业预防气象灾害发生和防止灾害扩大的各种气象技术措施及管理措施。根据城镇供水企业气象灾害风险评估结论，城镇供水企业的气象灾害敏感类别可划分四类，其相应的安全气象保障措施

如下。

(一)城镇供水企业的基本安全气象保障措施

(1)城镇供水企业应根据相关规定向当地气象主管机构或(和)供水行业主管部门申请城镇供水企业的气象灾害敏感单位类别认证。

(2)省(自治区、直辖市)气象主管机构应建立城镇供水企业特种安全气象自动监测站运行监控系统和资料收集处理系统。

(3)省(自治区、直辖市)气象主管机构应建立城镇供水企业气象灾害等级预警预报系统、安全气象预警预报信息共享平台。

(4)省(自治区、直辖市)气象主管机构应建立城镇供水企业手机、电子显示屏、计算机网络、电视、喇叭等安全气象预警预报信息发布平台。

(5)省(自治区、直辖市)气象主管机构应定期举办"城镇供水企业安全气象自动监测设施维护、保养、使用""城镇供水企业气象灾害预警预报信息应用""城镇供水企业防御气象因素引起安全事故的应急预案制定""气象因素引起城镇供水企业的安全事故调查鉴定技术"等城镇供水企业安全气象保障技术应用培训。

(6)城镇供水企业应将城镇供水企业安全气象保障工作纳入本企业安全生产工作,层层分解落实城镇供水企业安全气象保障工作目标任务和责任。

(7)城镇供水企业每年应至少组织一次有关专家开展城镇供水企业气象灾害隐患排查工作,发现隐患应及时治理。

(8)员工密集的城镇供水企业应建立面向员工的电子显示屏气象预警预报信息发布平台。

(二)气象灾害敏感类别为一类的城镇供水企业安全气象保障措施

(1)应成立负责气象灾害防御工作的领导机构,明确城镇供水企业的主要领导分管气象灾害防御工作。

(2)应成立负责安全气象保障工作的工作机构,配备 1—3 名专职安全气象保障工作人员。

(3)应每年组织两次开展防御气象灾害的科普宣传,普及城镇供水企业气象防灾减灾救灾知识和避险自救技能。

(4)应开展城镇供水企业及其供水系统气象灾害风险评估分析,绘制气象灾害风险图,全面掌握城镇供水企业及其供水系统气象灾害影响或危及的区域、部位、重要设施情况。

(5)应建立城镇供水企业特种安全气象自动监测站和城镇供水企业安全气象自动监测站维护、保养、检定规定。

(6)应建立城镇供水企业特种安全气象自动监测站监测数据自动向省(自治区、直辖市)气象主管机构传输的数据共享平台。

(7)应建立手机、电子显示屏、计算机网络、电视、喇叭等城镇供水企业安全气象预警预报信息接收终端。

(8)应接收当地气象部门发布气象灾害预警信息，收到气象灾害预警信息后，根据预警信号等级，及时采取有效措施。

(9)应每年组织两次城镇供水企业安全气象保障行政值班人员参加省（自治区、直辖市）气象主管机构举办的城镇供水企业安全气象保障技术应用培训。

(10)应建立城镇供水企业安全气象保障专职工作人员24小时行政值班制度。

(11)应制定城镇供水企业防御气象灾害的应急预案，组建专职应急队伍，应按照应急预案要求定期演练，分析总结演练的经验和不足，不断完善应急预案。

(12)应建立城镇供水企业气象灾害应急避难场所，并在避难场所以及附近的关键路口等，设置醒目的安全应急标志或指示牌，同时明确可安置人数、管理人员等信息。

(13)应储备城镇供水企业防御气象灾害应急物资。

(14)应建立城镇供水企业防御气象灾害工作定期检查制度，发现问题及时整改。

(15)应建立城镇供水企业防御气象灾害工作档案，以便查阅。

（三）气象灾害敏感类别为二类的城镇供水企业安全气象保障措施

(1)应成立负责气象灾害防御工作的领导机构，明确城镇供水企业负责安全生产的领导分管气象灾害防御工作。

(2)应成立负责安全气象保障工作的工作机构，应配备1～3名兼职安全气象保障工作人员。

(3)应每年组织一次开展城镇供水企业防御气象灾害的科普宣传，普及城镇供水企业气象防灾减灾救灾知识和避险自救技能。

(4)应开展城镇供水企业及其供水系统气象灾害风险评估分析，宜绘制气象灾害风险图，掌握城镇供水企业及其供水系统气象灾害影响或危及的区域、部位、重要设施情况。

(5)宜建立城镇供水企业特种安全气象自动监测站和城镇供水企业特种安全气象自动监测站仪器维护、保养制度和定期检定制度。

(6)宜建立城镇供水企业特种安全气象自动监测站监测数据自动向省（自治区、直辖市）气象主管机构传输的数据共享平台。

(7)应建立手机、计算机网络、电视等的城镇供水企业安全气象预警预报信息接收终端。

(8)应接收当地气象部门发布气象灾害预警信息，收到气象灾害预警信息后，根据预警信号等级，及时采取有效措施。

(9)应每年组织一次城镇供水企业安全气象保障行政值班人员参加省（自治区、直辖市）气象主管机构举办的城镇供水企业安全气象保障技术应用培训。

(10)应建立城镇供水企业安全气象保障兼职人员24小时行政值班制度。

(11)应制定城镇供水企业防御气象灾害的应急预案,组建兼职应急队伍,应按照应急预案要求定期演练,分析总结演练的经验和不足,不断完善应急预案。

(12)应建立城镇供水企业气象灾害应急避难场所,并在避难场所以及附近的关键路口等,设置醒目的安全应急标志或指示牌,同时明确可安置人数、管理人员等信息。

(13)应储备城镇供水企业防御气象灾害应急物资。

(14)应建立城镇供水企业防御气象灾害工作定期检查制度,发现问题及时整改。

(15)应建立城镇供水企业防御气象灾害工作档案,以便查阅。

(四)气象灾害敏感类别为三类的城镇供水企业安全气象保障措施

(1)应明确城镇供水企业负责安全生产的领导分管气象灾害防御工作。

(2)宜成立负责安全气象保障工作的工作机构,配备1-3名兼职安全气象保障工作人员。

(3)应每两年组织一次开展防御城镇供水企业气象灾害的科普宣传,普及城镇供水企业气象防灾减灾救灾知识和避险自救技能。

(4)宜开展城镇供水企业及其供水系统气象灾害风险评估分析,绘制气象灾害风险图,掌握城镇供水企业及其供水系统气象灾害影响或危及的区域、部位、重要设施情况。

(5)应建立手机的城镇供水企业安全气象预警预报信息接收终端。

(6)应接收当地气象部门发布气象灾害预警信息,收到气象灾害预警信息后,根据预警信号等级,及时采取有效措施。

(7)应每两年组织一次城镇供水企业安全气象保障行政值班人员参加省(自治区、直辖市)气象主管机构举办的城镇供水企业安全气象保障技术应用培训。

(8)应建立城镇供水企业安全气象保障兼职人员24小时手机行政值班制度。

(9)应制定城镇供水企业防御气象灾害的应急预案,宜组建兼职应急队伍,按照应急预案要求定期演练,分析总结演练的经验和不足,不断完善应急预案。

(10)宜建立城镇供水企业气象灾害应急避难场所,并在避难场所以及附近的关键路口等,设置醒目的安全应急标志或指示牌,同时明确可安置人数、管理人员等信息。

(11)宜储备城镇供水企业防御气象灾害应急减灾物资。

(12)宜建立城镇供水企业防御气象灾害工作定期检查制度,发现问题及时整改。

(13)宜建立城镇供水企业防御气象灾害工作档案,以便查阅。

(五)气象灾害敏感类别为四类的城镇供水企业气安全气象保障措施

(1)应明确城镇供水企业负责安全生产的领导分管气象灾害防御工作。

(2)应配备一名兼职安全气象保障工作人员。

(3)宜每三年组织一次开展防御气象灾害的科普宣传，普及气象防灾减灾知识和避险自救技能。

(4)宜开展城镇供水企业及其供水系统气象灾害风险评估分析，掌握城镇供水企业及其供水系统气象灾害影响或危及的区域、部位、重要设施情况。

(5)应建立城镇供水企业手机的安全气象预警预报信息接收终端。

(6)应接收当地气象部门发布气象灾害预警信息，在收到气象灾害预警信息后，根据预警信号等级，及时采取有效措施。

(7)宜每三年组织一次城镇供水企业安全气象保障行政值班人员参加省(自治区、直辖市)气象主管机构举办的城镇供水企业安全气象保障技术应用培训。

(8)应建立城镇供水企业安全气象保障兼职人员24小时手机行政值班制度

(9)应制定城镇供水企业防御气象灾害应急预案，按照应急预案要求定期演练，分析总结演练的经验和不足，不断完善应急预案。

(10)宜建立城镇供水企业防御气象灾害工作定期检查制度，发现问题及时整改。

(11)宜建立城镇供水企业防御气象灾害工作档案，以便查阅。

二、城镇供水企业气象灾害应急预案

城镇供水企业气象灾害应急预案是指城镇供水企业针对可能发生的气象灾害重大突发事件，为保证迅速、有序、有效地开展应急救援行动、降低气象灾害突发事件损失而预先制定的有关计划或方案。其相应的应急预案范本如下。

(一)标题

标题:《×××供水企业气象灾害应急预案》

(二)总则

1. 编制目的

为了防止和减少各类气象灾害造成的损失，保障人民群众的生命和财产安全，促进社会经济可持续发展，维护社会稳定，规范应急管理和处置程序，快速、及时、妥善处置各类气象灾害，防止气象灾害扩大，根据本单位的实际情况制定本预案。

2. 编制依据

本预案依据下列法规、规章及预案编制:

《中华人民共和国突发事件应对法》

《中华人民共和国气象法》

《中华人民共和国安全生产法》

《中华人民共和国防洪法》

《气象灾害防御条例》(国务院令第570号)

《国务院关于加快气象事业发展的若干意见》

《国务院办公厅关于进一步加强气象灾害防御工作的意见》

《国家突发公共事件总体应急预案》

《国家气象灾害应急预案》

《气象灾害预警信号发布与传播办法》

《中国气象局重大突发事件信息报送标准和处理办法实施细则》

《中国气象局气象灾害应急预案》

3. 适用范围

本预案适用于城镇供水企业发生突发气象灾害的应急管理和处置工作。

4. 与其他预案的关系

本预案为《×××城镇供水企业总体事故应急预案》(简称《总体预案》)的专项预案,在《总体预案》的基础上制定,可以单独使用,也可以配合《总体预案》使用。气象灾害发生后有可能导致人身伤亡事故、设备事故等,视灾情的发展程度按需要启动《×××城镇供水企业人身伤亡事故应急预案》《×××城镇供水企业设施设备事故应急预案》等。

5. 工作原则

(1)以人为本、减少危害。把保障人民群众的生命财产安全作为首要任务和应急处置工作的出发点,全面加强应对气象灾害的体系建设,最大程度减少灾害损失。

(2)预防为主、科学高效。实行工程性和非工程性措施相结合,提高气象灾害监测预警能力和防御标准。充分利用现代科技手段,做好各项应急准备,提高应急处置能力。

(3)依法规范、协调有序。依照法律法规和相关职责,做好气象灾害的防范应对工作。加强×城镇供水企业及所属各部门的信息沟通,做到资源共享,并建立协调配合机制,使气象灾害应对工作更加规范有序、运转协调。

(4)分级负责、条块结合。根据灾害造成或可能造成的危害和影响,对气象灾害实施分级管理,按照职责分工,密切合作,认真落实各项预防和应急处置措施。

(5)常备不懈、快速反应。单位各级部门要积极开展气象灾害的预防工作,切实做好实施预案的各项准备工作。

(二)单位概况

1. 应急资源概况

(1)单位管理人员及各部门的检修、运行、管理人员、安全保卫、技术服务人员、地方政府、地方综合应急救援队、相关专业救援队、应急保障队及专家组、武警部队、民兵预备役等都是事故应急处置的力量。

(2)单位及各部门的备用设备、通信装备、交通工具、紧急抢险车辆、照明装置、防护装备等，均可作为应急的物资装备资源，同时做好相关的物资储备、管理工作。

（3）可以通过当地政府应急办公室、气象局等机构了解灾害的变化趋势情况，为应急做好充分的准备。

2. 危险分析

受地理、气候、工作特性的影响，单位的正常生产、职工的生活有可能受到暴雨、暴雪、寒潮、大风、高温、干旱、雷电、冰雹、霜冻、浓雾、霾、道路结冰、森林火险等害性天气的影响，因此应对害性天气可能引起的气象灾害进行风险评估分析，制定防御措施。

（三）机构与职责

1. 单位生产（调度）部门的应急职责

（1）在气象灾害发生时，负责组建事故应急指挥部，应急指挥部应包含综合组、抢救组、医疗组、工程组、治安组、物资组、交通组、人员稳定组、专家组等应急工作组，负责指挥、协调单位其他部门做好气象灾害的应急工作；

（2）负责气象灾害应急预案的编制和演练；

（3）负责在气象灾害应急中向上级归口部门报告应急工作情况；

（4）负责监督单位其他部门气象灾害应急物资的准备工作；

（5）协助单位应急抢险部门（队伍）开展气象灾害应急抢险工作；

（6）配合单位安监部门做好气象灾害的调查、取证工作。

2. 单位应急抢险（队伍）部门的应急职责

（1）在气象灾害发生时，负责组建事故现场应急指挥部，指挥、协调事故应急工作；

（2）负责气象灾害应急物资的准备；

（3）负责气象灾害应急抢险工作；

（4）协助单位安监部门对气象灾害现场的调查、取证工作；

（5）协助和配合其他部门做好生产事故的应急工作。

3. 单位办公室的应急职责

（1）负责向当地政府应急办、气象局、安监局及上级管理单位报告气象灾害应急工作情况；

（2）负责气象灾害突发事件应急信息的编辑和对外发布；

（3）负责接受公众对突发事件情况的咨询；

（4）负责协调与外部应急力量、政府部门的关系。

4. 单位安监部门的应急职责

（1）负责在气象灾害应急中向上级归口部门报告应急工作情况；

（2）配合生产（调度）部门做好气象灾害的应急处置工作；

（3）负责对人为原因造成气象灾害扩大的各类事故进行调查、性质认定，并提出对责任人的处理意见；

(4)监督单位其他部门的气象灾害应急准备工作。

5. 单位人力资源部门的应急职责

(1)负责组织开展气象灾害突发事件应急知识和技能的教育培训工作。

(2)负责组织开展气象灾害突发事件伤亡人员赔付救治工作。

6. 单位后勤保障部门的应急职责

负责气象灾害突发事件应急后勤保障工作，并配合单位其他部门协调应急物资。

7. 单位工会的应急职责

负责做好受灾职工及家属的安抚、救助工作。

(四)应急人员培训

单位利用已有的资源，针对应急救援人员，定期进行强化培训和训练，内容包括气象灾害的应急知识和本应急预案的学习，开展个人防护用品的使用，抢险自救、抢险设施的正确使用，紧急救治，医疗护理等专业技能训练。

(五)预案演练

为检验本预案的有效性、可操作性，检测应急设备的可靠性、检验应急处置人员对自身职责和任务的熟知度，本预案每年至少进行一次演练。演练结束后，需要对演练的结果进行总结和评估，对本预案在演练中暴露的问题和不足应及时解决。

(六)员工教育

根据气象灾害的不同类型，定期对员工开展针对性抢险救灾教育，使其了解潜在危险的性质，掌握必要的自救、救护知识，了解各种警报的含义和应急救援工作的有关要求。并利用各种媒体宣传灾害知识，宣传灾害应急法律法规和预防、避险、避灾、自救、互救、自我保护等常识，增强员工的防灾减灾意识。

(七)互助协议

1. 建立救助物资生产厂家名录，必要时签订救灾物资紧急购销协议。

2. 建立健全与军队、公安、武警、消防、气象、民政、卫生等专业救援队伍的联动机制。

(八)应急响应

1. 接警与通知

(1)气象灾害接警电话：

值班电话：××××、××××、××××

生产(调度)部门电话：××××、××××、××××

(2)生产(调度)部门接到事故报警后，应做到迅速、准确地询问事故的以下信息：

① 气象灾害类型、发生时间、发生地点；

② 事故简要经过、伤亡人数、严重程度；

③ 灾害造成的损失及其发展趋势的初步评估；

④ 事故发生原因初步判断；

⑤ 已采取的控制措施、事故控制情况；

⑥ 报告单位、联系人员及通信方式等

⑦ 其他应对措施。

(3)接到报警的部门如果不是生产(调度)部门,接到报警的部门应告知报警人员向生产(调度)部门再次报警,同时,应将掌握的报警信息立即通报给生产(调度)部门。

(4)生产(调度)部门对报警情况进行核实,通知本部门相关人员到位,开展事故分析和判断工作。

2. 指挥与控制

(1)生产(调度)部门接到灾害性天气预警预报信息后,要加强安全气象保障行政值班工作,密切关注灾害性天气变化趋势,并敦促各有关部门做好相关的准备工作。

(2)生产(调度)部门接到单位所属部门气象灾害的灾情初报后,立即根据灾情报告的详细信息,启动本应急预案。

① 生产(调度)部门与事故应急有关的责任人员就位,相关应急部门全面启动。

② 成立应急指挥部,指定事故应急总指挥,负责做出各项应急决策;确定各项指挥任务的指挥员,负责发布和执行应急决策。

③ 与事故部门和事故现场建立通信联系,取得事故应急的决策权,对事故应急工作的开展进行全面指挥和控制。

④ 按需要派出单位现场指挥协调组、专家组等应急工作组。

⑤ 根据事故处置需要,选择应急队伍赶赴现场,组织现场抢险。

⑥ 组织事故设备、备品、备件的采购,提供应急物资。

⑦ 根据事故的具体情况,调配事故应急体系中的各级救援力量和资源,开展事故现场救援工作,必要时求助当地政府部门。

3. 报告与公告

(1)灾害性天气预报:生产(调度)部门接到灾害性天气预警预报信息后,应在1小时内向单位安全生产行政值班领导报告,并通知有关部门,同时开展相关的预防准备工作。

(2)灾情初报:单位有关部门凡发生突发的气象灾害,应在第一时间了解掌握灾情,及时向单位安全生产行政值班领导、生产(调度)部门及当地政府应急办、气象局、安监局、供水行业主管部门报告，最迟不得晚于灾害发生后1小时。

(3)灾情续报：在气象灾害的灾情稳定之前，单位各部门均须执行24小时零报告制度。单位各部门每天8时之前将截止到前一天24时的灾情向单位安全生产行政值班领导、生产(调度)部门及当地政府应急办、气象局、安监局、供水行业主管部门报告

(4)灾情核报：单位有关部门在灾情稳定后，应在两个工作日内核定灾情，向单位安全生产行政值班领导、生产(调度)部门及当地政府应急办、气象局、安监局、供水行业主管部门报告。

单位办公室负责向上级管理单位或政府部门报告。

4. 事态监测与评估

气象灾害现场应急指挥部应与当地政府、气象局保持密切联系，及时了解灾害性天气的未来发展趋势，根据灾害性天气的预测情况，在应急救援过程中加强对气象灾害的发展态势及时进行动态监测，并应将各阶段的事态监测和初步评估的结果快速反馈给单位应急指挥部，为控制事故现场、制定抢险措施等应急决策提供重要的依据。

5. 公共关系

事故发生后，经上级指挥部批准，单位办公室负责接受新闻媒体采访、接待受事故影响的相关方和安排公众的咨询，负责事故信息的统一发布，单位各部门及员工未经授权不得对外发布事故信息或发表对事故的评论。

6. 应急人员安全

应急人员应按事故预案要求，对可能出现气象灾害等方面的常识进行培训，并进行相关安全知识学习，对在抢险时应配置的装备充分了解并进行灾前演练；在进行应急抢险时，应对应急人员自身的安全问题进行周密的考虑，包括安全预防措施、个体防护、现场安全监测等；要在确保安全的情况下进行救援，保证应急人员免受次生和衍生灾害的伤害，防止因不安全造成事故扩大。

7. 抢险

对受到气象灾害事故影响或次生灾害危及的生产设备、设施，要及时做好相关的安全措施，确保运行设备正常运行。抢险工作组要迅速组织抢险队伍排除险情，尽快抢修受灾害影响的设备，确保其尽早投入运行。如果受灾部门通信设施被毁坏，应迅速启动应急通信系统，优先保证与上级指挥部的通信畅通，并尽快组织力量修复。

当灾情无法控制时，要一边组织抢险人员实施自救，一边要等候当地政府派增援人员救助，同时要做好人群的疏散、安置工作。受灾部门在抢险工作中，运行人员、检修人员一定要注意自身安全，穿戴好个人的防护用品，防止次生灾害及现场再次突发险情对自身造成伤害。

8. 警戒与治安

受损设备或有可能引发次生灾害现场要建立警戒区域，实施封闭现场通道或限制出入的管制，维护现场治安秩序，防止与救援无关人员进入事故现场受到伤害，保障救援队伍、物资运输和人群疏散等的交通畅通。

9. 人群疏散与安置

人群疏散是减少人员伤亡扩大的关键，对疏散的紧急情况、疏散区域、疏散路线、疏散运输工具、安全庇护场所以及回迁等做出细致的准备，应考虑疏散人群的数量、所需要的时间及可利用的时间、环境变化等问题。对已实施临时疏散的人群，要做好临时安置。

10. 医疗与卫生

单位气象灾害应急抢险医疗组迅速进行现场急救、伤员转送、安置，减少气象灾害造成的人员伤亡，并配合当地医疗部门做好单位范围的防疫和消毒工作，防止和控制本单位传染病的爆发和流行，及时检查本单位的饮用水源、食品。

11. 现场恢复

在恢复现场的过程中往往仍存在潜在的危险，应该根据现场的破坏情况，检查检测现场的安全情况和分析恢复现场的过程中可能发生的危险，制定相关的安全措施和现场恢复程序，防止恢复现场的过程中再次发生事故。

12. 应急结束

在充分评估危险和应急情况的基础上，由应急总指挥宣布应急结束。

（九）后期处置

1. 善后处置

由单位人力资源部门配合政府有关部门，按法律法规及政策规定，处理善后事宜。

2. 保险

气象灾害发生后，生产（调度）部门、人力资源部门应及时协调有关保险公司提前介入，按相关工作程序作好理赔工作。

（十）预案管理

1. 备案

本预案由单位安监部门负责备案。

2. 维护和更新

单位生产（调度）部门负责修改、更新本预案，由单位安监部门牵头负责组织有关专家对本预案每两年评审一次，并提出修订意见。

3. 制定与解释部门

单位生产（调度）部门负责制定和解释本预案。

4. 实施时间

本预案自××××年××月××日起开始实施。

（十一）附件

1. 气象灾害应急响应程序

应急响应程序按过程可分为接警、应急启动、应急行动、应急恢复和应急结束、恢复生产、后期处置等过程见图 4-5。

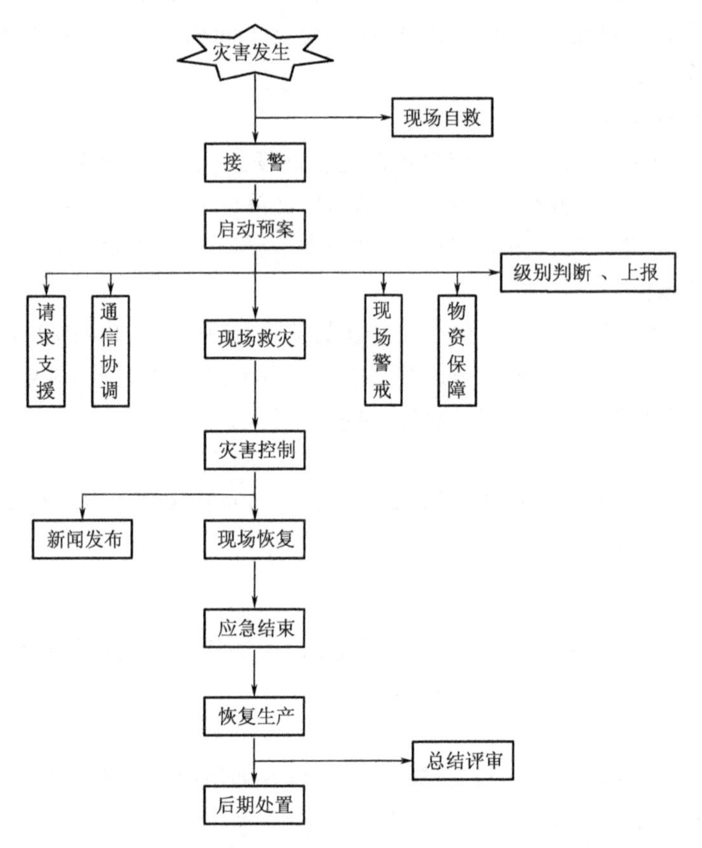

图 4-5　城镇供水行业气象灾害应急响应程序框图

(1)接警：单位生产（调度）部门接到气象灾害情况报警时，应做好受灾的详细情况和联系方式等方面的记录。

(2)应急启动：接到灾害通报后，应该立即启动应急预案，如通知本部门有关人员到位、启用信息与通信网络、调配救援所需的应急资源（包括应急队伍和物资、装备等）、派出现场指挥协调人员和专家组等。

(3)应急行动：应急队伍进入受灾单位现场，积极开展人员救助、抢险等有关应急救援工作，专家组为救援决策提供建议和技术支持。当事态仍无法得到有效控制时，应向上级应急机构请求实施更高级别的应急响应。

(4)应急恢复：救援行动结束后，进入应急恢复阶段。包括现场清理、人员清点撤离和受影响区域的连续监测等。

(5)应急结束：经各部门会商通过，由应急总指挥宣布应急结束。

(6)恢复生产：生产(调度)部门组织单位有关部门，对因气象灾害损毁或者影响的设施进行抢修、更换，恢复生产。

(7)后期处置：人力资源部门、生产(调度)部门按有关政策，对事故人员伤亡、财产损失作好理赔工作。

(十二)气象灾害应急人员联系电话

1. 本单位气象灾害应急联系电话

本单位气象灾害应急联系电话见表4-18。

表4-18 本单位气象灾害应急联系电话表

姓 名	部门	职务	职责	办公电话	手 机
	分管安全生产的单位领导	副总经理	总指挥		
	生产(调度)部门	主要负责人	副总指挥		
	安监部门	主要负责人	副总指挥		
	办公室	主要负责人	成员		
	应急抢险(队伍)部门	主要负责人	成员		
	安全气象保障行政值班室	主要负责人	成员		
	人力资源管理部门	主要负责人	成员		
	后勤保障部门	主要负责人	成员		
	工会	主要负责人	成员		

2. 政府部门气象灾害应急联系电话

当地政府部门气象灾害应急联系电话见表4-19。

表4-19 政府部门气象灾害应急联系电话表

部门	办公电话	联系人	手机
政府应急办			
气象局			
安监局			
供水行业主管部门			
上级管理单位			
地方急抢险(队伍)部门			
当地武警部队			

第五章　城镇供水企业气象灾害风险评估

第一节　引言

一、概述

全面认识、恰当评价灾害性天气引起城镇供水企业安全事故的气象灾害风险，既是气象防灾减灾救灾的基础环节，也是城镇供水行业可持续发展的迫切需要，更是城镇供水企业安全发展、科学发展、和谐发展的根本要求，尤其是加强城镇供水企业气象防灾减灾救灾体系建设，提升城镇供水企业防御气象灾害能力必须以科学、准确的城镇供水企业气象灾害风险评估成果为基本依据。而城镇供水企业气象灾害风险评估是利用系统工程方法对将来或现在城镇供水企业因受灾害性天气作用和影响下可能存在的危险性及安全事故后果进行综合评估和预测，目的是通过科学、系统的安全评价估算，为城镇供水企业的总体安全性及制定有效的预防和防御措施提供科学依据，并消除或控制城镇供水企业气象灾害安全隐患，最大限度降低城镇供水企业及其城镇供水系统建设和运营过程中存在的灾害性天气致灾风险。城镇供水企业灾害性天气致灾风险主要包括三个方面：一是有哪些灾害性天气事件，也即城镇供水企业存在那些气象灾害“风险源”；二是这些灾害性天气事件发生的可能性有多大，也即城镇供水企业发生害性天气引发城镇供水企业安全事故的可能性；三是如果城镇供水企业发生灾害性天气引发城镇供水企业安全事故发生后可导致什么后果，也即城镇供水企业气象灾害风险后果。因此具体开展和实施城镇供水企业气象灾害风险评估工作仍需充实大量的基础性工作，仍需在理论基础及方法论应用上做大的突破，尤其针对城镇供水企业这种小尺度的局地天气气候背景、地质地貌、经济社会发展状况和城镇供水企业自身防御气象灾害的能力等等诸多因素复杂多变条件下的气象灾害风险源如何正确辨识，如何直观表现城镇供水企业气象灾害发生的可能性，如何正确预测城镇供水企业气象灾害风险后果，都是开展和实施城镇供水企业气象灾害风险评估工作必须解决的技术难题。为此本章以重庆市铜梁区某供水企业气象灾害风险评估为例，重点论述了与该城镇供水企业安全事故风险密切相关的雷电、暴雨、高温、大风、大雾、低温、干旱等主要灾害性天气引发城镇供水企业安全事故的风险评估和城镇供水企业多灾种气象灾害叠加风险评估，为城镇供水企业提升气象防灾救灾减灾能力，实现安全发展、科学发展、和谐发展提供了可靠的气象科技支撑和保障。

二、城镇供水企业的气象灾害种类分析

根据重庆市行政区域内气象灾害敏感单位的气象灾害发生实际情况，经过有关专家认真研究，重庆市地方标准《气象灾害敏感单位安全气象保障技术规范》(DB50/368-2010)规定了重庆市行政区域内的气象灾害敏感单位的气象灾害主要有暴雨灾害、暴雪灾害、寒潮灾害、大风灾害、高温灾害、干旱灾害、雷电灾害、冰雹灾害、霜冻灾害、大雾灾害、霾灾害、道路结冰灾害、森林火险灾害等 13 种气象灾害(图 5-1)，因此重庆城镇供水企业的气象灾害主要有上述 13 种。

图 5-1　气象灾害敏感单位安全气象保障技术规范专家评审鉴定会及技术规范

三、城镇供水企业的气象灾害风险源分析

根据近几年重庆城镇供水企业安全事故情况统计资料和国内灾害性天气引发供水企业安全事故文献资料以及重庆市供水企业安全管理实践经验，结合重庆市地方标准《气象灾害敏感单位安全气象保障技术规范》(DB50/368-2010)关于重庆气象灾害敏感单位的气象灾害种类及灾害性天气的规定以及《国家气象灾害应急预案》第 4 条 4.4 款关于气象灾害分灾种响应的要求，重庆市气象局组织有关专家采用城镇供水企业气象灾害风险源辨识的专家调查分析法，对该供

水企业进行现场勘查，在该企业的背景资料搜集整理完成后，按照前面第四章第五节表4-2进行填写形成表5-1。并根据重庆地区13种灾害天气依次进行筛选，甄别是否为该供水企业的风险源，然后依据每位专家填写该企业表5-1的灾害天气风险源辨识结论，按照前面第四章第五节表4-3进行填写形成表5-2，按照少数服从多数原则和会议协商原则，经过认真研究分析，明确了作为重庆气象灾害敏感单位之一的重庆城镇供水企业的气象灾害风险源主要有雷电灾害风险源、暴雨灾害风险源、高温灾害风险源、大风灾害风险源、大雾灾害风险源、低温冷害风险源、干旱灾害风险源七类；其中低温冷害风险源将暴雪、寒潮、道路结冰等三个灾害性天气对供水企业安全影响的那部分风险内容纳入其风险范畴，高温灾害风险源将森林火险灾害性天气对供水企业安全影响的那部分风险内容纳入其风险范畴；而冰雹灾害天气常常与雷电、暴雨、大风等灾害性天气同时发生，其造成的损失已分别纳入雷电灾害、暴雨灾害、大风灾害等风险源的风险范畴，霾灾害天气引发供水企业安全事故不显著，并且霾灾害天气常常与大雾灾害天气同时发生，其造成的损失已纳入大雾灾害风险源的风险范畴。因此重庆市铜梁区某供水企业的气象灾害风险源只考虑了七类气象灾害风险源。

表5-1 重庆某自来水公司的灾害天气风险源辨识表

单位名称		重庆市××自来水公司			单位地址		重庆市铜梁区××镇	
联系方式		189××××0050			时间		2014.8	
事件		描述						
		风险事件	风险原因	风险影响形式	风险影响后果		历史上是否发生灾害事件	是否风险源
					局部	整体		
重庆灾害天气类别	暴雨	影响供水企业的正常生产秩序，发生企业安全事故	毁坏供水企业的生产设施和供电设施；导致供水企业取水点的水源附近杂物突然增多	直接		√	发生过一次暴雨冲毁生产设备事故	是
	暴雪							否
	寒潮							否
	大风	影响供水企业正常生产秩序和生产活动；并影响职工正常工作	大风容易引发供水企业生产设施和供电设施故障；大风影响供水企业所在地的交通正常运行；大风极易刮断电线等引发火灾	直接 间接		√		是

续表

单位名称		重庆市××自来水公司			单位地址		重庆市铜梁区××镇	
联系方式		189××××0050			时间		2014.8	
事件		描述						
		风险事件	风险原因	风险影响形式	风险影响后果		历史上是否发生灾害事件	是否风险源
					局部	整体		
重庆灾害天气类别	高温	容易引发供水企业生产设施和供电设施故障、污染了供水企业取水点的水质、引发火灾等灾难事故、对职工健康造成不利影响	持续高温影响会导致用水需求量的急剧增加，使供水企业生产设施和供电设施超负荷运行；高温对供水企业生产所需易燃易爆、有毒有害物品的存储、运输、使用有一定影响；高温使供水企业所在地的火险等级升高	直接		√	发生过几次员工中暑事件	是
	干旱	干扰供水企业正常的生产秩序和生产活动	影响供水企业取水点的水质；供水企业取水点相关的河流、溪沟、水库的水资源库容量减少；容易引发供水企业生产设施和供电设施故障	直接		√		是
	雷电	毁坏地面建筑、非计划性停电停产、威胁工人生命安全	雷电影响供水企业所在地变配电系统；雷电容易破坏供水企业生产自动控制、监测系统的电子仪器装备；雷电容易引发供水企业生产中储存、运输、使用的易燃易爆、有毒有害物质燃烧甚至爆炸；雷电影响供水企业户外活动	直接		√	发生过几次因为雷电跳闸事件	是
	冰雹							否
	霜冻	造成供水企业不能给用户正常供水、影响供水企业正常的生产秩序、影响职工身体健康	霜冻天气容易造成供水企业管网地表面的输送水管、闸阀、水表发生冻结；霜冻天气引起因“冰闪”跳闸而发生输电线路故障；低温霜冻天气影响供水企业户外活动	直接 间接		√	无	是

续表

单位名称		重庆市××自来水公司			单位地址		重庆市铜梁区××镇	
联系方式		189××××0050			时间		2014.8	
事件		描述						
		风险事件	风险原因	风险影响形式	风险影响后果		历史上是否发生灾害事件	是否风险源
					局部	整体		
重庆灾害天气类别	浓雾	干扰供水企业正常的生产秩序和生产活动，甚至导致供水企业安全生产事故、大雾造成空气质量的恶化	大雾引起因“雾闪”跳闸而发生输电线路故障，造成供水企业电力设施失常；大雾影响供水企业所在地的交通正常运行	直接 间接		√	无	是
	霾							否
	道路结冰	交通运输事故	低温冷害形成道路结冰，影响交通安全	直接	√		无	是
	森林火险							否

专家签名：

表 5-2　重庆某自来水公司灾害天气风险源的专家组辨识结论统计表

项目名称		重庆市××自来水公司				项目地址	重庆市铜梁区××镇			
联系方式		189××××0050				时间	2014.8			
事件		灾害天气风险源辨识结论								
		专家签名 1	专家签名 2	专家签名 3	专家签名 4	专家签名 5	专家组是否风险源结论			
		是否风险源结论	是否风险源结论	是否风险源结论	是否风险源结论	是否风险源结论	少数服从多数原则		会议协商原则结论
							是:否	结论	
重庆灾害天气类别	暴雨	是	是	是	是	是	5:0	是	—
	暴雪	否	否	否	否	否	0:5	否	—
	寒潮	是	是	否	否	不确定	2:2	—	否
	大风	是	是	是	是	是	5:0	是	—
	高温	是	是	是	是	是	5:0	是	—
	干旱	是	是	是	是	是	5:0	是	—
	雷电	是	是	是	是	是	5:0	是	—
	冰雹	否	否	否	否	是	1:4	否	—
	霜冻	是	是	是	是	是	5:0	是	—
	浓雾	是	是	是	是	是	5:0	是	—
	霾	否	否	否	否	否	0:5	否	—
	道路结冰	否	否	是	不确定	是	2:2	—	是
	森林火险	否	否	否	否	否	0:5	否	—

专家组组长签名：

第二节 城镇供水企业暴雨灾害风险评估

一、城镇供水企业所在地暴雨灾害天气时间特征分析

(一)暴雨过程次数年内旬分布特征

根据《气象灾害敏感单位安全气象保障技术规范》关于“暴雨灾害性天气”的规定,将供水企业所在地 12 小时降水量达到 30.0 毫米以上或 24 小时降水量达到 50.0 毫米以上的降雨天气过程作为该供水企业的“暴雨灾害性天气”。当日降水量≥100 毫米的降雨天气过程作为该供水企业的“大暴雨灾害性天气”,当日降水量≥200 毫米的降雨天气过程作为该供水企业的“特大暴雨灾害性天气”。通过供水企业所在地 1981—2010 年的暴雨灾害性天气次数的统计分析(图 5-2)可知:供水企业的暴雨可出现在春、夏、秋三个季节,从 4 月下旬到 9 月下旬各旬均有出现,6 月中旬至 7 月中旬以及 8 月上旬暴雨频率较高。

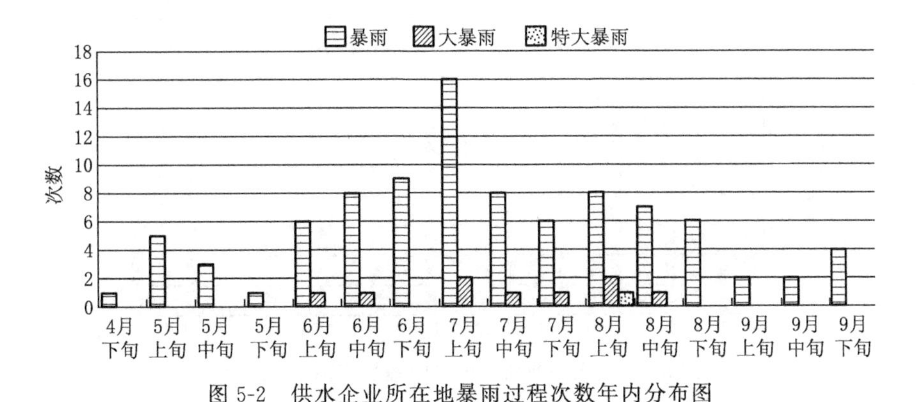

图 5-2 供水企业所在地暴雨过程次数年内分布图

(二)暴雨等级年内旬分布特征

根据暴雨等级来分析其年内分布集中期(表 5-3),则供水企业的一般暴雨基本分布于 4—9 月,而集中于 5—8 月,其中出现次数占全年一般暴雨总次数的 90.2%;大暴雨分布于 6—8 月,7 月上旬、8 月上旬分别出现过 2 次,其出现次数均占全年大暴雨总次数的 22.2%;特大暴雨在 8 月上旬发生过 1 次,即 2009 年 8 月 3 日,日雨量为 233.4 毫米。

表 5-3 供水企业所在地暴雨等级年内各旬出现的次数表

暴雨等级	暴雨			大暴雨			特大暴雨		
时间	上旬	中旬	下旬	上旬	中旬	下旬	上旬	中旬	下旬
4 月			1						

续表

暴雨等级	暴雨			大暴雨			特大暴雨		
时间	上旬	中旬	下旬	上旬	中旬	下旬	上旬	中旬	下旬
5月	5	3	1						
6月	6	8	9	1	1				
7月	16	8	6	2	1	1			
8月	8	7	6	2	1		1		
9月	2	2	4						

(三)暴雨雨量年内时分布特征

由于暴雨多呈阵性,因此分时统计分析暴雨雨量如图 5-3 所示,从图可知供水企业所在地的暴雨雨量有明显日变化特征,03—05 时,12 时和 21—22 时时均降水量在 5 毫米以上,而 18—20 时雨量较小,均在 1 毫米以下。

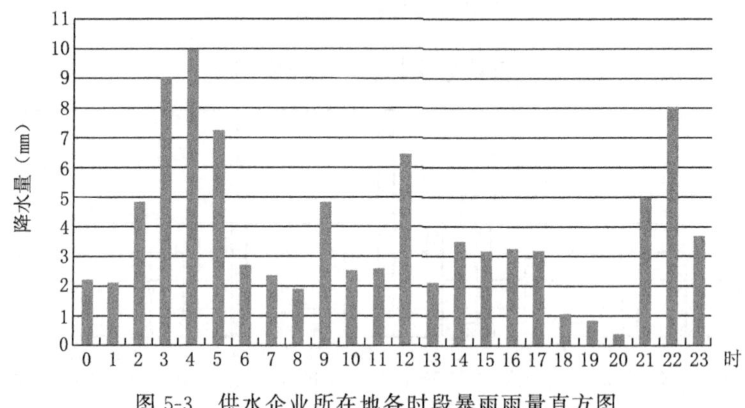

图 5-3　供水企业所在地各时段暴雨雨量直方图

综上所述,供水企业的“暴雨灾害性天气”主要发生在 5—8 月,发生的时间主要集中在 03—05 时,12 时和 21—22 时。

二、暴雨灾害天气对城镇供水企业的影响分析

暴雨天气是供水企业所在地区主要的灾害性天气之一,由于它的发生发展具有突发性,来势猛、移动快、强度大及局地性强的特点,极易导致供水企业安全事故发生。另外根据有关研究表明,随着全球气候变暖,近年来铜梁区局地暴雨有增多的趋势,将给供水企业正常生产和安全带来不利影响。这些不利影响主要表现在以下几方面。

(1)暴雨雨量的大小、降水强度、降水分布的连续性、降水前土壤的含水量等与供水企业取水地点的水源质量有密切关系,由于降水强度与分布特征具有极强的

随机性，强度大、时间长的降水，供水企业水源相关的河流和溪沟的水位暴涨，形成山洪或洪水，最易导致供水企业取水地点的水源发生污染，若不及时采取备用水源措施，就可能造成供水企业停产，使供水企业不能给用户供水的安全事故风险增加，给供水企业造成严重财产损失和社会影响。

(2)在雨季，因供水企业防洪、防水措施不周详，或有了措施不认真执行，就可能会发生暴雨毁坏供水企业的生产设施和供电设施，造成供水企业停产，使供水企业不能给用户供水的安全事故风险增加，给供水企业造成严重财产损失和社会影响。

(3)暴雨形成洪水容易导致供水企业取水点的水源附近杂物突然增多，使供水企业取水点的取水管发生被堵塞的安全事故风险增加，极可能影响供水企业的正常生产秩序。

(4)暴雨在地表面形成的地表径流和渗透到土壤中形成的土壤水运动以及地下径流，有可能导致支撑供水企业管网系统的下垫面土壤松动、坍塌，使管网系统的管道发生裂纹、甚至断裂的安全事故风险增加，极可能影响供水企业的正常生产秩序。

(5)暴雨对供水企业所在地区整体防洪的影响。暴雨可引起洪水冲毁铁路、公路、输电线路等设施，将中断交通运输、供电等，影响供水企业的正常生产秩序。

(6)暴雨对供水企业所在地区正常运转的影响。暴雨可造成供水企业所在地区暴雨洪涝，立交桥、低洼处积水，使交通瘫痪，影响城镇正常运转和群众正常生活，大量物资被浸泡受损，企业停产等，长时间持续性的涝灾会扰乱供水企业正常的生产秩序。

(7)暴雨容易引发供水企业所在地区山洪泥石流，威胁供水企业职工的生命安全。尤其是在山区沟谷中形成的含有大量泥沙、石块的特殊洪流成为泥石流。暴雨极易引发泥石流，且往往突然爆发。浑浊的洪流夹带着大量泥沙、石块、树木沿着陡峭的沟谷前推后倒，奔腾咆哮而下，在很短时间内冲出沟外，摧毁沿途的房屋、桥梁，掩埋人畜，严重威胁供水企业职工的生命安全，甚至造成供水企业安全事故，影响供水企业的正常生产秩序。

(8)暴雨容易引发供水企业所在地区滑坡等地质灾害，危及供水企业基础设施，甚至造成供水企业安全事故。斜坡上的土体、岩块等由于受暴雨等因素的影响，在重力作用下整体或分散地顺坡向下滑动的现象，称为滑坡。滑坡发生时，大面积的山体滑向河流和谷地，这时就会将居住、工作、行走在滑坡体上或滑坡体下方的人群掩埋，造成人员伤亡。

(9)暴雨影响供水企业生产正常的上下班，有时甚至导致供水企业安全事故发生。

典型案例1 2010年7月3日15时50分左右，福建省龙岩市上杭县上杭紫金矿业集团股份有限公司紫金山铜矿湿法厂，由于受近期强降雨影响，紫金山金铜矿湿法厂存放待中和处理的含铜酸性污水池区域内地下水位迅速抬升，造成污水池底部压力不均衡，形成剪切作用，使防渗膜多处开裂，导致池内污水泄漏到废水池下方的排洪涵洞，流入汀江干流。初步统计，本次废水渗漏量为 9100 立方米。泄漏事故引发福建汀江流域污染，造成沿江上杭、永定鱼类大面积死亡和水质污染（图 5-4）。连日来，上杭、永定两县有关部门紧急采取各项措施应对水质污染、渔业损失等工作。受紫金矿业污水泄漏事件影响的福建上杭县将在紫金铜矿上游再修建一个新水厂，以确保民众用水安全。

图 5-4　位于汀江河下游的棉花滩库区边散落着因水质污染致死的河鱼

典型案例 2　2012 年 7 月 8 日—9 日，江苏省连云港地区遭受暴雨袭击，24 小时内平均降水量 350～400 毫米（图 5-5），使地势低洼的连云港市海州水厂因为排水不畅，导致海州水厂泵房和整个厂区全部被淹，有的地方积水 1 米，造成水厂生

图 5-5　连云港暴雨

产设施设备被淹，无法正常运行；并且由于积水过深，部分积水已经流入了海州水厂的自来水清水蓄水池，污染了水质，水厂必须把清水器里面的一些雨水排干净，然后进行清洗消毒，才能够保证自来水水质，所以水厂被迫停水，造成连云港市海州区 5 万多户居民用水紧张。

上述典型案例表明：供水企业的各部门需高度重视暴雨灾害天气引发供水企业安全事故风险防范工作。

三、城镇供水企业暴雨灾害天气风险识别分析

供水企业暴雨灾害天气风险识别分析如表 5-4 所示。

表 5-4　供水企业暴雨灾害天气风险识别

事件	描述		
	风险原因及事件描述	后果描述	
		影响形式	主要影响对象
暴雨灾害天气	1. 暴雨导致供水企业取地点的水源发生污染	直接	供水企业停产
	2. 暴雨导致供水企业取水管发生被堵塞	直接	影响供水企业的正常生产秩序
	3. 暴雨导致支撑供水企业管网系统的下垫面土壤松动、坍塌，使管网系统的管道发生裂纹、甚至断裂	直接	影响供水企业的正常生产秩序
	4. 暴雨洪水涌入供水企业生产区域，导致生产设施设备和供电设施不能正常运行	直接	影响供水企业的正常生产秩序和职工的生命安全
	5. 暴雨对供水企业所在地区整体防洪的影响	间接	中断交通运输、供电等影响供水企业的正常生产秩序
	6. 暴雨对供水企业所在地区运转的影响	间接	影响供水企业的正常生产秩序
	7. 暴雨引起供水企业水源相关的河流和溪沟的水位暴涨，形成山洪或洪水	直接	造成房屋倒塌，威胁职工生命安全
		间接	影响职工上班、下班安全和职工正常的上下班
	8. 暴雨容易引发供水企业所在地区滑坡、山洪泥石流等地质灾害	直接	危及供水企业基础设施
		直接	威胁供水企业职工的生命安全
	9. 暴雨影响道路交通及供水企业交通车运行安全	间接	影响职工上班、下班安全和职工正常的上下班
	10. 暴雨容易导致供水企业低洼处积水等形成暴雨衍生、次生灾害	间接	影响供水企业正常的生产秩序

四、城镇供水企业暴雨灾害天气风险特征分析

(一)供水企业暴雨灾害天气风险出现可能性分析

供水企业暴雨灾害天气风险出现的可能性体现了供水企业及其职工在暴雨灾害性天气的暴露频繁程度,也即供水企业气象灾害风险评估的实用模型——CQGSMES模型的E_1参数。根据供水企业所在地气象历史资料统计分析暴雨灾害性天气出现频率为1.597%。因此依据第四章E_K参数的选择原则,供水企业气象灾害风险评估的实用模型——CQGSMES模型的E_1参数为1.608。

(二)供水企业暴雨灾害天气风险防御能力分析

供水企业暴雨灾害天气风险防御能力主要是指供水企业针对雨暴灾害天气引发供水企业安全事故的风险采取防御的工程性和非工程性控制措施M_1,因此分析这些措施针对供水企业防御暴雨引发供水企业安全事故的风险是否科学合理、完整可靠,可评估供水企业防御暴雨灾害天气风险能力,根据供水企业防御暴雨灾害天气风险能力——供水企业应对暴雨灾害性天气事件引发安全事故的控制措施(表5-5)和第四章M_K参数选择原则,供水企业气象灾害风险评估的实用模型——CQGSMES模型的M_1参数为3。

表5-5　供水企业应对暴雨灾害性天气事件引发安全事故的控制措施表

措施类别	应采取的控制措施	有无措施	措施状态
预防措施	1.供水企业将防御暴雨灾害的安全气象保障工作已纳入安全稳定工作,层层分解落实供水企业安全气象保障工作目标任务和责任 2.供水企业每年组织一次有关专家开展供水企业暴雨气象灾害隐患排查工作,并且发现隐患都及时治理 3.供水企业明确了负责安全稳定的领导分管暴雨气象灾害防御工作,并纳入了供水企业应急值班范畴 4.供水企业开展了暴雨气象防灾减灾知识和避险自救技能科普宣传 5.供水企业建立了手机安全气象预警预报信息接收终端,接到预警预报信息,及时采取相关防范措施 6.供水企业建筑物及排水系统符合供水企业防御暴雨气象灾害的相关要求	有	有效
减轻事故后果的应急措施	1.供水企业制定了防御暴雨气象灾害的应急预案 2.供水企业明确了气象灾害应急避难场所 3.供水企业储备了防御暴雨气象灾害应急物资 4.供水企业建立了防御暴雨气象灾害工作档案,以便出灾之后查阅,采取有效措施	有	有效

说明:是有无措施用"有"或者"无"回答;控制措施状态用"有效""无效"回答

（三）供水企业暴雨灾害天气风险后果分析

供水企业暴雨灾害天气风险后果包括暴雨灾害性天气事件引发供水企业安全事故导致人员伤害的情况（S_{11}）和造成供水企业的设施设备房屋等财产损失情况（S_{21}）。因此，按照第四章 S_{1K}、S_{2K} 参数选择原则，供水企业职工人数以及供水企业 GDP，供水企业气象灾害风险评估的实用模型——CQGSMES 模型的 S_{11}、S_{21} 参数分别为 8，2。

（四）供水企业暴雨灾害天气风险等级判断

供水企业暴雨灾害天气风险等级包括暴雨灾害性天气事件引发供水企业安全事故造成人员伤害的风险程度（R_{11}）和造成供水企业设施设备、房屋等财产损失的风险程度（R_{21}）；因此按照第四章 R_1、R_2 参数选择原则，供水企业的员工人数以及供水企业 GDP，供水企业气象灾害风险评估的实用模型——CQGSMES 模型的计算公式，R_{11}、R_{21} 参数分别为 38.6，9.6。

根据上述供水企业暴雨灾害天气风险特征分析与评估结论，结合第四章评估实用模型 CQGSMES 的评估结论应用原则，该供水企业暴雨灾害天气引发供水企业安全事故的风险等级为四级，因此，该供水企业暴雨气象灾害敏感单位的类别应为四类。

五、城镇供水企业防御暴雨灾害天气风险的处置措施与对策建议

通过供水企业气象灾害风险评估的实用模型——CQGSMES 模型的评估、该供水企业属于四类暴雨气象灾害敏感单位。因此，依据《气象灾害敏感单位安全气象保障技术规范》关于“气象灾害敏感单位安全气象保障措施”的规定，供水企业防御暴雨灾害天气风险的处置措施与对策建议如下。

（一）暴雨来临前

1. 健全机构明确责任

供水企业主要负责人是供水企业暴雨灾害防御工作的第一责任人，组织成立暴雨灾害防御工作领导小组和专项工作机构，编制暴雨灾害防御工作实施方案，明确供水企业各部门暴雨灾害防御工作具体任务与责任，建立健全汛期供水企业暴雨灾害隐患排查工作制度，及时治理暴雨灾害隐患，完善供水企业暴雨灾害防范措施。切实加强雨季期间调度和值班工作，做到领导到位，隐患治理到位，信息接收与应急值守到位。

2. 强化水文地质基础工作

建立健全供水企业暴雨灾害防御基础水文地质资料库，加强对供水企业的供水系统所在地的水文地质调查研究。加强供水企业暴雨灾害防御工作，查清供水企业水源相关的河流和溪沟地面水流系统的汇水、渗漏情况，疏水能力和有关水利

工程情况，掌握当地历年降水量和最高洪水位资料，建立供水企业生产区域疏水、防水和排水系统。

3. 细化防范措施

对可能影响供水企业安全的水库、湖泊、河流、堤防工程等重点部位进行巡视检查，特别是接到暴雨灾害预警信息和警报后的24小时不间断巡视检查。

4. 修改完善供水企业暴雨灾害防御应急预案

供水企业每年雨季前必须对暴雨灾害防御工作进行全面检查，建立雨季巡视制度。对雨季受降水威胁的供水子系统或部分生产区域，应制定雨季防御暴雨灾害措施，落实应急抢险队伍，储备足够的抢险物资。供水企业要结合典型的供水企业暴雨灾害案例，加强对职工的供水企业暴雨灾害防御知识的培训和再教育，提高安全生产技能和综合素质。动态修改完善供水企业暴雨灾害防御应急预案，加强应急预案的日常演练，确保每个职工能够正确掌握暴雨灾害发生时应正确采取的措施和必要的逃生知识。

5. 建立灾害性天气预警预报信息接收机制

供水企业要主动与当地气象部门建立灾害性天气预警预报信息接收机制，及时掌握可能危及供水企业安全生产的暴雨灾害天气灾害预警预报信息。

（二）暴雨影响中

1. 当地气象部门发布暴雨预警时或暴雨已经影响供水企业时，供水企业安全生产管理人员密切关注供水企业生产设施和供电设施以及电力、通信、安全监控等设施是否运转正常；同时加强水质监控。并根据现场观测和调查资料及时提出分析处理意见。

2. 每次降大到暴雨时和降雨后，必须派专人检查供水企业水源相关的河流和溪沟附近杂物是否增多，供水企业取水点的取水管是否发生被堵塞，是否发生水源污染，发现问题必须及时采取措施解决。

3. 要主动与当地气象、水利、应急、环保、地质、安监等部门联系，及时掌握可能危及供水企业安全生产的暴雨灾害天气灾害预警预报信息，并根据供水企业附近地区的雨情和水情，做好相应的防范准备。

（三）采取有效的防御暴雨灾害安全气象保障措施

严格按照有关法律法规和技术标准的相关规定以及第四章第八节“气象灾害敏感类别为四类的城镇供水企业安全气象保障措施”的要求，采取防御暴雨灾害的安全气象保障措施。

第三节　城镇供水企业高温灾害风险评估

一、城镇供水企业所在地高温灾害天气时间特征分析

(一)高温灾害天气的年际变化特征

高温灾害天气根据《气象灾害预警信号发布和传播办法》(中国气象局令第16号)精神和重庆市气象局《关于下发〈重庆市气象灾害预警信号及防御指南〉的通知》(渝气发〔2007〕139号)要求以及《气象灾害敏感单位安全气象保障技术规范》关于“高温灾害性天气”的有关规定,将供水企业所在地日最高气温达到或超过35℃的天气称为高温灾害天气。把高温灾害天气分为三级:一般、严重、特别严重。当日最高气温 $T_{日max}$≥35℃时,为一般高温灾害天气;当 $T_{日max}$≥37℃时,为严重高温,气象部门将向社会发布高温橙色预警;当 $T_{日max}$≥40℃,为特别严重高温灾害天气,气象部门将向社会发布高温红色预警。通过供水企业所在地1982—2012年的长时间序列温度气象资料,分析 $T_日$ max≥35℃、$T_日$ max≥37℃、$T_日$ max≥40℃高温日数的时间变化(图5-6)。从图可知,$T_日$ max≥35℃的一般性高温天气在供水企业所在地的夏季比较常见,20世纪80年代年均12.2天,20世纪90年代年均17.9天,21世纪最初10年年均30.9天,年高温日数最多66天,出现在2006年,其次是2011年,年高温日数52天。从年 $T_日$ max≥35℃的最长持续天数来看,20世纪80年代除1982年没持续性高温外,其余年份的都有持续性高温出现,最长持续天数的平均天数为4.7天,20世纪90年代年均8.4天,21世纪最初10年年均10天。最长的持续天数出现在2006年7月25日—8月20日,持续时间长达27天,其次是1994年7月31日—8月20日,持续时间21天。$T_日$ max≥37℃高温炎热日数20世纪80年代相对较少,有7年出现炎热天气累计18天,20世纪90年代8年累计68天,21世纪最初10年则增加到10年均有炎热天气出现累计135天,年炎热日数最多达49天,出现在2006年,其次是2011年,37天。$T_日$ max≥40℃的高温酷热天气在20世纪80年代均没有发生,20世纪90年代的1992年、1995年和1997年分别有3天、2天和1天,21世纪最初10年在2004年、2006年和2010年分别有1天、18天和4天 $T_日$ max≥40℃的高温酷热天气发生。

(二)高温灾害天气的年变化特征

根据供水企业所在地1981—2010年的逐月 $T_日$ max≥35℃、$T_日$ max≥37℃、$T_日$ max≥40℃的高温日数资料统计分析可知(图5-7),供水企业所在地的高温天气主要出现在5—9月份,4、10月会出现极少的 $T_日$ max≥35℃的情况,7、8月为高温多发月份(平均为7.2天、9.2天)。

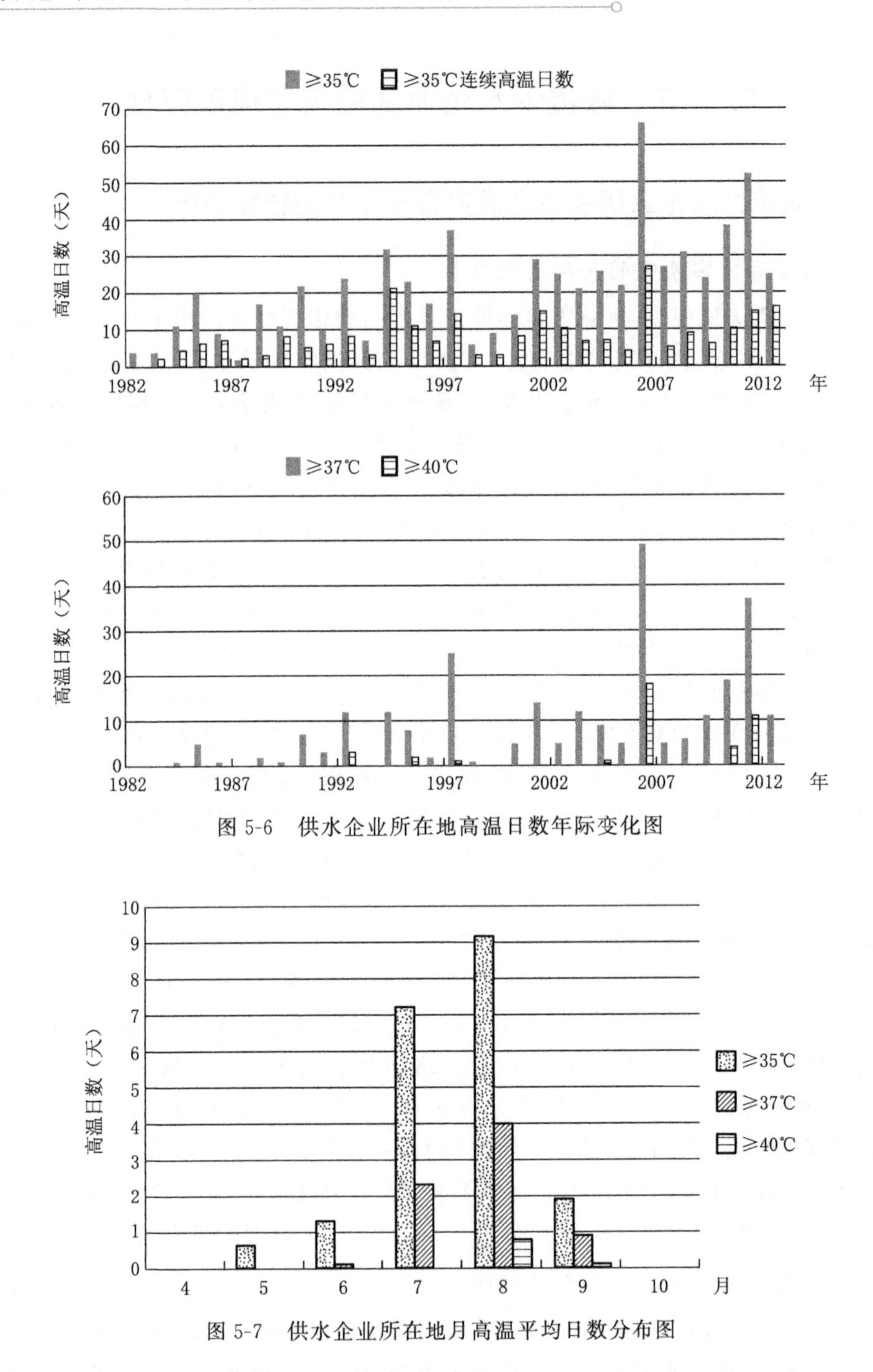

图 5-6 供水企业所在地高温日数年际变化图

图 5-7 供水企业所在地月高温平均日数分布图

（三）高温闷热天气时间分布特征

由于人体的热感觉除与高气温有关外，还与空气湿度、风力有关。而人体舒适度是一个能反映人体与大气环境之间热交换的生物气象指标。气象部门常用人体舒适度 SSD 来定义天气的闷热程度，人体舒适度的计算公式为：

$$SSD=(1.818T+18.18)(0.88+0.002F)+(T-32)/(45-T)-3.2V^{1/2}+3.2$$

式中：SSD 为人体舒适度指数；

T 为日最高气温(℃)；

F 为日最大相对湿度(%)；

V 为日平均风速(m/s)。

根据供水企业所在地1981—2010年的日最高气温、日最大相对湿度、日平均风等气象资料，应用人体舒适度的计算公式，可计算得到供水企业职工人体舒适度指数 SSD。并按照中国气象局规定的人体舒适度指数的等级划分标准(表5-6)，结合重庆实际情况，可统计分析出该供水企业职工人体很不舒适，出现高温闷热($SSD>80$)天气日数的月分布特征(图5-8)。

表 5-6 人体舒适度指数等级划分表

舒适度指数	级别	感觉
>85	4级	炎热，人体感觉极不舒适
81-85	3级	热，感觉很不舒适，容易过度出汗
76-80	2级	暖，人感觉不舒适，容易出汗
71-75	1级	温暖，人感觉较舒适，轻度出汗
61-70	0级	舒适
51-60	−1级	凉爽，人感觉较舒适
41-50	−2级	凉，人感觉不舒适
20-40	−3级	冷，人感觉很不舒适，体温稍有下降
<20	−4级	寒冷，人感觉极不舒适，冷得发抖

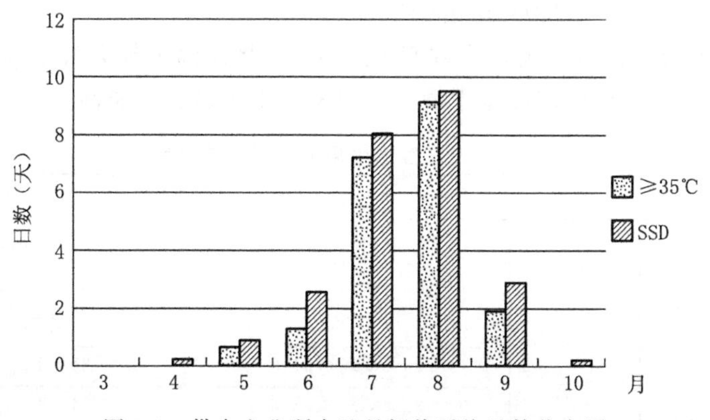

图 5-8 供水企业所在地月闷热平均日数分布图

从图5-8可知，供水企业高温闷热天气在3—10月均有出现，7、8月份出现较多。全年闷热天数年均24.3天，比高温日数(20.3天)多4天。从闷热天数与高温天数的比值来看，各月比值均大于1，表明高温闷热天气除以晴热造成的高气温外，伴高湿的高温天气较多。这种天气使人感到极不舒服，身体里的热量不易排出，容易对人体健康产生影响和危害，尤其职工容易下河游泳导致供水企业安全事故发生。

另外，从供水企业各等级高温闷热天气日数统计表5-7可知，供水企业所在地1981—2010年期间年均出现16.5天高温闷热天气，重闷热天气日数7.8天。

表5-7　供水企业所在地各等级闷热天气月平均日数统计表

闷热等级天气	3月	4月	5月	6月	7月	8月	9月	10月	共计
高温闷热天气，($80<SSD\leqslant85$)	0.03	0.17	0.67	1.97	5.3	6.2	1.93	0.2	16.5
高温重闷热天气，($SSD>85$)	0	0.03	0.2	0.57	2.77	3.33	0.93	0	7.8

(四)高温中暑天气时间分布特征

由于高温高湿或强辐射热的情况下，职工长时间在户外活动，就会导致职工人体体温调节功能障碍，发生中暑。职工中暑主要与气温、湿度、风速有关，但是基于重庆特殊的地理位置和气候背景，使重庆静风(0.0米/秒)、小风(1.0米/秒)频率非常高，大部分情况下风速较小，因此重庆气象部门在中暑指数预报分析中只考虑气温和湿度对中暑的影响，并根据国家气象中心提供能够表征高温中暑特性的炎热指数的计算公式为：

$$I_T=1.8T_{日max}-0.55(1.8T_{日max}-26)(1-R_{日H})+32$$

式中：I_T为日炎热指数；

$T_{日max}$为日极端最高气温(℃)；

$R_{日H}$为日平均相对湿度(%)。

根据上述公式计算的炎热指数值按照表5-8将高温中暑天气分为4个强度等级，然后按照表5-9可确定高温中暑天气引发职工中暑的可能性。

表5-8　重庆高温中暑天气强度等级表

强度等级D	名称	I_T	$T_{日max}$(℃)
一级	热	$I_T<91.5$	$34<T_{日max}\leqslant35$
		$I_T\geqslant91.5$	$33<T_{日max}\leqslant34$
二级	很热	$I_T<90.5$	$35<T_{日max}\leqslant37$
		$90.5\leqslant I_T<91.5$	$35<T_{日max}\leqslant36$
		$91.5\leqslant I_T<92.3$	$34<T_{日max}\leqslant36$
		$I_T\geqslant92.3$	$34<T_{日max}\leqslant35$

续表

强度等级 D	名称	I_T	$T_{日max}$(℃)
三级	炎热	$I_T<90.5$	$37<T_{日max}\leqslant39$
		$90.5\leqslant I_T<92.3$	$36<T_{日max}\leqslant39$
		$I_T\geqslant92.3$	$35<T_{日max}\leqslant38$
四级	酷热	$I_T<92.3$	$T_{日max}>39$
		$I_T\geqslant92.3$	$T_{日max}>38$

表 5-9 重庆高温中暑天气引发职工中暑可能性表

强度等级 D	名称	持续时间(天)			
		1	2	3	≥4
一级	热		可能发生中暑	可能发生中暑	较易发生中暑
二级	很热	可能发生中暑	可能发生中暑	较易发生中暑	较易发生中暑
三级	炎热	较易发生中暑	较易发生中暑	容易发生中暑	极易发生中暑
四级	酷热	容易发生中暑	容易发生中暑	极易发生中暑	极易发生中暑

根据供水企业所在地 1981—2010 年的日最高气温、相对湿度等气象资料，按照重庆高温中暑天气强度等级表的规定，结合重庆实际情况，可统计分析出该供水企业职工容易发生中暑天气日数($D\geqslant3$)的月分布特征(图 5-9)。

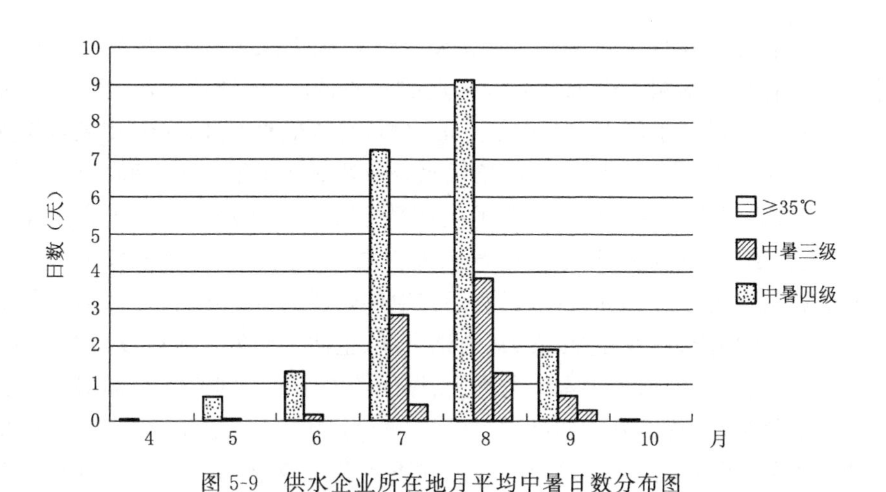

图 5-9 供水企业所在地月平均中暑日数分布图

从图 5-9 可知，供水企业所在地高温中暑天气年均 9.5 天，主要出现在 5—9 月，以 7 月、8 月出现最多，年均分别出现 3.3 天和 5.1 天。年内出现高温中暑最早的是 2006 年 5 月 2 日，最晚是在 2008 年 9 月 23 日。

另外，从供水企业所在地各等级高温中暑天气天气日数统计表 5-10 可知，供水企业在1981—2010年期间年均出现7.5天三级高温中暑天气和2天四级天高温中暑天气。

表5-10 供水企业所在地各等级中暑天气月平均日数统计表

高温中暑天气强度	5月	6月	7月	8月	9月	共计
3级	0.03	0.13	2.83	3.8	0.7	7.5
4级	0	0	0.43	1.3	0.3	2.0

二、高温灾害天气对城镇供水企业的影响分析

高温天气是供水企业所在地区主要的灾害性天气之一，高温天气给人民生活和工农业生产带来很大影响和危害，尤其是用电、用水需求量的急剧增加，造成水电供应紧张、故障频发；会给人体健康带来危害，甚至危及生命，同样也会对动植物产生影响和危害，易引发火灾；对交通、建筑施工、旅游等行业也会受到不同程度的影响；当然也对供水企业正常生产带来不利影响。这些不利影响主要表现在以下几方面。

(1)持续高温影响，导致用水需求量的急剧增加，使供水企业生产设施和供电设施超负荷运行，容易引发供水企业生产设施和供电设施故障，造成供水企业停产，使供水企业不能给用户供水的安全事故风险增加，给供水企业造成严重财产损失和社会影响。

(2)持续高温影响，导致供水企业取水点相关的河流、溪沟、水库容易发生较重的水富营养化从而影响了供水企业取水点的水质，有时还导致河流、溪沟、水库的鱼大量死亡从而污染了供水企业取水点的水质，造成供水企业停产，使供水企业不能给用户供水的安全事故风险增加，给供水企业造成严重财产损失和社会影响。

(3)持续高温影响供水企业正常的生产秩序和生产活动。高温灾害是发生频率高、影响范围广和(危害)程度大的气象灾害之一。其中最主要的危害是对人的生命和健康的危害，以及造成供水企业所在地供电超负荷量运行，导致当地停电使生产中断、工矿停产、商业停业、交通、通讯中断、生活工作失常而造成的财富损失。

(4)持续高温可能增加供水企业火灾、爆炸等安全事故风险。高温对供水企业生产所需易燃易爆、有毒有害物品的存储、运输、使用有一定影响，尤其是某些易燃易爆化学物品，当气温高于30℃时，如保存不当就易自燃，甚至爆炸，引发火灾等灾难事故。

(5)持续高温对职工健康造成不利影响，体弱者容易出现中暑等情况。高温和闷热天气不仅会使与热有关的各种疾病的发病率和死亡率增高，而且还会影响人的思维活动和生理机能，容易使人疲劳、烦躁和发怒，各种事故相对增多，影响人的活动能力、工作能力。连日高温闷热会使中暑人数明显增多。因此高温对职工健

康造成不利影响，体弱者容易出现中暑。例如2011年夏季，连续的高温引发的疾病特别多，截至8月17日，重庆市高温中暑病例累计达到141例，轻度110例，重度达到29例，因中暑而死亡的有2例。

(6)高温高湿的闷热天气对粮食贮藏、食品、物资的贮运也带来危害。加重许多商品、药品霉变的损失，使食物不易保存，易腐败变质，对供水企业食堂的食物保鲜不利有可能对职工身体健康和供水企业卫生造成不利影响，从而引发供水企业安全事故。

(7)因天气高温闷热，职工下河游泳的可能性增加，容易引发供水企业安全事故。如福建省每年6月至10月是溺水身亡事故高发期，每年溺水死亡者以男性居多，儿童比例较大占总数的43.48%。2010年，南平市夏季发生溺水身亡事故25起，占全年发生溺水事故的四分之三左右。

(8)天气炎热，会促使油路胀大，进而易诱发燃油外泄，成为汽车自燃的一个常见隐患。高温天气可能引发供水企业交通运输车辆在行驶过程中自燃，引发供水企业职工上(下)班途中的安全事故。

(9)高温使供水企业所在地的火险等级升高，容易引发供水企业安全事故。

典型案例1　2006年夏季，宁波市城市供水部门确保设备高温超负荷情况下安全运行，攻克宁波日供水量超过100万吨的“盛夏供水战”。

2006年，宁波城市日最高供水量为105.8万吨。按照历年来城市供水增长率，2006年夏季，宁波最高供水量可能突破120万吨。而宁波中心城区现有的5座自来水厂，日制水总能力为97万吨，北仑、南郊两大水厂一直处于超负荷运行状态。持续的高温给城市供水带来了史无前例的严峻考验。

原水保障：双管齐下保质保量

直供宁波市区的白溪水库、横山水库、亭下水库和皎口水库等饮用水源，占了城市供水原水的85%以上，水质都达到了国家Ⅰ—Ⅱ类饮用原水标准。有关专家认为，多年来市政府推行的饮用水源环境保护的一系列举措，确保了全年城市供水水质。

面对2006年原水供应紧张局面，市水利部门统一调度，对水库水实行计划用水集中管理。根据蓄水和供水情况，为优先保证城市生活、生产用水，适时调整了水库供水方案，限制了水库单纯发电用水；同时积极实施城市境外引水工程，已向境外引水1300万吨。

市防汛部门加强水库蓄水，合理调配原水，实行调水一日一报制度。针对各大水库蓄水减少，水位下降可能影响水质问题，水利、环保、供水等部门加大了对水源的保护和水污染的监测防治工作，防止水库原水的富营养化现象；供水部门的原水公司加大了对白溪水库、横山水库和萧镇引水工程原水管线的巡查，特别对北渡引水线，由原来的每周巡检一次增加到每周两次。

来自市自来水总公司的信息表明，目前各水厂取水口的水质均处于良好状态。

城市水厂:各出高招挖掘潜力

面对严峻的供水压力,城市供水部门采取有力措施积极应对。2006年初,城市供水部门根据我市工业生产和生活用水需求的趋势,早计划、早安排、早施工,研究制订了具体的应急供水方案。进入夏季,又将应对高峰供水的任务细化分解落实到各大水厂。各大水厂针对旺季供水供需矛盾,特别是制水能力不足的实际,精心组织深入挖潜。

按照设计,北仑水厂日制水能力为30万吨。自5月份开始,北仑水厂就处于超负荷运行状态。最近,北仑水厂最高日供水量突破了38万吨,严重超负荷,水厂设备运行安全性面临着严峻的考验。为了确保安全供水,同时提高制水能力,北仑水厂重点抓了净水设施设备的维护保养,让设备处于最佳运行状态;水厂还开展了滤池的加沙、回流池的清淤、排污阀门的改造和生产控制设备的巡检,确保设备高温超负荷情况下安全运行;在水厂管理中,优化了机泵运行和清水池调蓄能力;开通了直径1.2米原水旁通管,利用原横山调流阀增加原水进水量;通过合理控制平流沉淀池的流速和浊度,降低了滤池的负荷,提高了出厂水量。

南郊水厂是1976年建成的老水厂,供应整个海曙区和鄞州区的部分居民用水,供水量大,全年365天中有300天处于超负荷状态。为了保障供水安全,南郊水厂年初就进行了制水设备的保养和滤池改造,并安装了应急备用设备,以提高制水能力。南郊水厂还根据水厂供水峰谷变化特点,利用清水池进行合理蓄水调控,使得水厂的日供水量比实际生产能力提高了3万吨。

江东水厂加大了设备工艺的改造,深入挖潜,特别是对水厂的出水泵叶轮进行了改造,使得水泵功率由每小时4800立方米提高到了每小时5600立方米,提高了出水量;在原水方面,通过专家"会诊"合理设计,加高汲水槽60厘米,并启用潜水泵,使水厂的制水能力提高了1万吨。

供水服务:及时解决用水忧虑

针对旺季供水的特点,城市供水部门2006年突出了供水服务的质量和效率。

在市自来水总公司生产调度中心的电子屏幕上,能够清晰地看到整个城市供水系统中的水压、水质、流量和各水厂的运行情况。这套投资860万元的在线自动检测系统,是城市供水部门引进的先进管理设备,能适时监测各水厂的运行状况并进行合理调度。在原水取水口、水厂出厂管道、供水管网、居民区和加压泵站及用水大户,这套系统都安装了供水运行检测网点,及时监测、传输、反馈整个供水系统的水质、水压、流量。笔者在现场还看到,位于中兴小区的监测点闪着红灯,据判断可能是该区域有水管爆裂。于是,清泉热线及时通知供水公司立即前去复查和抢修。

在供水服务中,96390清泉热线服务网络也起到了重要作用。清泉热线推出了电话提醒、短信告示和网上查询用水信息等服务,对用户反映的用水情况及时进行落实,方便了广大市民。对停水面积较大的住宅小区,清泉服务车在高峰时段及时送去了白花花的自来水。通过清泉热线，城管、供水部门还发动全社会力量有奖举报浪费水的行为，取得了明显效果：7 月份接到报漏电话 418 个，偷水、违章用水举报电话 58 个，有 11 位举报人因此获得奖励。

海曙供水分公司成立小分队，提高突发事件的反应速度，对用户屋顶水箱进行维护改造，对压力低的小区进行重点检漏，同时重视管网的巡视工作，及时发现隐患并落实整改措施。7 月 26 日，南郊水厂配电跳闸，造成海曙 6 个屋顶水箱损坏。海曙分公司在 24 小时内对水箱进行了全面更换，保证了居民正常用水。海曙、江北供水公司还让抢修小分队分别进驻社区、农村，面对面及时处理居民用水问题。

在用水日益紧张的夏季，加强管网检漏、控制管网漏损，同样摆在城市供水部门非常重要的位置上。城区 6 个供水公司都成立了听漏班，配备了先进的检漏设备和仪器，坚持每天晚上听漏。仅海曙供水公司，上个月就检听出 20 多处漏水点。

供水工程：送来高温"及时雨"

持续的高温干旱少雨，使宁波人更加渴望清泉的滋润。在制水能力不足、居民生活用水和工业生产用水日益紧张的关口，经过一年半时间的昼夜连续作战，日制水能力为 25 万吨的东钱湖水厂一期工程实现了试通水，并开始向城区供水。

在东钱湖水厂的建设过程中，城市供水部门采取了工序交叉、昼夜作业、缩短工期的施工方法，确保了水厂在高峰供水期间及时试通水。按照常规，土建主体工程一般需要一年的时间，由于采取了全方位机械开挖和调度多种车辆装运的施工方法，只用了 6 个月的时间；由于东钱湖水厂工程采用了国内外先进的自动化管理系统，在设备安装调试阶段，专业技术人员提前组织技术难题攻关，进行循环控制和全面质量管理，在半个多月的时间内就将自动控制、跟踪检测、故障警报和应急处理等新型设备安装调试完毕。

在城市供水中，供水管网是通道也是瓶颈。为了确保旺季供水，城市供水部门加强了对老管网的改造更新，以提高供水压力和供水水质。年内加快了镇海和北仑的一户一表改造进度，上半年镇海已完成了 1.8 万户，大碶完成 3000 户。为解决北仑东部供水问题，实施了穿山泵站日供水 10 万吨的一期工程、泰山路供水管道工程。启用了镇海城区智能化集中加压泵站，满足了镇海城区供水需求。实施了东钱湖水厂至横山原水管应急供水管道工程，打通水厂往北仑供水的渠道。针对北仑需水量快速增长态势，利用原横山水库原水管和台塑供水管，向北仑东部、大榭开发区供水。

城市供水部门还启用了 80 多个住宅小区供水智能泵站，发挥其高峰供水时段的调峰能力。对市区内的低压缺水地段，又结合旧城及道路改造更新路管提高水压。在完成去年 60 多个小区管网改造的基础上，年内对背街小巷的陈旧管道进行了改造。上半年，宋诏桥社区输水管道经过改造后，2000 多户居民多年来水压低的老大难问题得到解决。

城市节流:市民企业共同行动

针对印染、洗车等行业用水量大以及浪费水现象,城市供节水部门积极推广先进的节水方法,大力推进节水型企业(单位)、社区和家庭的创建工作,加大宣传力度,使全社会积极投入到城市节水行动中来。

家庭节水各有妙招。北郊社区程师傅家备有5个大塑料桶,每天收集并重复利用自来水;镇海何女士家把洗脸水冲马桶,洗衣水拖地板,以此节约水资源;东柳坊118号的女主人每天把洗脸、洗菜、淘米后的水收集起来重复利用,并在抽水马桶水箱里放上可乐瓶,一家三口一个月用水只有6度至7度之间。

节水社区也层出不穷。樱花小区组织居民学习掌握节水技能,大力推进节水型社区建设。华兴社区组建"节水志愿者队伍""节水小天使",形成了一个覆盖全社区的节水宣传网络。北仑里仁花园小区引进了水循环过滤系统,提高了废水利用率,集中起来的雨水还用于小区景观和绿化用水。

我市节水型企业在生产节水方面起了带头作用。宁波中华纸业公司投资150万元建成了废水回用系统,将中水用于碎浆、浓缩等过程,每天的回用水量达1.2万吨。宁波申洲针织有限公司投资3000万元建成了国内最大的中水回用系统,走上了循环利用水资源的新型工业化道路。

典型案例2 2014年8月3日江苏昆山市环境监测站工作人员为保障人民群众喝上放心水,冒着高温在阳澄湖水环境进行了巡查(图5-10),对水质各项指标进行了监测,经现场查看及监测分析,结论是阳澄湖水源水质达Ⅲ类水标准,蓝藻处于较低水平,水质稳定。

图5-10 昆山市环境监测站工作人员工作现场

蓝藻是饮用水源地的主要污染物之一,夏季,特别是连续高温天气,是蓝藻的易发期。为保障我市饮用水安全,昆山市环境监测站自4月起就开始对水源地进行蓝藻预警监测,通过现场巡视、采样分析、自动站监控等手段,密切掌握阳澄湖、傀儡湖及饮用水源取水口的藻密度状况及其发展趋势,并进行日测日报,一直要延续到10月底。环境监测人员加班加点,到目前为止蓝藻预警监测加班已有60余人日,编制蓝藻预警监测报告120余份。近些天连续高温天气,环境监测人员顶着高温，奋战在环境监测第一线，一丝不苟，认真开展蓝藻监测。监测数据显示，7月下旬以来，傀儡湖中的藻密度基本在300万个/立方米左右，阳澄湖的藻密度基本在1000万个/立方米以下，保持在较低水平。高温天气在延续，昆山市环境监测站将密切监视水源，确保人民群众喝上放心水。

上述典型案例表明：供水企业的各部门需高度重视高温灾害天气引发供水企业安全事故风险防范工作。

三、城镇供水企业高温灾害天气风险识别分析

供水企业高温灾害天气风险识别分析如表5-11所示。

表5-11　供水企业高温灾害天气风险识别

事件	描述		
	风险原因及事件描述	后果描述	
		影响形式	主要影响对象
高温灾害天气	1.高温容易引发供水企业生产设施和供电设施故障	直接	造成供水企业停产
	2.高温影响供水企业取水点的水质	直接	造成供水企业停产
	3.高温对供水企业所在地区供水、供电超负荷量运行，容易造成工矿停产、商业停业、交通、通讯中断	间接	中断交通运输、供电等影响供水企业的正常生产秩序
	4.高温对供水企业生产所需易燃易爆、有毒有害物品的存储、运输、使用有一定影响	直接	增加供水企业火灾、爆炸等安全事故风险
	5.高温天气容易引发疾病、易发生中暑	直接	影响职工身体健康，有时甚至停产
	6.高温影响人的思维活动和生理机能，容易使人疲劳、烦躁和发怒	间接	影响职工工作技能正常发挥
	7.高温天气容易诱发火灾	间接	可能干扰供水企业正常的生产秩序和生产活动
		直接	危及供水企业基础设施
	8.高温天气影响食物保存，容易导致易腐败变质，使供水企业食堂的食物不易保鲜	直接	影响职工身体健康
	9.高温容易诱发职工下河游泳引发供水企业安全事故	间接	威胁职工生命安全
	10.高温影响道路交通及供水企业交通运输车辆行驶安全	间接	影响职工上下班安全
	11.高温影响供水企业职工户外活动	间接	影响供水企业正常的生产秩序，有时甚至停产

四、城镇供水企业高温灾害天气风险特征分析

(一)供水企业高温灾害天气风险出现可能性分析

供水企业高温灾害天气风险出现的可能性体现了供水企业及其职工在高温灾害性天气的暴露频繁程度，也即供水企业气象灾害风险评估的实用模型——CQGSMES模型的E_2参数。根据供水企业所在地气象历史资料统计分析高温灾害性天气出现频率为2.017%。因此依据第四章E_K参数的选择原则，供水企业气象灾害风险评估的实用模型——CQGSMES模型的E_2参数为1.753。

(二)供水企业高温灾害天气风险防御能力分析

供水企业高温灾害天气风险防御能力主要是指供水企业针对高温引发供水企业安全事故的风险采取防御的工程性和非工程性控制措施M_2，因此分析这些措施针对供水企业防御高温灾害天气引发供水企业安全事故的风险是否科学合理、完整可靠，可评估供水企业防御高温灾害天气风险能力，根据供水企业防御高温灾害天气风险能力——供水企业应对高温灾害性天气事件引发安全事故的控制措施(表5-12)和第四章M_K参数选择原则，供水企业气象灾害风险评估的实用模型——CQGSMES模型的M_2参数为3。

表5-12 供水企业应对高温灾害性天气事件引发安全事故的控制措施表

措施类别	应采取的控制措施	有无措施	措施状态
预防措施	1.供水企业将防御高温灾害的安全气象保障工作已纳入安全稳定工作，层层分解落实供水企业安全气象保障工作目标任务和责任 2.供水企业每年组织一次有关专家开展供水企业高温气象灾害隐患排查工作，重点排查高温诱发火灾隐患，并且发现隐患都及时治理 3.供水企业明确了负责安全稳定的领导分管高温气象灾害防御工作，并纳入了供水企业应急值班范畴 4.供水企业开展了高温气象防灾减灾知识和避险自救技能科普宣传，重点普及了防中暑科普知识和高温天气车辆行驶安全教育 5.供水企业建立了手机安全气象预警预报信息接收终端，接到高温预警预报信息，及时采取防暑降温措施 6.供水企业建筑物防火等级符合消防规定 7.供水企业防暑降温措施，如供水企业的空调、食堂冰箱等工作正常	有	有效
减轻事故后果的应急措施	1.供水企业制定了防御高温气象灾害的应急预案 2.供水企业储备了防暑降温药品和其他应急物资 3.供水企业建立了防御高温气象灾害工作档案，以便出灾之后查阅，采取有效措施	有	有效

说明：是有无措施用“有”或者“无”回答；控制措施状态用“有效”“无效”回答

(三)供水企业高温灾害天气风险后果分析

供水企业高温灾害天气风险后果包括高温灾害性天气事件引发供水企业安全事故导致人员伤害的情况(S_{12})和造成供水企业的设施设备房屋等财产损失情况(S_{22})。因此,按照第四章 S_{1K}、S_{2K} 参数选择原则,供水企业职工人数以及供水企业 GDP,供水企业气象灾害风险评估的实用模型——CQGSMES 模型的 S_{12}、S_{22} 参数分别为 4,2。

(四)供水企业高温灾害天气风险等级判断

供水企业高温灾害天气风险等级包括高温灾害性天气事件引发供水企业安全事故造成人员伤害的风险程度(R_{12})和造成供水企业设施设备房屋等财产损失的风险程度(R_{22});因此,按照第四章 R_{1K}、R_{2K} 参数选择原则,供水企业职工人数以及供水企业 GDP,供水企业气象灾害风险评估的实用模型——CQGSMES 模型的计算公式,R_{12}、R_{22} 参数分别为 21,10.5。

根据上述供水企业高温灾害天气风险特征分析与评估结论,结合第四章评估实用模型 CQGSMES 的评估结论应用原则,该供水企业高温灾害天气引发供水企业安全事故的风险等级为四级,因此供水企业高温气象灾害敏感单位的类别应为四类。

五、城镇供水企业防御高温灾害天气风险的处置措施与对策建议

通过供水企业气象灾害风险评估的实用模型——CQGSMES 模型的评估,该供水企业属于四类高温气象灾害敏感单位,因此依据《气象灾害敏感单位安全气象保障技术规范》关于“气象灾害敏感单位安全气象保障措施”的规定,供水企业防御高温灾害天气风险的处置措施与对策建议如下。

(一)高温来临前

(1)及时在供水企业工人居住的房屋安装降温设备,如电扇、空调、冰箱等,必要时进行隔热处理。

(2)在供水企业管理办公室的窗户和窗帘之间安装临时反热窗,如铝箔表面的硬纸板。

(3)早晨或下午能进太阳光的窗户用窗帘(遮光帘)遮好。

(4)对供水企业工人进行防暑指导。

(5)在高温季节来临时,应避开高温时间作业,准备好职工的防暑降温用品和物资(如清凉油、十滴水、人丹等)。

(6)增加供水企业生产区域降温措施,缓解城市热岛效应。

(7)加强防暑降温保健知识和防火知识的宣传,严禁野外用火、抽烟等易引起森林火灾的活动。

(8)供水企业每年高温季节前必须对高温灾害防御工作进行全面检查,对受高温威胁的供水子系统或部分生产区域,应制定防御高温灾害措施,落实应急抢险队伍,储备足够的抢险物资。供水企业要结合典型的供水企业高温灾害案例,加强对职工供水企业高温灾害防御知识的培训和再教育,提高安全生产技能和综合素质。动态修改完善供水企业高温灾害防御应急预案,加强应急预案的日常演练,确保每个职工能够正确掌握高温灾害发生时应采取的措施和必要的逃生知识。

(二)高温天气影响中

(1)当地气象部门发布高温预警时或高温已经影响供水企业时,供水企业安全生产管理人员密切关注供水企业生产设施和供电设施以及电力、通信、安全监控等设施否运转正常;同时加强水质和监控。并根据现场观测和调查资料及时提出分析处理意见。

(2)在高温期间,必须派专人对供水企业水源相关的河流和溪沟进行巡查检测,确保供水企业取水点水质安全。

(3)要主动与当地气象、水利、应急、环保、地质、安监等部门联系,及时掌握可能危及供水企业安全生产的高温灾害天气灾害预警预报信息,做好相应的防范准备。

(4)在高温季节工作时,相应缩短一线职工的工作时间。

(5)暂停户外或室内大型集会。白天尽量减少户外活动,尤其是在中午到下午这段时间,要避免在强烈的阳光下暴晒。

(6)加强职业危害学习培训,对供水企业工人进行防暑指导和开展火灾逃生知识的宣传和技能培训。

(7)加强食品卫生安全监督检查,严格执行高温高湿职业卫生标准。

(8)食堂多准备咸食、凉白开水、冷盐水、白菊花水或绿豆汤等。

(9)注意做好供水企业车辆车况检查工作,做好防火准备工作,同时做好参加森林火灾扑救的准备。

(10)加强安全教育,严禁供水企业工人私自下河游泳造成危险。

(11)特别注意防范用电量过高导致电线、变压器等电力设备负载大而引发的火灾。

(12)停止户外活动,做好停电、停水和防御高温诱发疾病的各项应急工作。

(三)采取有效的防高温灾害安全气象保障措施

严格按照有关法律法规和技术标准的相关规定以及《第四章第八节关于“气象灾害敏感类别为四类的城镇供水企业安全气象保障措施”的要求,采取防御高温灾害的安全气象保障措施。

第四节　城镇供水企业大风灾害风险评估

一、城镇供水企业所在地大风灾害天气时间特征分析

(一)大风灾害天气的年际变化特征

大风灾害天气是根据《气象灾害预警信号发布和传播办法》(中国气象局令第16号)精神和重庆市气象局《关于下发〈重庆市气象灾害预警信号及防御指南〉的通知》(渝气发〔2007〕139号)要求以及《气象灾害敏感单位安全气象保障技术规范》关于"大风灾害性天气"的有关规定,将供水企业所在地瞬时风力达7级(风速13.9米/秒)以上的强风天气称为大风灾害天气。参照中国气象局预测减灾司气预函〔2005〕47号关于下发《突发气象灾害预警信号发布业务规范》(试行)的通知和中国气象局地面气象观测规范以及浦福风力等级,把大风灾害天气分为四个强度等级(表5-13)。

表5-13　大风灾害天气强度等级表

强度等级	名称	浦福风力等级	风速范围(米/秒)	地物征象	预警信号
一级	一般大风	7	13.9～17.1	全树动摇,大树枝弯下来,迎风步行感觉不便	蓝色预警
二级	较严重大风	8	17.2～20.7	可折断小树枝,人迎风前行感觉阻力甚大	蓝色或黄色预警
		9	20.8～24.4	草房遭受破坏、屋瓦被掀起,大树枝可折断	黄色预警
三级	严重大风	10	24.5～28.4	树木可被吹倒,一般建筑物遭破坏	黄色或橙色预警
		11	28.5～32.6	大树可被风吹倒,一般建筑物遭严重破坏	橙色预警
四级	特严重大风	12	>32.6	摧毁力极大	红色预警

通过供水企业所在地1982—2012年的长时间序列风资料,分析不同强度等级的大风灾害天气日数的时间变化(图5-11)。从图5-11可知,大风日数较为少见,20世纪80年代有8年出现大风累计18天,20世纪90年代有7年出现大风累计13天,21世纪最初10年则均没有大风发生。年大风日数最多5天,出现在1987年。

(二)供水企业大风总日数的年变化特征

从1982—2012年30年的大风资料统计结果看(图5-12),供水企业的春、夏季

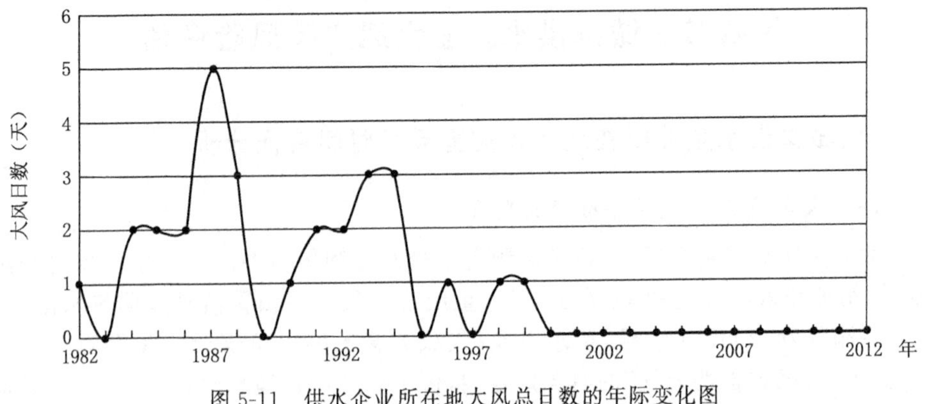

图 5-11　供水企业所在地大风总日数的年际变化图

大风日数比较多，其中 4、5 月大风日数和 7、8 月较多，7 月合计出现 10 天，是最多的月份。6 月，仅 1991 年 6 月 24 日出现过一次。

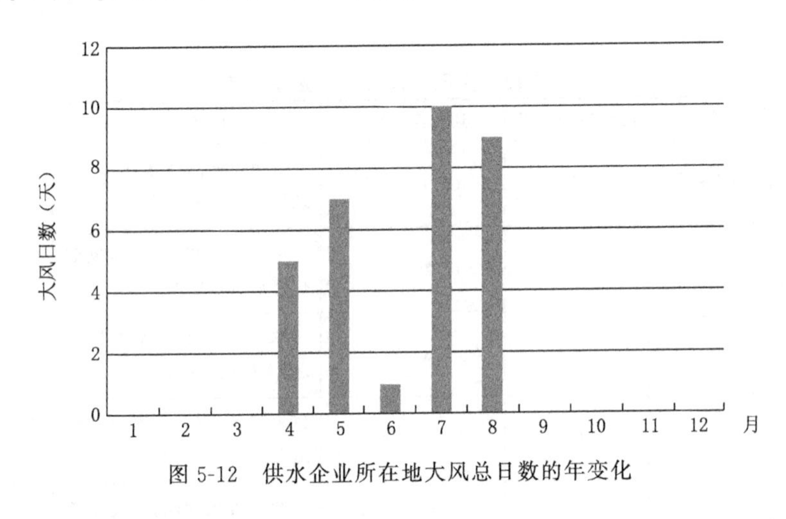

图 5-12　供水企业所在地大风总日数的年变化

二、大风灾害天气对城镇供水企业的影响分析

大风天气是供水企业所在地区主要的灾害性天气之一，当风速超过一定程度的时候，就会给人们的生活带来负面影响，造成灾害，这种风就是大风。产生大风的天气系统很多，如冷锋、雷暴、飑线和气旋等。冷锋大风位于锋面过境之后；雷暴和飑线的大风则发生在它们过境时，雷雨拖带的下沉气流至近地面的流出气流中。地形的狭管效应可以使风速增大，使某些地区成为大风多发区。大风可折毁树枝，吹毁草房，掀起屋瓦，摧毁农作物和农业设施，更甚者，将大树吹倒，建筑物遭受严重破坏，有时还会吹倒高空作业的吊车、广告牌、电线杆、帐房等，造成人员损失。2006 年 5 月 10 日，中国气象局公布了“突发气象灾害预警信号”，并从 9 月开始在

全国范围内统一使用，在大风中气象部门发出蓝色预警，表明市民们 24 小时内可能受大风影响，平均风力可达 6 级以上，需加固供水企业地面生产部分临时搭建物。总之大风天气给人民生活和工农业生产带来很大影响和危害。当然也对供水企业正常生产带来不利影响。这些不不利影响主要表现在以下几方面。

(1)大风可能刮断供水企业所在地区的供配电系统的线路，有时甚至吹翻供配电系统的线路铁塔；大风可能吹起供配电系统的线路之间发生碰撞容易形成短路或者吹起其他金属导体搭接在线路之间容易形成短路；造成供水企业所在地区的供配电系统不能正常运行而形成供水企业生产系统非计划停电，造成供水企业停产，使供水企业不能给用户供水的安全事故风险增加，给供水企业造成严重财产损失和社会影响。

(2)大风可能毁坏供水企业的生产设施和供电设施，造成供水企业停产，使供水企业不能给用户供水的安全事故风险增加，给供水企业造成严重财产损失和社会影响。

(3)大风容易吹落供水企业生产生活设施，吹掉建筑物的门窗、甚至建筑物本身，不但对工地安全构成威胁，也影响供水企业的正常生产活动。

(4)大风影响能见度，易吹倒行道树木等，影响供水企业交通运输和职工上下班途中的交通正常运行，并对供水企业和职工的交通安全构成威胁。

(5)大风可能造成通信等线路中断和设施损毁，影响供水企业的正常生产活动。

(6)大风极易刮断电线等引发火灾，危及供水企业基础设施。

(7)大风影响供水企业户外活动，干扰供水企业组织的户外活动的正常进行。

典型案例 1 2009 年 4 月 20 日 2 时左右，福建省泉州市惠安县小岞镇遭狂风袭击，在遭狂风袭击的惠安县净峰镇通往小岞镇的县公路上，有近 1 公里长的路旁横七竖八地倒着数十根电线杆，这些电线杆大多数拦腰断成 2 截，有些断成 3 部分，甚至整个电线杆断裂，地面 6 根粗大黑色的 1 万伏供电电缆和一束三四条电信部门通讯电缆“瘫倒”延伸在路面上，倒伏、受损的电线杆多达有三十余根(图 5-13)，造成惠安县小岞全镇停电。20 日 3 时，惠安县供电责任有限公司接到报警后就立即赶到现场查看，但当时风雨太大，无法立即进行抢修作业；20 日 6 时 30 分，惠安县供电责任有限公司调集了 40 多名工作人员、2 台起重机到达事发现场进行紧张抢修；20 日 14 时 30 分，部分受损电线杆已经更换，每根新更换的电线杆顶端都有一名工作人员在抢修；供电公司预计 20 日晚，小岞镇镇区能恢复供电；整个小岞镇恢复供电，预计要到 21 日下午。

典型案例 2 2008 年 5 月 28 日 17 时 40 分左右，九级大风沙尘袭击内蒙古呼和浩特市导致呼和浩特市自来水公司的供电线路被大风刮断，使呼和浩特市自来水公司一水厂、四水厂、五水厂和呼钢水厂停止生产，造成呼和浩特市的新华西街

图 5-13　断裂的电线杆

两侧、大南街、通道街以西、巴彦淖尔路以西、鄂尔多斯西街、通道北街两侧等城区出现大面积停水现象。

典型案例 3　2013 年 3 月 26 日 13 时 45 分，受大风影响，辽宁省沈阳市皇姑区明廉路小学附近一处居民楼一块至少有 200 平方米的长方形的沥青防雨布脱落，坠下的沥青防雨布将楼下的电线砸断(图 5-14)，导致周围上千户居民停水停电。事故发生后，紧急赶到的警方将现场封锁，同时电力部门紧急赶到现场维修受损电线。

图 5-14　大风刮起沥青防雨布砸断电线现场

上述典型案例表明，供水企业的各部门需高度重视大风灾害天气引发供水企业安全事故风险防范工作。

三、城镇供水企业大风灾害天气风险识别分析

供水企业大风灾害天气风险识别分析如表5-14所示。

表5-14　供水企业大风灾害天气风险识别

事件	描述		
	风险原因及事件描述	后果描述	
		影响形式	主要影响对象
大风灾害天气	1. 大风容易引发供水企业所在地区停电	直接	造成供水企业停产
	2. 大风容易引发供水企业生产设施和供电设施故障	直接	造成供水企业停产
	3. 大风容易吹落供水企业生产生活设施，吹掉建筑物的门窗、甚至建筑物本身	间接	影响供水企业正常生产秩序和生产活动，有时甚至停产；并影响职工正常工作
	4. 大风影响供水企业所在地的交通正常运行	直接	影响职工正常的上下班，有时甚至威胁职工生命安全
	5. 大风容易吹落高空物品	直接	对职工生命安全构成威胁，也影响供水企业的正常生产活动
	6. 大风极易刮断电线等引发火灾	间接	可能干扰供水企业正常的生产秩序和生产活动
		直接	危及供水企业基础设施
	7. 大风影响供水企业户外活动，干扰供水企业活动的正常进行	直接	影响供水企业正常的生产秩序，有时甚至停产

四、城镇供水企业大风灾害天气风险特征分析

（一）供水企业大风灾害天气风险出现可能性分析

供水企业大风灾害天气风险出现的可能性体现了供水企业及其职工在大风灾害性天气的暴露频繁程度，也即供水企业气象灾害风险评估的实用模型——CQGSMES模型的E_3参数。根据供水企业所在地气象历史资料统计分析大风灾害性天气出现频率为0.292%。因此，依据第四章E_K参数的选择原则，供水企业气象灾害风险评估的实用模型——CQGSMES模型的E_3参数为0.554。

（二）供水企业大风灾害天气风险防御能力分析

供水企业大风灾害天气风险防御能力主要是指供水企业针对大风引发供水企

业安全事故的风险采取防御的工程性和非工程性控制措施 M_3。因此，分析这些措施针对供水企业防御大风灾害天气引发供水企业安全事故的风险是否科学合理、完整可靠，可评估供水企业防御大风灾害天气风险能力。根据供水企业防御大风灾害天气风险能力——供水企业应对大风灾害性天气事件引发安全事故的控制措施（表 5-15）和第四章 M_K 参数选择原则，供水企业气象灾害风险评估的实用模型——CQGSMES 模型的 M_3 参数为 3。

表 5-15　供水企业应对大风灾害性天气事件引发安全事故的控制措施表

措施类别	应采取的控制措施	有无措施	措施状态
预防措施	1. 供水企业将防御大风灾害的安全气象保障工作已纳入安全稳定工作，层层分解落实供水企业安全气象保障工作目标任务和责任 2. 供水企业每年组织一次有关专家开展供水企业大风气象灾害隐患排查工作，重点排查大风诱发建筑物的门窗脱落和屋顶的物品掉下以及是否有危房等隐患，并且发现隐患都及时治理 3. 供水企业明确了负责安全稳定的领导分管大风气象灾害防御工作，并纳入了供水企业应急值班范畴 4. 供水企业开展了大风气象防灾减灾知识和避险自救技能科普宣传，重点普及了防高空坠落实科普知识和大风天气供水企业交通运输车辆行驶安全教育 5. 供水企业建立了手机安全气象预警预报信息接收终端，接到大风预警预报信息，及时采取防御大风措施 6. 供水企业建筑物符合抗大风的安全要求，并符合建筑物防风等级要求	有	有效
减轻事故后果的应急措施	1. 供水企业制定了防御大风气象灾害的应急预案 2. 供水企业储备了防御大风气象灾害的应急物资 3. 供水企业建立了大风气象灾害的工作档案，以便出灾之后查阅，采取有效措施	有	有效

说明：是有无措施用“有”或者“无”回答；控制措施状态用“有效”“无效”回答

（三）供水企业大风灾害天气风险后果分析

供水企业大风灾害天气风险后果包括大风灾害性天气事件引发供水企业安全事故导致人员伤害的情况（S_{13}）和造成供水企业的设施设备房屋等财产损失情况（S_{23}）。因此按照第四章 S_{1K}、S_{2K} 参数选择原则，供水企业职工人数以及供水企业 GDP，供水企业气象灾害风险评估的实用模型——CQGSMES 模型的 S_{13}、S_{23} 参数分别为 4、1。

（四）供水企业大风灾害天气风险等级判断

供水企业大风灾害天气风险等级包括大风灾害性天气事件引发供水企业安全

事故造成人员伤害的风险程度(R_{13})和造成供水企业设施设备房屋等财产损失的风险程度(R_{23})。因此,按照第四章 R_{1K}、R_{2K} 参数选择原则,供水企业职工人数以及供水企业 GDP,供水企业气象灾害风险评估的实用模型——CQGSMES 模型的计算公式,R_{13}、R_{23} 参数分别为 6.7,1.6。

根据上述供水企业大风灾害天气风险特征分析与评估结论,结合第四章评估实用模型 CQGSMES 的评估结论应用原则,该供水企业大风灾害天气引发供水企业安全事故的风险等级为五级,因此,供水企业大风气象灾害敏感单位的类别应为四类。

五、城镇供水企业防御大风灾害天气风险的处置措施与对策建议

通过供水企业气象灾害风险评估的实用模型——CQGSMES 模型的评估、该供水企业属于四类大风气象灾害敏感单位,因此依据《气象灾害敏感单位安全气象保障技术规范》关于“气象灾害敏感单位安全气象保障措施”的规定,供水企业防御大风灾害天气风险的处置措施与对策建议如下。

(一)大风来临前

(1)应及时加固供水企业地面设施,对有建筑工程的供水企业,施工场地要遮盖建筑物资,妥善处置易受大风影响的室外物品,对供水企业简易建筑、临时搭建物、门窗、电气线路、室外开采器械等进行重点排查,消除因大风可能导致安全事故的隐患,在危险地段设置安全警示牌。

(2)在房间里要小心关好窗户,在窗玻璃上贴上“米”字形胶布,防止玻璃破碎,远离窗口,避免强风席卷沙石击破玻璃伤人。

(3)对供水企业工人进行安全教育,提高安全意识。

(二)大风影响中

(1)尽量减少外出,必须外出时不要在广告牌、临时搭建筑物下面逗留、避风。

(2)停止进行露天活动,居住在供水企业房屋抗风能力较弱的人员应迅速进入预先筑好的避灾处躲避。

(3)供水企业交通运输车辆如果正在行驶中,应及时驶入隐蔽处。

(4)特别注意防范因大风刮断电线等引发火灾。

(5)做好停电的各项应急工作。

(三)采取有效的防大风灾害安全气象保障措施

严格按照第四章第八节关于“气象灾害敏感类别为四类的城镇供水企业气安全气象保障措施”的要求,采取防御大风灾害的安全气象保障措施。

第五节　城镇供水企业大雾灾害风险评估

一、城镇供水企业所在地大雾灾害天气时间特征分析

雾是由大量浮游在近地面空气中的微小水滴或冰晶组成的，它是近地面层空气中水汽达到饱和或接近饱和状态凝结（或凝华）而成的。雾的存在会降低空气透明度（水平能见度小于1000米），使视力受阻，视野模糊。随着社会经济的发展和城市化进程的加快，大雾天气对人们的影响日趋明显，成为公路、铁路、航运的一大灾害，已经造成人员伤亡、财产损失等灾情；电业部门观测表明，长期不降透雨（雪），输电线路上绝缘子表面积满粉尘，未被雨雪冲洗，遇上浓雾，使其湿润后，极易导致“污闪”，从而造成大面积停电事故，影响工厂、医院、居民的正常生产和工作秩序；严重时甚至会造成全市停电。

大雾天气引发的严重空气污染还威胁到人们的身体健康，使其大雾还成为一种影响人们身体健康和美好生活的气象灾害。

（一）大雾灾害天气的年际变化特征

大雾灾害天气是根据《气象灾害预警信号发布和传播办法》（中国气象局令第16号）精神和重庆市气象局《关于下发〈重庆市气象灾害预警信号及防御指南〉的通知》（渝气发〔2007〕139号）要求以及《气象灾害敏感单位安全气象保障技术规范》关于“大雾灾害性天气”的有关规定，将供水企业所在地由于悬浮于近地面层空气中的大量水滴或冰晶微粒，使水平能见度降到500米以下的天气称为大雾灾害天气。参照中国气象局预测减灾司气预函〔2005〕47号关于下发《突发气象灾害预警信号发布业务规范》（试行）的通知和中国气象局地面气象观测规范等级把大风灾害天气分为三个强度等级（表5-16）。

表5-16　大雾灾害天气强度等级表

强度等级	能见度 L（米）	预警信号
一级	$200 \leq L < 500$	黄色预警
二级	$50 \leq L < 200$	橙色预警
三级	$L < 50$	红色预警

通过供水企业所在地1982—2012年的长时间序列能见度气象资料，分析不同强度等级的大雾灾害天气日数的时间变化（图5-15）。

从图5-15可知，供水企业所在地雾的减少趋势非常明显：20世纪80年代年均35.3天，20世纪90年代年均31.4天，21世纪最初10年急剧减少到年均10.1天。年雾日最多61天，出现在1992年，年雾日最少2天，出现在2011年。

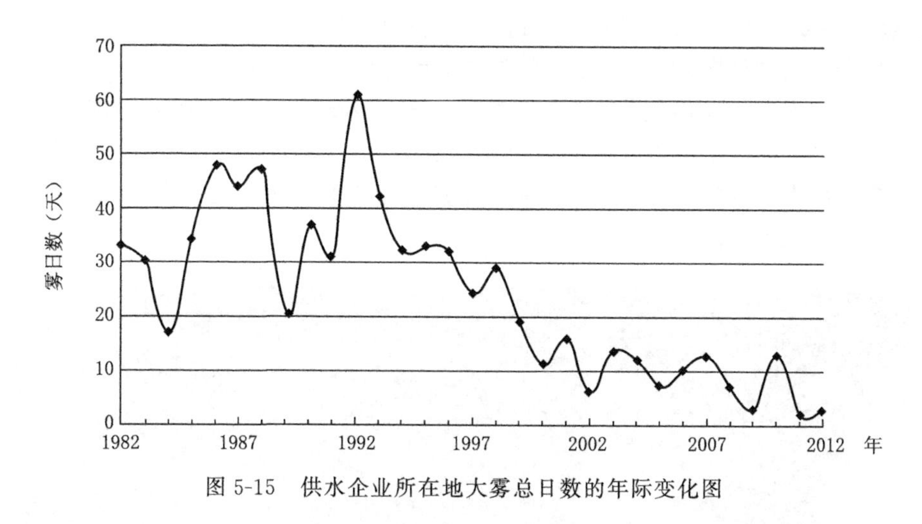

图 5-15　供水企业所在地大雾总日数的年际变化图

(二)供水企业大雾总日数的年变化特征

从 1981—2010 年的大雾资料统计结果看(图 5-16),供水企业所在地雾主要发生在冬季,约占 50.1%,其次是秋季,占 37.1%,春季和夏季雾日较少,分别占年雾日数的 7.6%和 5.2%。从各月雾日分布来看,12 月和 1 月雾日最多,分别均占年雾日数的 20.2%,5 月雾日最少,仅占 1.0%。

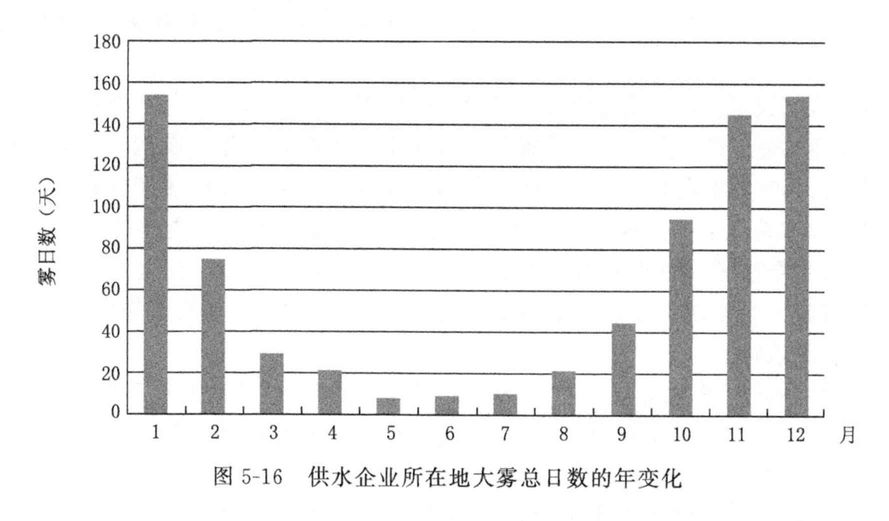

图 5-16　供水企业所在地大雾总日数的年变化

二、大雾灾害天气对城镇供水企业的影响分析

大雾天气是供水企业所在地区主要的灾害性天气之一,已成为公路、铁路、航运的一大灾害,常常造成人员伤亡,财产损失等灾情;电业部门观测表明,长期不降透雨(雪),输电线路上绝缘子表面积满粉尘,未被雨雪冲洗,遇上浓雾,使其湿润

后，极易导致“雾闪”(图 5-17)，从而造成大面积停电事故，影响工厂、医院、居民的正常生产和工作秩序；严重时甚至会造成全市停电。大雾天气引发的严重空气污染还威胁到人们的身体健康，总之大雾灾害不像风雨雷电那样惊心动魄，它是以“温柔杀手”的形式来危害人们的生命财产安全，给人民生活和工农业生产带来很大影响和危害。当然也对供水企业正常生产带来不利影响。这些不不利影响主要表现在以下几方面。

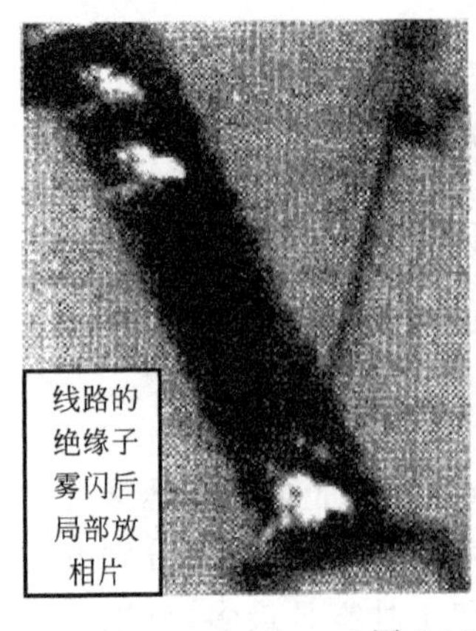

图 5-17　供配电系统线路的绝缘子雾闪图

(1)大雾灾害会降低能见度，减弱视程，因而可能引发供水企业交通事故，威胁职工安全。

(2)大雾灾害会使输变电设备的绝缘性能急剧下降，引起因“雾闪”跳闸而发生输电线路故障，造成供水企业电力设施失常和用电的供水企业生产设施和安全监控仪器的失灵，影响供水企业的正常生产秩序，甚至导致供水企业安全生产事故。

(3)大雾造成的交通拥堵时汽车尾气的排放又加重了空气质量的恶化。恶劣的空气质量导致呼吸道疾病患者增加，威胁着儿童、老人和必须在室外活动的人群的身体健康。当然职工在浓雾中活动也会影响身体健康，容易罹患咽喉、气管和眼结膜等各种疾病。

(4)冬季低温下出现大雾，阻碍人体正常蒸发热量，容易诱发关节炎。

(5)大雾影响供水企业户外活动，干扰供水企业正常的生产活动。

典型案例 1　2006 年 1 月 28 日，农历大年除夕，河南省大部分地区出现了多年罕见的浓雾天气，能见度小于 500 米，最严重的洛阳、郑州地区能见度不足 5 米。持续大雾导致河南电网多条线路因“雾闪”跳闸。自当日凌晨 2 时许至 1 月 30 日下午，郑州、洛阳、濮阳、安阳、新乡、开封、许昌、漯河、三门峡等区域内，共有 10 千伏及以上线路跳闸 133 条次。其中，濮阳市台前县除夕夜全县停电。险情发生后，省电力公司高度重视，迅速在全省范围内启动电力保障应急预案，要求 18 个市供电公司和省输变电超高压运检公司经理坐镇电力调度室，有关人员 24 小时坚守工作岗位，安排抢修车辆，随时投入事故抢修状态。在省电力公司周密部署和统一指挥下，各级供电部门协调作战，各级领导和专业技术人员、事故抢修队伍冒着浓雾和严寒，赶赴故障现场，对受损设备进行抢修。特别是针对台前县110千伏线路多次跳闸致使全县供电中断的情况，省电力公司要求濮阳市供电公司和台前县电业局迅速抢修故障线路，紧急组织已建成待运行的一条110千伏输电线路投运送电。寒冬深夜，浓雾弥漫，同在一基杆塔上抢修排故的人互相都看不清楚，登杆检查清扫和线路清障进展极其缓慢。濮阳市供电公司、台前县电业局两级供电部门出动抢修人员300多人，动用排故车辆74台次，经过36小时连续奋力抢修，顺利清除线路树障，并且清扫线路40公里、杆塔179基，更换"雾闪"绝缘子17串，台前县于1月28日18时48分恢复供电，35万群众除夕当晚用电随即处于正常状态。

典型案例2 2001年2月22日，辽宁省沈阳市城区陷入能见度不到20米的浓雾之中，大雾从22日凌晨1时左右开始出现，到上午9～10时，浓雾依然弥漫，市内高层建筑物的上半部仿佛插入了云霄之中，直到下午1时多，气温开始下降，渐渐刮起了北风，浓雾才开始慢慢散开。这场大雾天气导致供电线路发生"雾闪"使大部分线路被烧断，在几个小时之内迅速造成了沈阳地区的十二座二百二十千伏变电所停电八座，一百七十七座六十六千伏变电所停电一百二十座，沈阳地区的沈海热电厂、沈阳电厂也脱离了供电系统，而22日凌晨1时30分，从沈阳市辽中县孙家变电所开始，全市9区4县12个变电所几乎同时发出可怕的爆裂声，电网区内由于爆炸产生的火花四处溅射，几乎就在一瞬间，沈阳这座拥有近700万人口的庞大城市陷入了无边的黑暗之中。受停电影响沈阳市20多个水源地区因停电而中断供水，停止供水的用户占全市的三分之二左右，大部分小区的加压泵站因停电而停止工作，全市约有400多个小区的供水无法上楼。

典型案例3 2012年6月3日5时20分至5时40分，江苏沈海高速盐城段K1013至1017区间因突发团雾，导致近60辆车发生追尾，造成11人遇难、19人受伤的特大交通事故(图5-18)。并且在追尾车辆当中，有一辆装有危险化学品"苯"的槽罐车还发生了发生侧翻，污染了环境。

图5-18 江苏沈海高速盐城段因为大雾导致特大交通事故现场

上述典型案例表明，供水企业的各部门需高度重视大雾灾害天气引发供水企业安全事故风险防范工作。

三、城镇供水企业大雾灾害天气风险识别分析

供水企业大雾灾害天气风险识别分析如表 5-17 所示。

表 5-17　供水企业大雾灾害天气风险识别

事件	描述		
	风险原因及事件描述	后果描述	
		影响形式	主要影响对象
大雾灾害天气	1. 大雾影响供水企业所在地的交通正常运行	直接	影响职工正常正常上下班，有时甚至威胁职工生命安全
	2. 大雾引起因“雾闪”跳闸而发生输电线路故障，造成供水企业电力设施失常，甚至停电	间接	可能干扰供水企业正常的生产秩序和生产活动，甚至甚至导致供水企业安全生产事故
	3. 大雾造成空气质量的恶化	直接	影响职工身体健康
	4. 大雾影响供水企业户外活动	直接	影响供水企业正常的生产秩序

四、城镇供水企业大雾灾害天气风险特征分析

（一）供水企业大雾灾害天气风险出现可能性分析

供水企业大雾灾害天气风险出现的可能性体现了供水企业及其职工在大雾灾害性天气的暴露频繁程度，也即供水企业气象灾害风险评估的实用模型——CQGSMES 模型的 E_4 参数。根据供水企业所在地气象历史资料统计分析大雾灾害性天气出现频率为 7.009%。因此依据第四章 E_K 参数的选择原则，供水企业气象灾害风险评估的实用模型——CQGSMES 模型的 E_4 参数为 2.526。

（二）供水企业大雾灾害天气风险防御能力分析

供水企业大雾灾害天气风险防御能力主要是指供水企业针对大雾引发供水企业安全事故的风险采取防御的工程性和非工程性控制措施 M_4，因此分析这些措施针对供水企业防御大雾灾害天气引发供水企业安全事故的风险是否科学合理、完整可靠，可评估供水企业防御大雾灾害天气风险能力，根据供水企业防御大雾灾害天气风险能力——供水企业应对大雾灾害性天气事件引发安全事故的控制措施（表 5-18）和第四章 M_K 参数选择原则，供水企业气象灾害风险评估的实用模型——CQGSMES 模型的 M_4 参数为 3。

表 5-18 供水企业应对大雾灾害性天气事件引发安全事故的控制措施表

措施类别	应采取的控制措施	有无措施	措施状态
预防措施	1. 供水企业将防御大雾灾害的安全气象保障工作已纳入安全稳定工作，层层分解落实供水企业安全气象保障工作目标任务和责任 2. 供水企业每年组织一次有关专家开展供水企业大雾气象灾害隐患排查工作，并且发现隐患都及时治理 3. 供水企业明确了负责安全稳定的领导分管大雾气象灾害防御工作，并纳入了供水企业应急值班范畴 4. 供水企业开展了大雾气象防灾减灾知识和避险自救技能科普宣传，重点普及大雾天气职工上下班路上的交通安全和大雾天气供水企业交通运输车辆行驶安全教育 5. 供水企业建立了手机安全气象预警预报信息接收终端，接到大雾预警预报信息，及时采取防御大雾措施	有	有效
减轻事故后果的应急措施	1. 供水企业制定了防御大雾气象灾害的应急预案 2. 供水企业储备了防御大雾气象灾害的应急物资 3. 供水企业建立了大雾气象灾害的工作档案，以便出灾之后查阅，迅速采取有效措施	有	有效

说明：是有无措施用“有”或者“无”回答；控制措施状态用“有效”“无效”回答

(三)供水企业大雾灾害天气风险后果分析

供水企业大雾灾害天气风险后果包括大雾灾害性天气事件引发供水企业安全事故导致人员伤害的情况(S_{14})和造成供水企业的设施设备房屋等财产损失情况(S_{24})。因此，按照第四章 S_{1K}、S_{2K} 参数选择原则，供水企业职工人数以及供水企业 GDP，供水企业气象灾害风险评估的实用模型——CQGSMES 模型的 S_{14}、S_{24} 参数分别为 4、2。

(四)供水企业大雾灾害天气风险等级判断

供水企业大雾灾害天气风险等级包括大雾灾害性天气事件引发供水企业安全事故造成人员伤害的风险程度(R_{14})和造成供水企业施设备房屋等财产损失的风险程度(R_{24})；因此，按照第四章 R_{1K}、R_{2K} 参数选择原则，供水企业职工人数以及供水企业 GDP，煤供水企业气象灾害风险评估的实用模型——CQGSMES 模型的计算公式，R_{14}、R_{24} 参数分别为 30.3，15.16。

根据上述供水企业大雾灾害天气风险特征分析与评估结论，结合第四章评估实用模型 CQGSMES 的评估结论应用原则，该供水企业大雾灾害天气引发供水企业安全事故的风险等级为四级，因此供水企业大雾气象灾害敏感单位的类别应为四类。

五、城镇供水企业防御大雾灾害天气风险的处置措施与对策建议

通过供水企业气象灾害风险评估的实用模型——CQGSMES 模型的评估，该

供水企业属于四类大雾气象灾害敏感单位，依据《气象灾害敏感单位安全气象保障技术规范》关于“气象灾害敏感单位安全气象保障措施”的规定，供水企业防御大雾灾害天气风险的处置措施与对策建议如下：

(1)对供水企业工人进行安全教育，提高安全意识。

(2)建议供水企业工人，最好戴上口罩，要求在露天场上要看清来往车辆，遵守交通规则。

(3)建议停止露天集会等户外活动。

(4)车辆在行驶时要特别注意安全，应按照雾天行驶规定采取防雾措施；必要时停止行驶，并尽快寻找安全停放区域停靠。

(5)做好停电的各项应急工作。

(6)采取有效的防大雾灾害安全气象保障措施

严格按照第四章第八节关于“气象灾害敏感类别为四类的城镇供水企业气安全气象保障措施”的要求，采取防御大雾灾害的安全气象保障措施。

第六节　城镇供水企业低温冷害风险评估

一、城镇供水企业所在地低温冷害天气时间特征分析

(一)低温冷害天气的年际变化特征

低温冷害天气根据《气象灾害预警信号发布和传播办法》(中国气象局令第16号)精神和重庆市气象局《关于下发〈重庆市气象灾害预警信号及防御指南〉的通知》(渝气发〔2007〕139号)要求以及《气象灾害敏感单位安全气象保障技术规范》关于“寒潮灾害性天气、霜冻灾害性天气、道路结冰灾害性天气”的有关规定，将来供水企业所在地日最低气温 $T_{日}$ min≤0℃的天气称为低温冷害天气。通过供水企业所在地1982—2012年的长时间序列温度气象资料，分析 $T_{日min}$≤0℃低温日数的时间变化(图5-19)。从图5-19可知，供水企业低温天气较为少见，20世纪80年代分别在1982年、1983年、1984年和1989年出现4天、1天、1天和3天的低温天气，20世纪90年代在1991—1994年连续4年出现2天的低温天气，21世纪最初10年则在2008年和2010年分别出现过1天 $T_{日min}$≤0℃的低温冷害天气。从年最长连续低温日数来看，只有2次连续低温时段，分别是1982年12月25日—28日连续4天和1991年12月27日、28日连续2天。

(二)低温冷害天气的年变化特征

根据供水企业所在地1981—2010年的逐月 $T_{日}$ min≤0℃的低温日数资料统计分析可知(图5-20)，供水企业所在地的低温冷害天气只发生在冬季12月、1月，分别出现8天和11天。

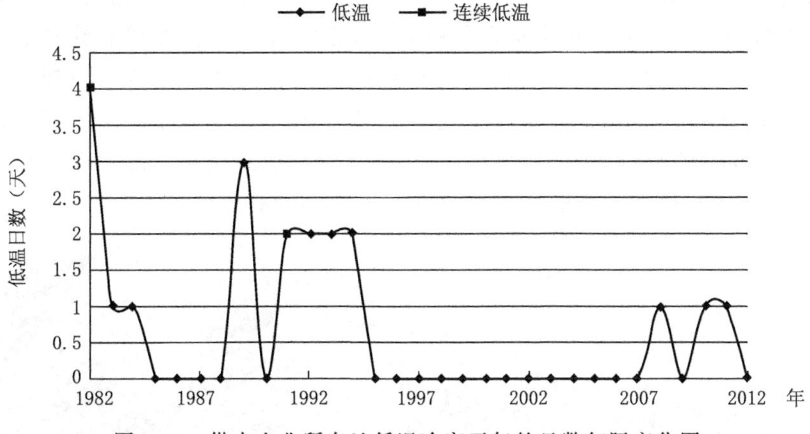

图 5-19 供水企业所在地低温冷害天气的日数年际变化图

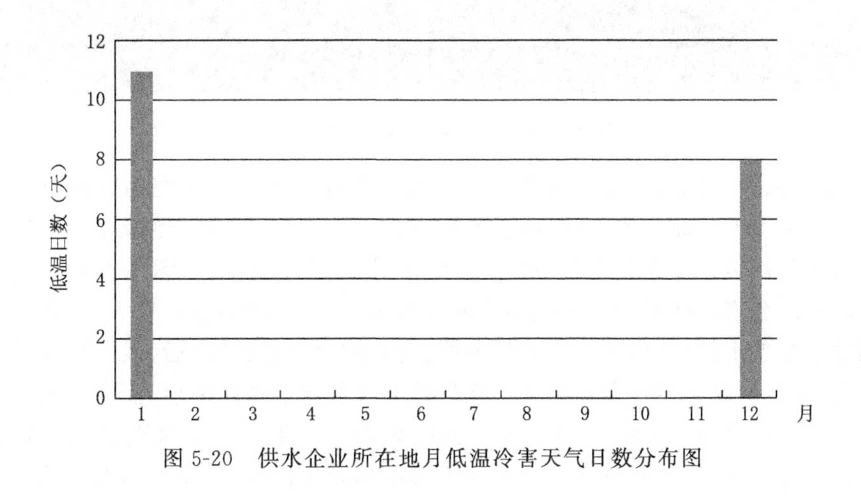

图 5-20 供水企业所在地月低温冷害天气日数分布图

二、低温冷害天气对城镇供水企业的影响分析

低温冷害天气是供水企业所在地区主要的灾害性天气之一，低温冷害天气给人民生活和工农业生产带来很大影响和危害，尤其是用电、用煤需求量的急剧增加，造成煤、电供应紧张、故障频发；会给人体健康带来危害，甚至危及生命，同样也会对动植物产生影响和危害；对交通、建筑施工、旅游等行业也会受到不同程度的影响；当然也对供水企业正常生产带来不利影响。这些不利影响主要表现在以下几方面：

(1)低温冷害天气容易造成供水企业管网地表面的输送水管、闸阀、水表发生冻结，甚至被冻爆裂，造成供水企业不能给用户正常供水的安全事故风险增加，给供水企业造成严重财产损失和社会影响。

(2)低温冷害天气的雨、雪、雨夹雪从空中落下来时，由于近地面的气温很低，使空中下落雨、雪、雨夹雪在供水企业所在地的供配电系统的线路和线路铁塔表面形成冰冻或冻雨，增加供配电系统的线路和线路铁塔荷载导致线路断裂或(和)线路铁塔垮塌(图 5-21)，造成供水企业所在地的供配电系统不能正常运行而形成供水企业生产系统非计划停电，导致供水企业停产，使供水企业不能给用户供水的安全事故风险增加，给供水企业造成严重财产损失和社会影响。

图 5-21　冰冻或冻雨导致线路断裂和线路铁塔垮塌水果现场

(3)低温雨雪冰冻灾害天气的雨、雪、雨夹雪在供水企业所在地供配电系统线路的绝缘子上形成冰冻或冻雨，由于冰冻或冻雨的冻结过程中，绝缘子上的冰冻或冻雨将大量污秽包裹在其内部，形成坚硬、致密且干燥的覆冰(图 5-22)，虽然这种类型的覆冰会增加线路荷载对线路造成机械损害，但其泄漏电阻较大，即使绝缘子片间发生较严重的桥接，也不会导致闪络。但是当气温回升之后，线路覆冰开始发生融化，此时绝缘子不仅存在由于桥接导致绝缘距离下降的风险，而且还由于融冰水对可溶性污秽溶解后引起绝缘子沿面电阻的大幅下降将导致泄漏电流急剧上升，从而使之产生的焦耳热又进一步加剧覆冰的融化；同时前期覆冰造成绝缘子串电压分布严重畸形，过高的电场强度将导致上下两端绝缘子率先发生电晕放电，当放电使得被电弧短路的冰面进一步融冰形成导电通道时，电弧将会熄灭，从而形成如此反复的时亮时灭的电弧放电；当泄漏电流进一步增大并将桥接冰凌熔断或形

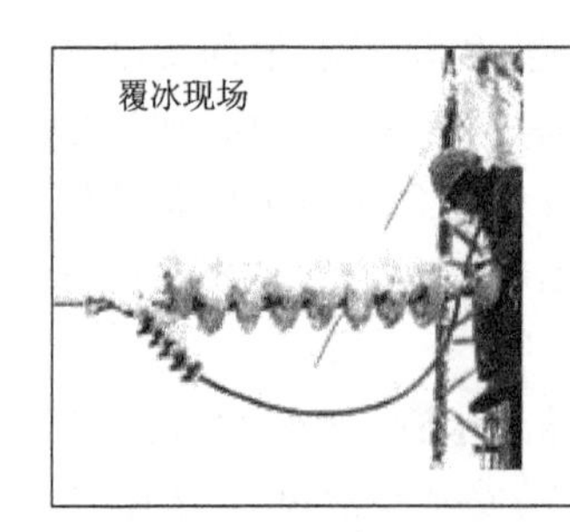

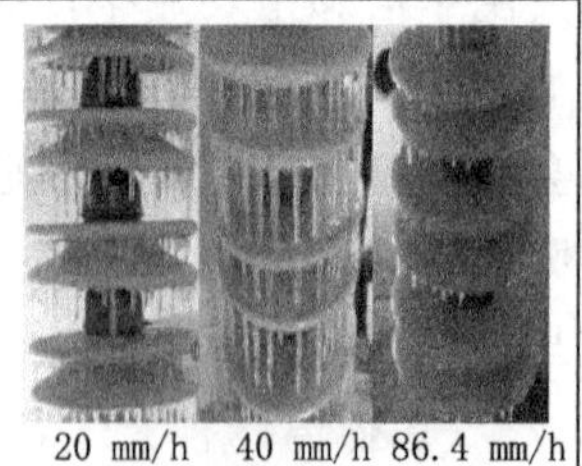

图 5-22　绝缘子覆冰示意图

成不连续的干燥区时，整个绝缘子的电压便会集中于断口两侧，过高的电场强度将导致局部放电，形成细丝状的电弧，泄漏电流的增大加快了覆冰的融化，使泄漏电阻进一步降低，如此恶性循环使得原本细丝状的放电发展成为白色的电弧；由于此时电弧强大的融冰作用使得覆冰大量融化脱落，因而干燥区不断拉长，其断口也不断被拉大，因此电弧也逐渐伸长发展甚至飘起，将部分绝缘子短接；当电弧的弧长度使得剩余冰面上承受的电压达到沿面放电临界值时便会突然发生闪络，即形成了供水企业所在地供配电系统线路的绝缘子冰闪。冰闪极易引发供水企业所在地供配电系统线路跳闸、掉闸、掉电、失压、局部停电、系统超稳定极限运行，甚至会造成供水企业所在地供配电系统电网瓦解故障，从而造成供水企业所在地的供配电系统不能正常运行而形成供水企业生产系统非计划停电，导致供水企业停产，使供水企业不能给用户供水的安全事故风险增加，给供水企业造成严重财产损失和社会影响。

(4)低温冷害天气容易形成道路结冰影响交通安全，极易诱发交通安全事故，威胁职工安全。如2010年12月，无锡气温持续骤降，导致沪蓉、锡宜、锡澄高速公路路面出现结冰状况，18日晨6时至7时，锡城三条高速公路1小时内发生了近10起交通事故，造成2人死亡，多人受伤。

(5)低温冷害天气影响供水企业户外活动，干扰供水企业正常的生产活动。

(6)低温冷害天气形成的雪灾容易诱发建筑物屋顶坍塌安全事故。例如：2009年11月11日，河北邯郸市发数起坍塌事故，其中位于永年县西滩头村的龙凤餐厅由于大雪积压不堪重负，11日18时30分许坍塌，多名人员被压，不同程度受伤，并造成两人死亡。

(7)低温冷害天气室内煤炉取暖的供水企业容易诱发职工一氧化碳中毒事故。

典型案例1　2012年12月至2013年1月5日期间，重庆城口气温持续低迷。城口县气象局监测显示，从2012年12月30日—2013年1月5日，城口日平均气温仅为－0.8℃。其间，城口出现了两次小雪天气，并在12月31日迎来了－7.3℃的低温，刷新了当地自1992年以来日最低气温记录极值。低温雨雪天气使重庆城口县遭遇近21年以来最严重霜冻，多日出现的霜冻导致城口城区部分水管被冻破，居民饮水困难。2013年1月5日，全县损毁各类供水管道近70千米、闸阀近400只、水表近4300只(图5-23)，灾情涉及地域范围非常大。目前，相关部门已全力开展排查抢修工作。

典型案例2　2011年1月，重庆市武隆县和顺镇因天气寒冷，连续十多天的低温导致和顺镇的水管被冻开裂，全镇被迫断水。由于修复水管需要一段时间，在此期间，全镇1200多位居民的生活用水便成了一个难题。为此，大家只好上山打来冰块，待其融化后，再将冰水用于洗衣做饭。而这样“靠天喝水”的生活，居民们一过就是半月之久。为解决当地居民“饮水难”的问题，2011年1月10时，武隆县消

图 5-23　水管、闸阀、水表被冻毁

防中队出动 1 辆消防车、4 名消防官兵，为和顺镇居民送来了 8 吨生活用水。消防车刚开到送水地点，居民们就提来水桶、端来脸盆，在车前排起了长队（图 5-24）。提起沉甸甸的清水，大家无不露出笑容："太感谢消防战士们了，断了这么久的水，现在终于有水喝了！"

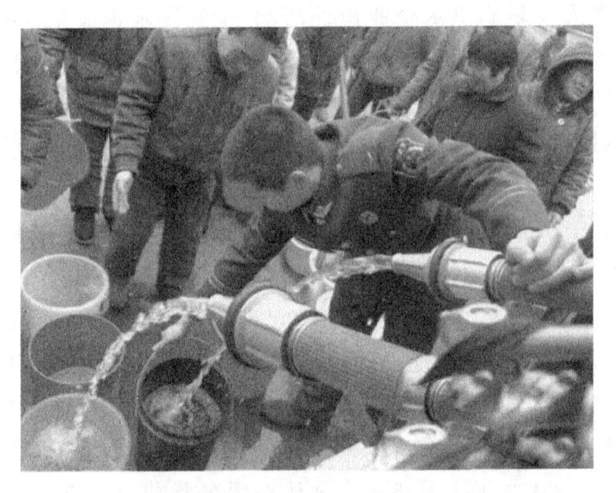

图 5-24　武隆县消防中队为和顺镇居民送生活用水

上述典型案例表明：供水企业的各部门需高度重视低温冷害天气引发供水企业安全事故风险防范工作。

三、城镇供水企业低温冷害天气风险识别分析

供水企业低温冷害天气风险识别分析如表 5-19 所示。

表 5-19　供水企业低温冷害天气风险识别

事件	描述		
	风险原因及事件描述	后果描述	
		影响形式	主要影响对象
低温冷害灾害天气	1.低温冷害天气容易造成供水企业管网地表面的输送水管、闸阀、水表发生冻结，甚至被冻爆裂	直接	造成供水企业不能给用户正常供水，导致严重财产损失和社会影响
	2.低温冷害天气可能导致供水企业所在地区的供配电系统的线路断裂和线路铁塔垮塌，造成供水企业停电	直接	造成供水企业停产
	3.低温冷害天气引起因“冰闪”跳闸而发生输电线路故障，造成供水企业电力设施失常，甚至停电	间接	可能干扰供水企业正常的生产秩序和生产活动，甚至导致供水企业安全生产事故
	4.低温冷害影响供水企业所地区的交通正常运行	直接	影响职工正常上下班，有时甚至威胁职工生命安全
	5.低温冷害天气造成煤电供应紧张，影响正常供电，有可能造成供水企业停电	间接	可能干扰供水企业正常的生产秩序和生产活动
	6.低温冷害天气易引发多种感冒等疾病	直接	影响职工身体健康
	7.低温冷害天气影响供水企业户外活动	直接	影响供水企业正常的生产秩序
	8.低温冷害天气形成的雪灾容易诱发建筑物屋顶坍塌	直接	威胁职工生命安全
	9.低温冷害天气室内煤炉取暖易诱发职工一氧化碳中毒事故	直接	威胁职工生命安全

四、城镇供水企业低温冷害天气风险特征分析

(一)供水企业低温冷害天气风险出现可能性分析

供水企业低温冷害天气风险出现的可能性体现了供水企业及其职工在低温冷害天气的暴露频繁程度，也即供水企业气象灾害风险评估的实用模型——CQGSMES模型的 E_5 参数。根据供水企业所在地气象历史资料统计分析低温冷害天气出现频率为0.173%。因此依据第四章 E_K 参数的选择原则，供水企业气象灾害风险评估的实用模型——CQGSMES模型的 E_5 参数为0.231。

(二)供水企业低温冷害天气风险防御能力分析

供水企业低温冷害天气风险防御能力主要是指供水企业针对低温冷害引发供水企业安全事故的风险采取防御的工程性和非工程性控制措施 M_5，因此分析这些

措施针对供水企业防御低温冷害天气引发供水企业安全事故的风险是否科学合理、完整可靠，可评估供水企业防御低温冷害天气风险能力，根据供水企业防御低温冷害天气风险能力——供水企业应对低温冷害天气事件引发安全事故的控制措施（表 5-20）和第四章 M_K 参数选择原则，供水企业气象灾害风险评估的实用模型——CQGSMES 模型的 M_5 参数为 3。

表 5-20　供水企业应对低温冷害天气事件引发安全事故的控制措施表

措施类别	应采取的控制措施	有无措施	措施状态
预防措施	1. 供水企业将防御低温冷害的安全气象保障工作已纳入安全稳定工作，层层分解落实供水企业安全气象保障工作目标任务和责任 2. 供水企业每年组织一次有关专家开展供水企业低温气象灾害隐患排查工作，并且发现隐患都及时治理 3. 供水企业明确了负责安全稳定的领导分管低温气象灾害防御工作，并纳入了供水企业应急值班范畴 4. 供水企业开展了低温气象防灾减灾知识和避险自救技能科普宣传，重点普及低温冷害天气防御感冒、防一氧化碳中毒、防道路结冰诱发交通安全事故等知识和低温冷害天气供水企业交通运输车辆行驶安全教育 5. 供水企业建立了手机安全气象预警预报信息接收终端，接到低温冷害预警预报信息，及时采取防御低温冷害措施	有	有效
减轻事故后果的应急措施	1. 供水企业制定了防御低温气象灾害的应急预案 2. 供水企业储备了防御低温气象灾害的应急物资 3. 供水企业建立了低温气象灾害的工作档案，以便出灾之后查阅，迅速采取有效措施	有	有效

说明：是有无措施用“有”或者“无”回答；控制措施状态用“有效”“无效”回答

（三）供水企业低温冷害天气风险后果分析

供水企业低温冷害天气风险后果包括低温冷害天气事件引发供水企业安全事故导致人员伤害的情况（S_{15}）和造成供水企业的设施设备房屋等财产损失情况（S_{25}）。因此按照第四章 S_{1K}、S_{2K} 参数选择原则，供水企业职工人数以及供水企业 GDP，供水企业气象灾害风险评估的实用模型——CQGSMES 模型的 S_{15}、S_{25} 参数分别为 4、2。

（四）供水企业低温冷害天气风险等级判断

供水企业低温冷害天气风险等级包括低温冷害天气事件引发供水企业安全事故造成人员伤害的风险程度（R_{15}）和造成供水企业设施设备房屋等财产损失的风险程度（R_{25}）；因此，按照第四章 R_{1K}、R_{2K} 参数选择原则，供水企业职工人数以及供水企业 GDP，供水企业气象灾害风险评估的实用模型——CQGSMES 模型的计算公式，R_{15}、R_{25} 参数分别为 5，1。

根据上述供水企业低温冷害天气风险特征分析与评估结论，结合第四章评估实用模型 CQGSMES 的评估结论应用原则，该供水企业低温冷害天气引发供水企业安全事故的风险等级为五级，因此供水企业低温气象灾害敏感单位的类别应为四类。

五、城镇供水企业防御低温冷害天气风险的处置措施与对策建议

通过供水企业气象灾害风险评估的实用模型——CQGSMES 模型的评估、该供水企业属于四类低温气象灾害敏感单位，因此，依据《气象灾害敏感单位安全气象保障技术规范》关于“气象灾害敏感单位安全气象保障措施”的规定，供水企业防御低温冷害天气风险的处置措施与对策建议如下。

（一）低温来临前

（1）注意接收当地气象部门降温的最新信息，及时调整供水企业工作安排，适当减少户外活动，预防低温引起的感冒等疾病。

（2）对人员进行防寒指导，常备防治感冒等常用药物，并且提醒职工多穿衣服保暖。

（3）注意消除因低温冷害可能引发的安全隐患，如靠室内煤炉取暖的房间要做好通风措施。

（4）如山区可能出现道路积雪或道路结冰，通知供水企业工人出门最好穿防滑鞋。

（5）做好相关仪器设施的防寒保暖措施，保障设备安全运行。

（二）低温影响时

（1）通知供水企业工人在路上，要小心慢行，过马路要服从交通警察指挥疏导，建议少骑或者不骑自行车。

（2）供水企业尽量不要进行体育活动或露天集会，供水企业工人不要在有结冰的地面上行走，警惕冻伤信号，发现冻伤立即采取急救措施或就医。

（3）用暖水袋或热宝取暖，小心被灼伤，在室内生火取暖时，要谨防煤气中毒。

（4）供水企业车辆驾驶人员应当注意路况，安全行驶，特别是山区道路有积雪或道路结冰时必须采取防滑措施，慢速行驶。

（5）做好输送水管、闸阀、水表发生冻结，甚至被冻爆裂和停电的各项应急准备工作。

（三）采取有效的防低温冷害安全气象保障措施

严格按照第四章第八节关于“气象灾害敏感类别为四类的城镇供水企业气安全气象保障措施”的要求，采取防御低温冷害的安全气象保障措施。

第七节 城镇供水企业雷电灾害风险评估

一、城镇供水企业所在地雷电灾害天气时间特征分析

(一)雷暴日的年变化特征

雷电灾害是指由雷击造成的人员伤亡、仪器设备损毁及建筑物和文物古迹等的损坏。雷电灾害是“联合国国际减灾十年”公布的十种最严重的自然灾害之一,被称为“电子时代的一大公害”。雷电灾害有两类,一类为直接雷击灾害,另一类为感应雷击灾害,前者会直接击死、击伤人畜,击坏输电线、建筑物,甚至引发火灾。后者悄悄发生,不宜察觉,主要以电磁感应和过电压波的形式对微电子设备构成危害。两种形式的雷击尽管表现形式不同,但对供水企业的生命财产均构成严重威胁。而重庆市是全国多雷暴地区之一,每年因雷击造成数十人伤亡和上亿元的经济损失,其中 2002 年高达 2.7 亿元。1999 年 4 月 23 日永川市跳蹬河农贸市场商住楼雷击导致天然气调压箱爆炸燃烧,封锁通道,引起住户恐慌,72 家住户联名向永川市人民政府、永川市人大上告;2002 年 5 月 15 日 05 时 55 分,铜梁县重点粮库波沦粮管所存有 2000 余吨优质稻谷的 4 号仓库因雷击引起火灾;2005 年 4 月 21 日晚重庆市东溪化工厂因球雷引起爆炸,导致 31 人伤亡;2007 年 5 月 23 日 16 时重庆市开县义和镇兴业村小学遭到雷击,当场死亡 7 人,受伤 40 多人等。

图 5-25 是利用供水企业所在地雷暴日气象资料,分析了 1982—2012 年供水企业雷暴日的年变化。从年变化图上可以看出,在 1984 年、1998 年及 2005 年雷暴日较多,2001 年、2006 年以及 2009 年雷暴日较少。其他没有较明显的变化。供水企业所在地的年平均雷暴日高达 26.65 天。

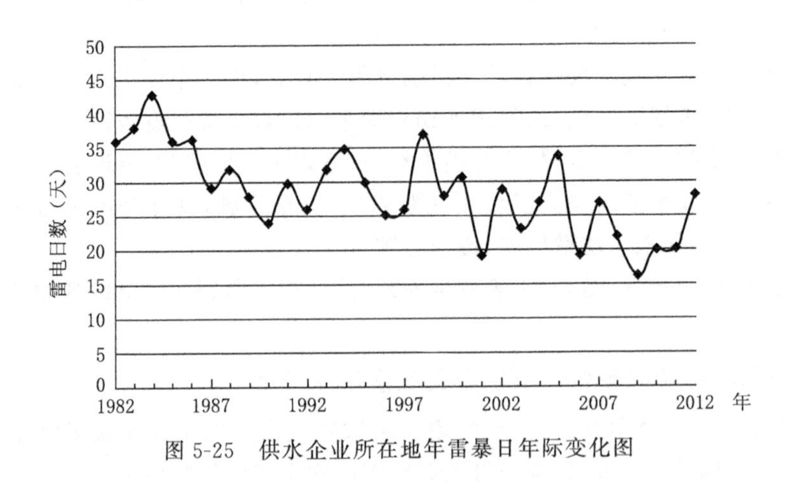

图 5-25 供水企业所在地年雷暴日年际变化图

(二)雷暴日的月变化特征

根据供水企业所在地1981—2010年的雷暴日月变化资料统计分析(图5-26),供水企业所在地的雷暴灾害性天气出现在1—12月,其中,1—3月、12月极少,以7、8月为多发月份。

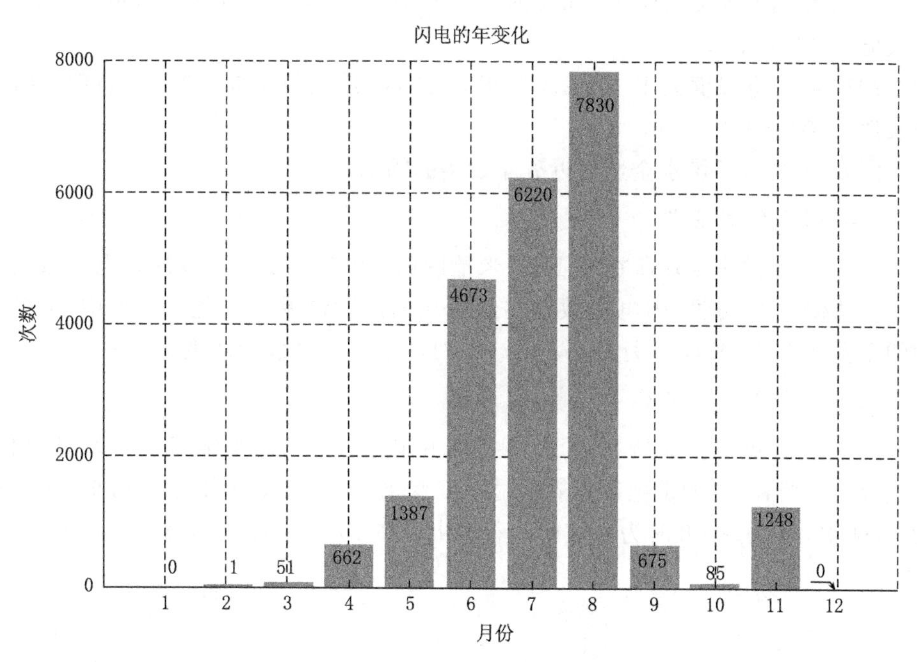

图5-26　供水企业所在地年雷暴日月际变化图

二、城镇供水企业所在地大气雷电环境特征分析

(一)闪电总体特征

以重庆铜梁区龙泽水务公司项目所在地为圆心,20千米范围之内2008年闪电总数为2659次,平均每天闪电次数为7.28;2009年闪电总数为5454次,平均每天闪电次数为14.94;2010年闪电总数为4720次,平均每天闪电次数为12.93;2011年闪电总数为2289次,平均每天闪电次数为6.27;2012年闪电总数为3942次,平均每天闪电次数为10.80;2013年闪电总数为3768次,平均每天闪电次数为10.32。

2008年闪电强度大于100 kA的正闪9次,最大值+529.8 kA,负闪98次,最大值−261.2 kA;

2009年闪电强度大于100 kA的正闪8次,最大值+171.5 kA,负闪135次,最大值−213.2 kA;

2010 年闪电强度大于 100 kA 的正闪 15 次，最大值＋167.3 kA，负闪 141 次，最大值－279.8 kA；

2011 年闪电强度大于 100 kA 的正闪 14 次，最大值＋485.6 kA，负闪 49 次，最大值－197.4 kA；

2012 年闪电强度大于 100 kA 的正闪 13 次，最大值＋264.9 kA，负闪 149 次，最大值－290.6 kA；

2013 年闪电强度大于 100 kA 的正闪 10 次，最大值＋203.3 kA，负闪 88 次，最大值－209.5 kA。

图 5-27 给出了供水企业附近五年发生的闪电。

(二)闪电的月变化

图 5-28 是供水企业所在地 10 千米范围内，2008－2013 年各月闪电总数的平均值。从图 5-28 可见，闪电次数存在着明显的波动性季节变化。一年中，雷电活动的多发期为 6—8 月，6 月最高，而 1—5 月和 9—12 月极少发生。

(三)闪电平均日变化

图 5-29 是供水企业所在地 10 千米范围内 2008－2013 年闪电平均日变化。通过分析表明，闪电的发生存在着明显的日变化。其中，峰值出现在 23 时，极大值为 2254 次，04 时和 08 时为高值区。谷值出现在 10 时左右，极小值为 149 次。

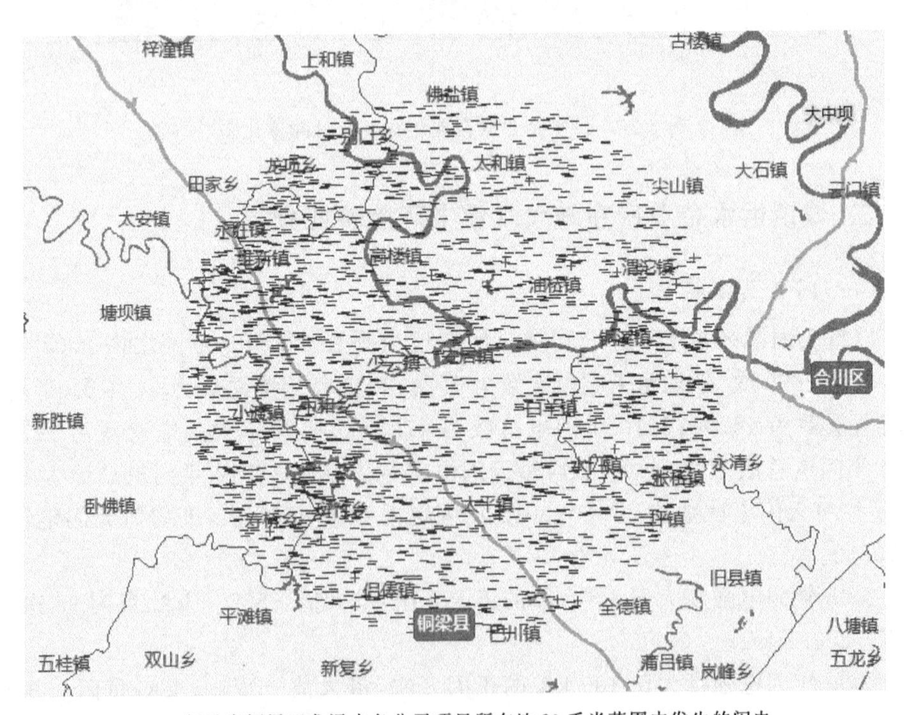

2008 年重庆铜梁区龙泽水务公司项目所在地 20 千米范围内发生的闪电

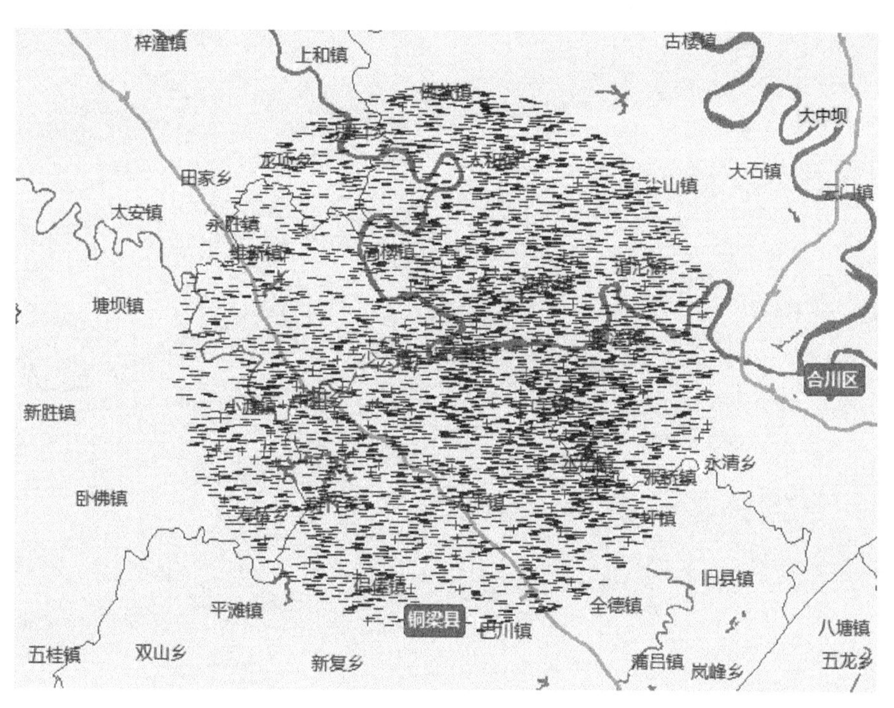

2009 年重庆铜梁区龙泽水务公司项目所在地 20 千米范围内发生的闪电

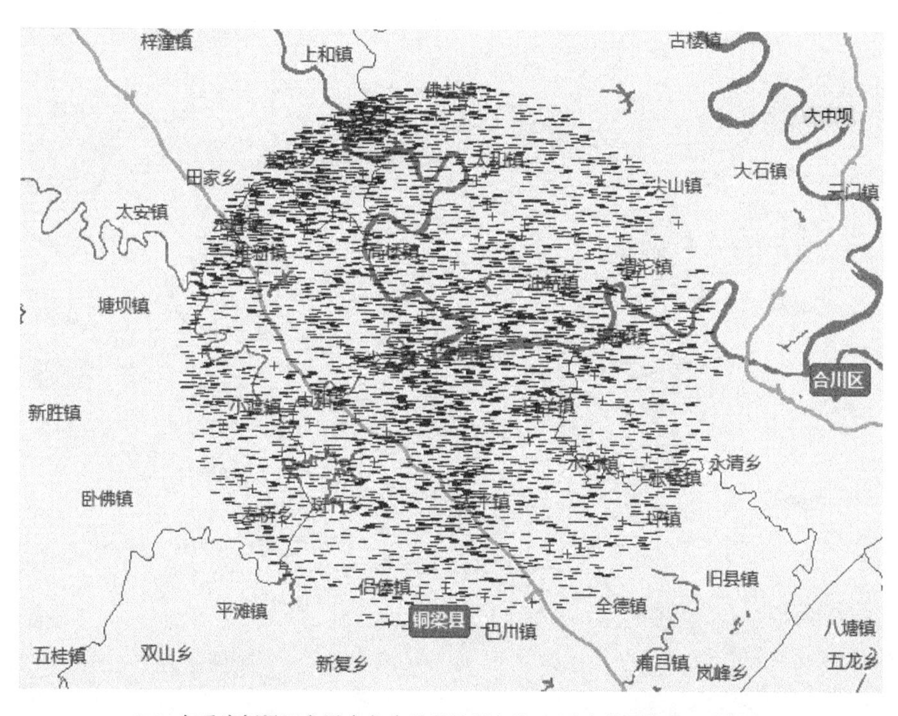

2010 年重庆铜梁区龙泽水务公司项目所在地 20 千米范围内发生的闪电

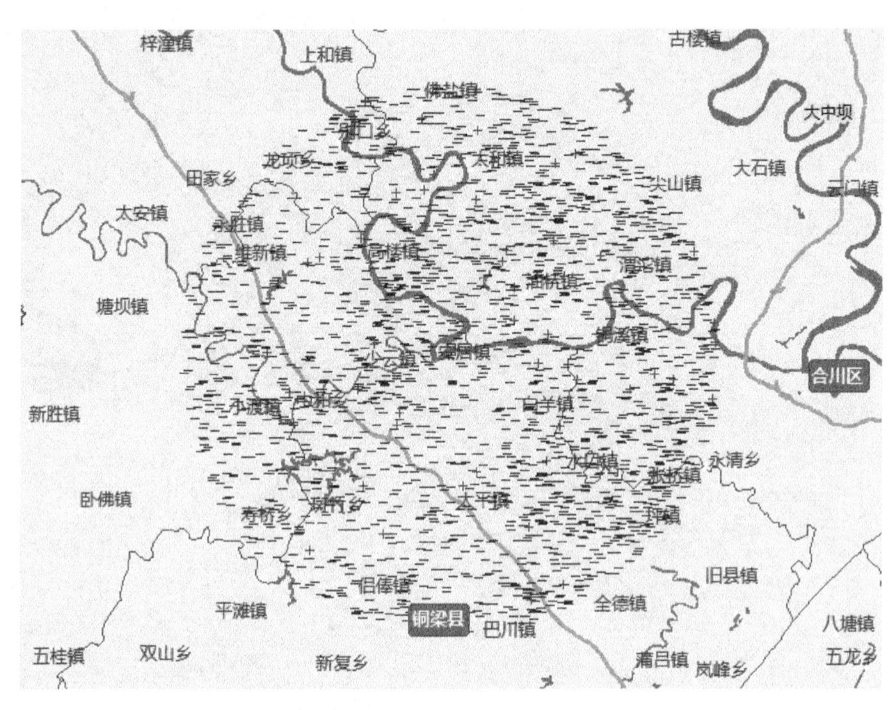

2011 年重庆铜梁区龙泽水务公司项目所在地 20 千米范围内发生的闪电

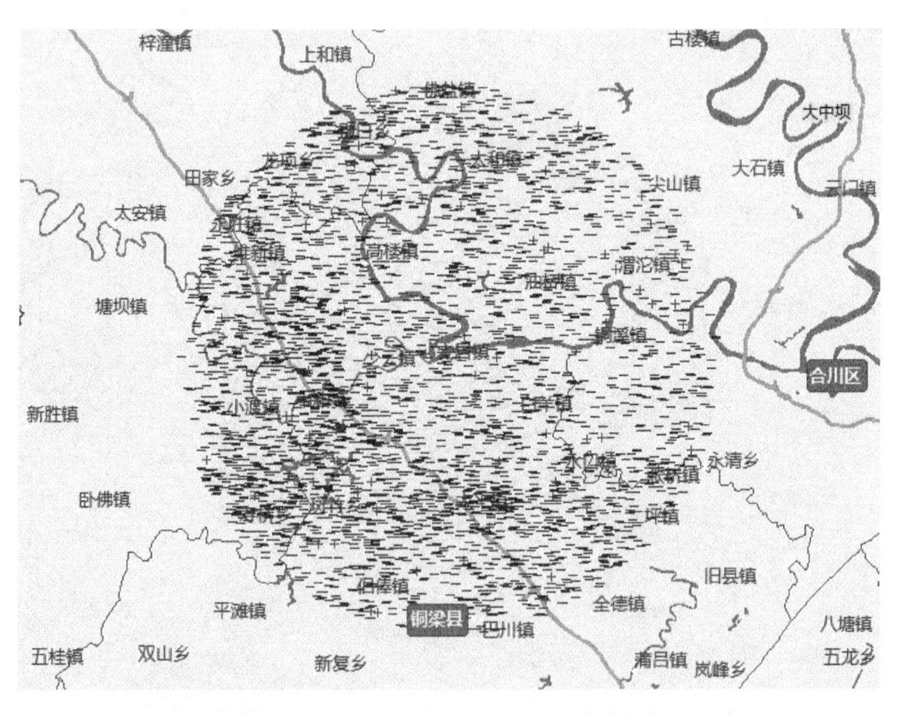

2012 年重庆铜梁区龙泽水务公司项目所在地 20 千米范围内发生的闪电

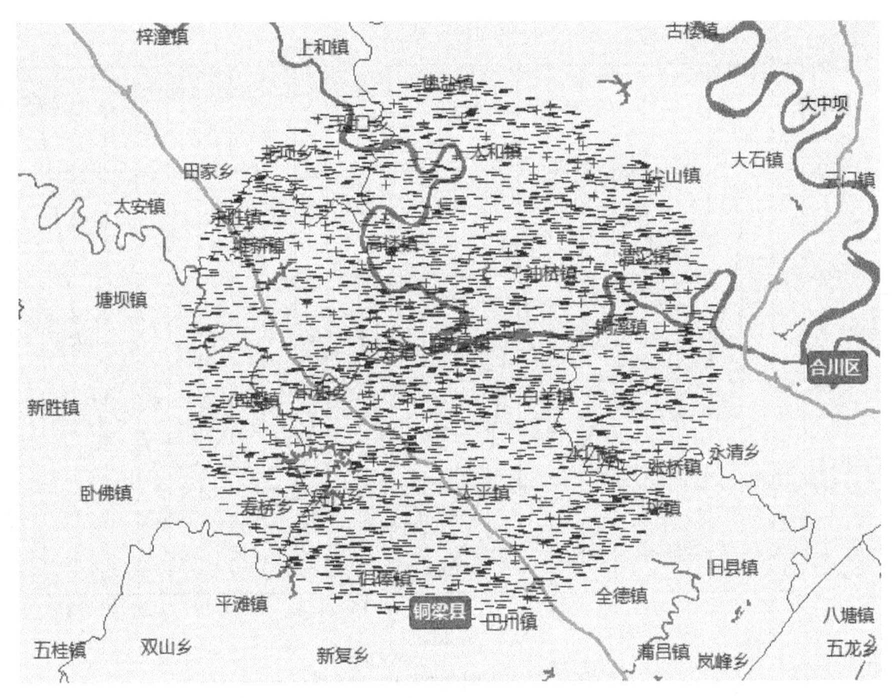

2013 年重庆铜梁区龙泽水务公司项目所在地 20 千米范围内发生的闪电

图 5-27 供水企业 20 千米范围内发生的闪电

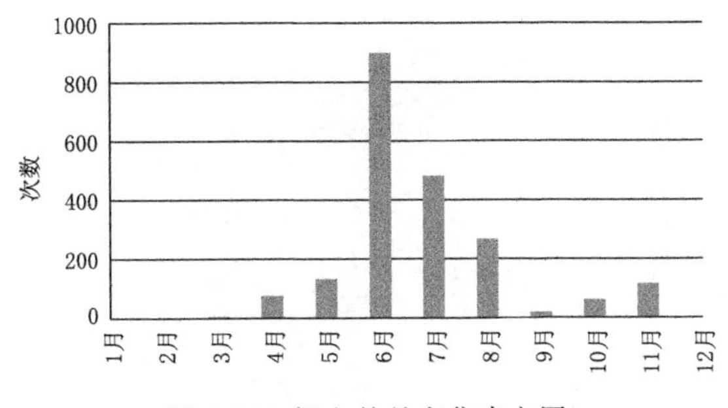

图 5-28 闪电的月变化直方图

(四)供水企业所在区地闪密度分布图

图 5-30 给出供水企业所在地 25 平方千米范围内的地闪密度分布图。从图 5-30 可知，供水企业所在地属于中雷电密度区，雷电密度为 71.1 次/年。

三、雷电灾害天气对城镇供水企业的影响分析

雷电灾害天气是供水企业所在地主要的灾害性天气之一，雷云对地放电，能够对供水企业的建筑物、生产设施、供电设施构成严重危害，其危害主要分为两类：直

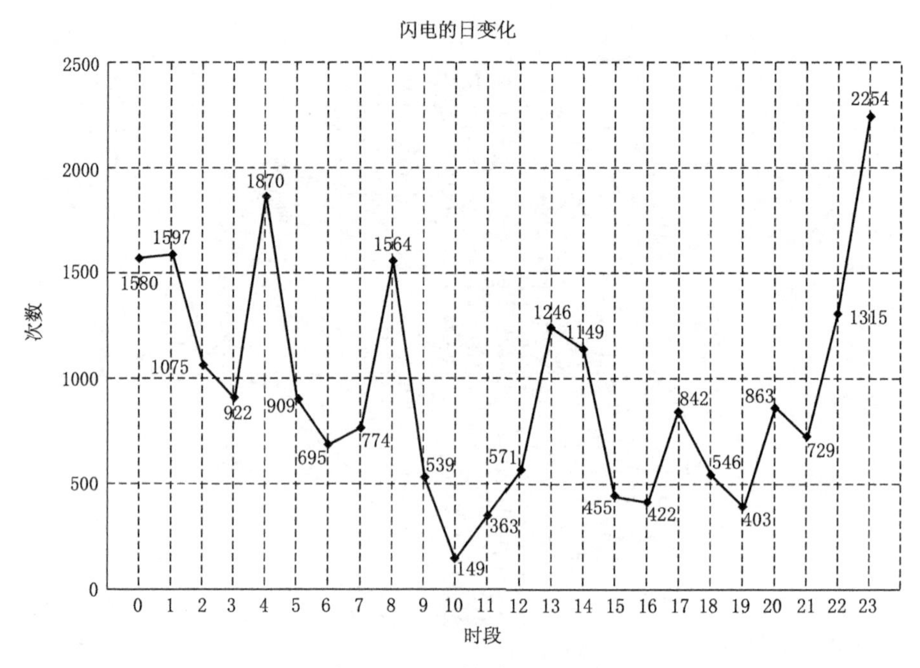

图 5-29　闪电的平均日变化

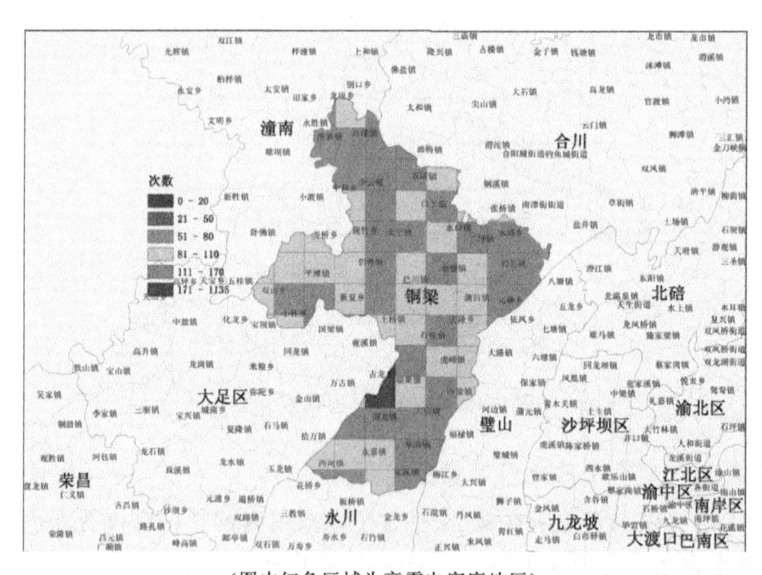

（图中红色区域为高雷电密度地区）

图 5-30　供水企业所在地雷电密度分布图(单位:次/(年·25 千米^2))

接危害和间接危害。直接危害主要表现为雷电引起的热效应、机械效应和冲击波等;间接危害主要表现为雷电引起的静电感应、电磁感应和暂态过电压等。雷电灾害天气给人民生活和工农业生产带来很大影响和危害，甚至危及生命，给供水企业正常生产带来不利的影响。这些不利影响和危害主要表现在以下几方面。

(1)雷云对地放电时，强大的电流从雷击点注入被击物体，其热效应可使雷击点周围局部金属熔化，当雷电击中堆放的易燃烧物质时，可引发火灾甚至爆炸；当雷电击中供水企业输电线路时，可将其熔断，导致供水企业停电停产；如果防护不当，有时甚至伤害露天工作人员的生命，带来更大的损失和灾难。

(2)雷电机械效应所产生的破坏作用主要表现为两种形式：电动力和内压力。众所周知，载流导体周围的空间存在着电磁场，在电磁场中的载流导体会受到电磁力的作用。雷击建筑物时，在电动力作用下，建筑物内的导体之间会相互吸引或排斥，引起变形，甚至会被折断。在被击物体的内部产生内压力是雷电机械效应破坏作用的另一种表现形式。由于雷电流幅值很高，作用时间很短，击中树木或建筑构件时，在其内部瞬时产生大量热量，在短时间内热量来不及散发出去，致使物体内部的水分被大量蒸发成水蒸气，并迅速膨胀，产生巨大的爆炸力，能够使被击树木劈裂、建筑构件崩塌，危及供水企业基础设施，威胁工人生命。

(3)雷电产生的冲击波类似于爆炸产生的冲击波。在雷云对地放电过程的回击阶段，放电通道中既有强烈的空气游离又有强烈的异性电荷中和，通道中瞬时温度很高，使得通道周围的空气受热急剧膨胀，并以超声波向四周扩散，从而形成冲击波。同时，通道外围附近的冷空气被严重压缩，在冲击波波前到达的地方，空气的密度、压力和温度都会突然增大，产生剧烈振动，可以使其附近的建(构)筑物遭到破坏，工人受到伤害。

(4)雷电的静电感应和电磁感应作用均属于雷电的间接危害。当空间有带电的雷云出现时，雷云下的地面及建筑物等，都因静电感应而带上相反的电荷。从雷云的出现到发生雷击(主放电)所需时间相对于主放电过程的时间要长得多，雷云下的地面及建筑物等有充分的时间累积大量电荷。当雷击发生后，局部地区的感应电荷不能在同样短的时间内消失，形成局部高电压。这种由静电感应产生的过电压对接地不良的供水企业仪器设备和电子系统、电气系统有很强破坏作用，常常影响电子电气设备的正常工作。对于供水企业一旦发生雷击事故，将给人员的安全带来严重威胁，造成主要设备以线路损坏，并引起供电中断，进而可能引发供水企业的供水系统事故。雷电的电磁感应同时还可使接地不良的金属器件之间发生火花，由于供水企业生产中储存、运输、使用的易燃易爆、有毒有害物质，比如氯气，一旦出现火花放电，容易诱发火灾甚至爆炸，对整个供水企业生产场地都有着严重威胁。

(5)雷电流具有很高的峰值和波前上升陡度，能在所流过的路径周围产生很强的暂态脉冲电磁场，处在该电磁场中的导体会产生感应过电压(流)。建筑物内通常敷设着各种电源线、信号线和金属管道(如供水管、供热管和供气管等)，这些线路和管道常常会在建筑物内的不同空间构成环路。当建筑物遭受雷击时，雷电流沿建筑物防雷装置中各分支导体入地，流过分支导体的雷电流会在建筑物内部空间产生暂态脉冲电磁场，脉冲电磁场交链不同空间的导体回路，会在这些回路中感应出过电压和过电流，导致设备接口损坏。雷电流产生的暂态脉冲电磁场不仅能在建筑物内的导体回路中感应过电压和过电流，而且也能在建筑物之间的通信线路中感应出过电压和过电流，现在供水企业生产自动化水平越来越高，一般都设有监控中心，局域网、远程数据终端、闭路电视网络、各种供水企业用传感器和机电控制设备等都连接到监控中心。这些弱电设备的冲击耐受电压都非常低，雷击时电磁脉冲产生的过电压过电流会在附件导体上产生过电压或过电流，轻者造成自动化设备损坏，重者导致系统中断，将会严重影响供水企业的正常生产，造成巨大的损失。

典型案例 1 2010 年 4 月 20 日晚 10 时，一阵电闪雷鸣后，重庆市沙平坝区大学城供水的长江取水设施被雷电损坏，同时大学城的备用水源因干旱蓄水量锐减，加之供水管道被施工破坏，造成大学城出现大面积停水，使大学城范围内的所有大学以及陈家桥镇、土主镇等地共 20 万市民，从 20 日晚 10 时左右起停水 40 余小时。事故发生后沙坪坝消防支队大学城中队的消防战士从 4 月 20 日晚开始利用消防车向居民和学生送水(图 5-31)。

图 5-31　消防车向居民和学生送水现场

同时大学城水务公司立即启动了石马山水库、杨家沟水库和九龙坡区马家沟水库的备用水源，而三座水库必须同时联动，才能保证大学城的正常供水。但不幸的是，由于前段时期的干旱，导致石马山和杨家沟水库蓄水量较往年不足，不能正常供应。更不幸的是 20 日晚，大学城西永微电园安置区施工，将供水主管道破裂，致使本来就供应不足的水源再次流失，直到 21 日，大学城水务公司才找到破裂管道位置，进行抢修。22 日凌晨 4 时，被雷击损坏的取水设施抢修完成，已恢复正常，但需要等到主水管网全部充满水后，居民才能从水管中放出水来。预计 22 日下午，大学城及周边地区供水就能完全恢复正常。

典型案例 2 2007 年 7 月 16 日至 20 日期间，重庆水厂遭雷击 30 万人断水，居民接雨水洗脸。

由于重庆市遭受雷雨大风天气袭击，重庆市丰收坝水厂、和尚山水厂、沙坪坝水厂中渡口取水趸船出现取水困难，南岸、双碑部分地区出现停水、取水困难、爆管等情况。

重庆市自来水公司已全面启动防洪防汛应急预案，预警等级达到红色状态。据统计，约有 30 万市民用水受到影响。截至 2007 年 7 月 19 日 18 时，重庆南岸、大渡口大部分地区供水基本恢复正常。

在 2007 年 7 月 18 日的雷雨大风天气中，重庆丰收坝水厂两根专用电线被雷击中，制水车间因断电而停止了工作，导致大渡口区万余户居民从 18 日早上 8 时起至 19 日下午 6 时，停水 42 小时。其间，该区八桥消防中队紧急出动消防车，陆续为居民送去 100 余吨清水"解渴"。

19 日中午，当记者来到该区大堰一村时，看见提着各式水桶、盆和锅具的市民排成了 100 多米的长龙，有序地接消防车送到的清水。"因为没有事先通知，所以家里一点水都没存。"钟女士说。居民们称，由于停水时间很长，在消防车没来之前，很多居民都用桶接雨水来冲厕所甚至用来洗脸。

据八桥消防中队官兵称，19 日他们紧急为居民调来了 100 多吨水，分别在革新村、大堰一村和渝钢村进行供应，暂时解决居民基本用水需求。

到 20 日，重庆丰收坝水厂仍在进一步抢修中。当地居民用水主要依赖杨家坪和尚山水厂供水，但又因为大渡口迎春桥附近一直径 1400 毫米的输水管道(丰收坝水厂供水管道)受暴雨导致公路塌方的影响，管道悬空，水厂不敢开足马力供水，因而大渡口大堰、革新村、跃进村地区用水仍未恢复。

沙区 百吨漂浮物堵取水口

19 日，记者在石门大桥下看到，100 余吨漂浮物包围了沙坪坝汉渝路水厂的中渡口取水趸船。为了确保水质不受影响，取水趸船已从前日开始停止运行，40 余工人轮流清淤。

据记者目测，"垃圾山"厚约 3 尺，坚实得像一艘小船的"垃圾山"随着波浪上下起伏。"我们从 17 日开始停止取水，主要是担心水质被污染。"据工作人员介绍，由于沙坪坝新水厂调水，沙区汉渝路附近居民用水在 30 多个小时内并未受影响。预计，汉渝路水厂中渡口取水趸船有望在今日恢复取水。

19 日上午，有市民向重庆时报反映，双碑远祖桥地区停水、停电已经两天。经调查，发现为远祖桥片区供水的双碑水厂，有一直径 200 毫米的供水管道在 16 日因山体滑坡被压断。水厂抢修工人在下午6时，关闭了水管闸阀，当地500余户近千市民遭遇停水。沙坪坝供电局介绍，双碑、井口地区多条输电线路几乎全线“阵亡”，抢险人员正在寻找线路故障点，以期早日恢复供电。

九龙坡 和尚山水厂脱险

17日凌晨，重庆和尚山水厂一度被积水围困，主城3区80万居民日常用水受到威胁。19日，水厂经紧急抢险后脱险。

和尚山水厂位于杨家坪上江城住宅小区附近，地势相对较低。用于取水的深井车间遭积水围困，杂物堆积，随时有被堵塞的危险。待抢险人员将沙包堆好，仍不能阻止水位继续上涨，二级加压车间外险象环生。和尚山水厂有关人士介绍，截止到19日14时许，积存了近30个小时的积水才基本排光。由于抢救及时，水厂的供水并未受到影响，19日的供水量依旧达到了20万吨，水质合格，大家可以放心饮用。

南岸仍有部分市民无水可用

据了解，18日因供电线路遭雷击，造成自来水南岸上新街黄三级、五级加压站停运，黄桷垭等地市民无水可用。随着19日16时左右电力线路的恢复，黄桷垭等地市民得以恢复供水。市民反映的南岸四公里片区停水两天，则是因为附近供水管道被塌方的巨石砸断，抢险人员目前仍在寻找事故点。

一天5万余电话“打爆”电力热线

连日暴雨、雷电，让主城近50万市民用电受到不同程度的影响。19日，记者从市电力公司客户服务中心获悉，自16日以来，市民咨询、报修电话猛增，该中心已进入“黄灯”状态，“17日的电话呼入总量，已经创下‘95598’电力客户服务热线自2002年开通以来的历史新高。”

据悉，近两日主城各大供电局供电线路普遍都有50余条以上的电力线路出现故障。“从16日雷电暴雨抵达重庆起，最近两天的电话呼入量是平常的10倍以上。”据统计，17日“95598”电话呼入量共计53262个，比去年迎峰度夏期间最高呼入量还多出16427个。“从20日0时到16时，市民电话呼入量也已达到15000个。”

20日南岸、巴南电力基本恢复。19日上午，受强降水影响，我市在18日遭遇雷击的电力线路、水管爆裂抢修恢复工作进展缓慢。但随着午后市区降雨出现短暂停歇，近千名电力、自来水抢修工人再度投入到进一步抢险中。

南岸供电局有关人士介绍，“在16、17日两天的雷雨中，我们供电辖区南岸、巴南、江津就共有82条线路受到影响。其中开关跳闸42条，南滨印象、美心、绿岸今朝等配电房进水转备用20条，政府组织排危抢险主动停电10条，三相不平衡接地转为备用10条。截至18日下午，已有70条次线路恢复供电，4条线路部分恢复供电。另有8条线路因电缆分支箱被车撞翻、山洪暴发、山体滑坡等正在故障处理中。”此次雷电带来的电力灾害是今年以来最大的一次，估计仅南岸、巴南、江津部分就有15万市民用电受到影响。

基于上述不利影响和典型案例，依据《气象法》、《气象灾害防御条例》（国务院令第 570 号）、《重庆市气象条例》、《重庆市气象灾害防御条例》、《重庆市防御雷电灾害管理办法》（重庆市人民政府令第 78 号）、《重庆市气象灾害预警信号发布与传播办法》（重庆市人民政府令第 224 号）、《重庆市人民政府关于进一步明确安全生产监督管理职责的决定》（渝府发〔2009〕80 号）等法律法规和规范性文件精神，以及《气象灾害敏感单位安全气象保障技术规范》和其他相关法律法规及技术规范要求，供水企业各部门需高度重视供水企业雷电灾害天气引发供水企业安全事故风险防范工作。采取相应的工程性措施及非工程性措施应对雷电灾害风险，并加强防雷科普宣传，加强防雷安全管理，建立雷电灾害应急预案，做好相应防范对策措施。

四、城镇供水企业雷电灾害性天气风险识别分析

供水企业雷电灾害性天气风险识别分析如表 5-21 所示。

表 5-21　供水企业雷电灾害性天气风险识别

事件	描述		
	风险原因及事件描述	后果描述	
		影响形式	主要影响对象
雷电灾害天气	1. 雷电影响供水企业所在地变配电系统，容易造成工矿停产	直接	造成供水企业停产
	2. 雷电容易引发人身伤害安全事故	直接	威胁工人生命安全
	3. 雷电容易破坏供水企业生产设施和供电设施	直接	造成供水企业停产
	4. 雷电容易破坏供水企业生产自动控制、监测系统的电子仪器装备	间接	可能干扰供水企业正常生产运输
		直接	危及工人生命安全
	5. 雷电容易毁坏供水企业生产通信系统	间接	影响供水企业正常的生产
	6. 雷电容易引发供水企业生产中储存、运输、使用的易燃易爆、有毒有害物质燃烧甚至爆炸	直接	危及工人生命安全
	7. 雷电影响供水企业户外活动	直接	影响供水企业正常的生产秩序，有时甚至造成人员生命安全

五、城镇供水企业雷电灾害天气风险特征分析

（一）供水企业雷电灾害易损性风险区划

1. 雷电灾害易损性风险评估指标

（1）雷击密度 M

雷击密度是指单位面积内所发生的雷电数量。它是反映雷电次数的一个重要指标，雷击密度大，说明区域孕灾环境复杂、致灾因子活跃，承载体易损性大。

$$M=0.024N^{1.3}$$

式中，N 为区域年平均雷暴日，根据供水企业所在地气象台、站确定。

(2)雷电灾害频数 P

雷电灾害频数是指供水企业所在区域内每年发生灾害次数，表示区域雷电灾害发生频率和次数高低。它客观反映区域易损性情况，是进行承灾体易损性分析的一个重要指标。

$$P=N_1/年数$$

式中，N_1 为区域雷电灾害次数。

(3)经济(GDP)损失模数 D

$$D=D_S/S$$

经济损失模数 D 表示供水企业所在区域发生雷电灾害时单位面积上的经济损失，单位为万元/平方千米；D_S 为区域雷电灾害经济损失额，单位为万元；S 为区域面积，单位为平方千米。该指标因为是考虑区域单位面积上的经济损失，比较客观地反映了区域的经济易损情况，因而可以全面反映区域雷电灾害损失程度和损失分布情况，并间接地反映了区域防御雷电灾害、抵抗雷电灾害能力和可迅速恢复能力。

(4)生命易损模数 L

$$L=L_S/S$$

生命易损模数 L 表示供水企业所在区域发生雷电灾害时单位面积上受危害人口数量，单位为人/平方千米；L_S 为区域受到雷电灾害危害人口数量，单位为人；S 为区域面积，单位平方千米。该指标客观反映区域生命对灾害的敏感性，也间接地反映区域防御和抵抗雷电灾害的能力。

2. 雷电灾害易损性风险综合评估指标等级

雷电灾害易损性主要体现了该区域未来因雷电造成的可能损失量的高低，区域综合易损度采用极高、高、中、低、极低五个等级来描述，等级标准如表 5-22 所示。

表 5-22　区域综合易损度评估指标及其等级表

评估指标	极高(1.0)	高(0.8)	中(0.5)	低(0.2)	极低(0.0)
雷击密度	＞9.0	9.0～8.0	8.0～7.0	7.0～6.0	＜6.0
雷电灾害频数	＞200	200～150	150～100	100～50	＜50
经济损失模数	0.10	0.10～0.08	0.08～0.05	0.05～0.03	＜0.03
生命易损模数	＞400	400～300	300～200	200～100	＜100

3. 供水企业所在地区雷电灾害易损性分析指标

供水企业所在地区雷电灾害易损性分析指标如表 5-23 所示。

表 5-23 供水企业所在地区雷电灾害易损性分析指标

指标	雷击密度（天/年）	雷电灾害频度（次/年）	经济损失模数（万元/平方千米）	生命易损模数（人/平方千米）
供水企业所在地	6.40	150	0.02	698.1

4. 重庆市雷电灾害易损性风险区划图

根据重庆市雷电灾害易损性风险分析指标、综合易损性风险指标等各种雷电灾害要素，生成了重庆市雷电灾害易损性风险区划图（图 5-32）。

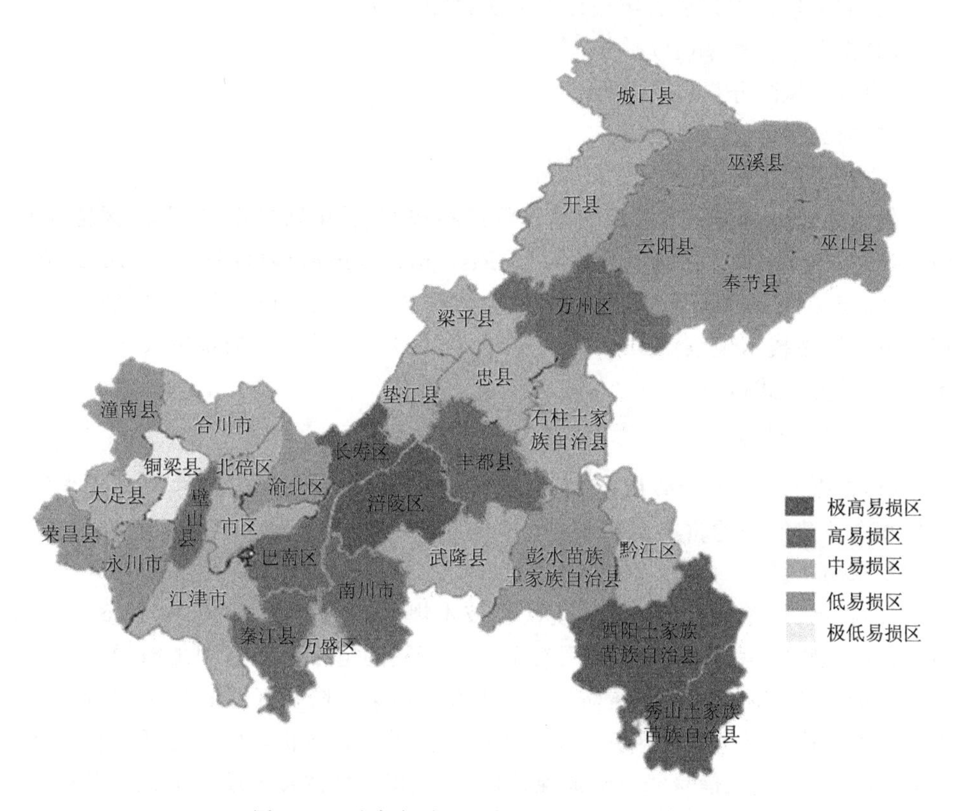

图 5-32 重庆市雷电灾害易损性风险区划图

5. 供水企业所在地区雷电灾害易损性风险评估结果

该供水企业在重庆市铜梁区内，其雷电灾害易损性风险综合评估结果如表 5-24 所示。

表 5-24 供水企业所在地雷电灾害易损性风险综合评估结果表

指标	雷击密度指标	雷电灾害频度指标	经济损失模数指标	生命易损模数指标	雷电灾害综合易损性指标
供水企业所在地	0.2	0.2	0.0	1.0	0.125

根据上述综合易损度的评估结果，采用 5 级分区法将重庆市划分为雷电灾害极低易损区、低易损区、中易损区、高易损区和极高易损区 5 个不同易损区域，各区域的雷电灾害综合易损值分别为 0.00～0.10，0.10～0.29，0.29～0.49，0.49～0.69，0.69～1.00。因此，该供水企业所在的铜梁区属于低易损区。

（二）供水企业雷击损害风险评估

供水企业可能存在的雷击损害风险，主要包括以下内容：

(1)建筑物年预计雷击次数(N_D)；

(2)雷击建筑物附近的年预计雷击次数(N_M)；

(3)雷击损害概率(P)；

(4)雷击风险分量(R)；

(5)损失后果(L)；

(6)雷电防护等级。

供水企业雷电灾害风险评估计算将严格按照《雷电防护第二部分：风险管理/Protection against Lightning—Part 2：Risk management》(GB/T 21714.2-2008/IEC 62305-2：2006 IDT)、《雷电灾害风险评估技术规范》(QX/T85—2007)、《雷电灾害风险评估技术规范》(DB50/214—2006)等技术标准规定的雷电灾害评估的技术方法、计算公式执行。

（三）评估结论

(1)根据 GB/T21714/IEC62305 系列标准，通过对数据的计算及比较最终确定供水企业建筑物的雷电防护按照《建筑物防雷设计规范》(GB5007—2010)的第二类要求防护。

(2)根据《建筑物电子信息系统防雷技术规范》(GB50343—2004)第 5.4.2 条：“进、出建筑物的信号线缆，宜选用有金属屏蔽层的电缆。并宜埋地敷设。在直击雷非防护区($LPZ0_A$)或直击雷防护区($LPZ0_B$)与第一防护区(LPZ_1)交界处。电缆金属屏蔽层应做等电位连接并接地。电子信息系统设备机房的信号线缆内芯线相应埠，应安装适配的信号线路浪涌保护器，浪涌保护器的接地端及电缆内芯的空线对应接地。”的规定供水企业生产自动控制系统、监控系统、通信系统等电子信号系统宜安装相应的信号 SPD。

（四）供水企业雷电灾害天气风险等级判断

基于前面评估结论，供水企业建筑物雷电防护需按照第二类防雷建筑物要求防护，因此供水企业建筑物均升级为第二类防雷建筑物。故对应供水企业雷电灾害风险源引发的供水企业安全事故造成人员伤害的风险程度(R_{11})和造成供水企业设施、设备、房屋等财产损失的风险程度(R_{21})为三级，取值分别为 50 和 6。

根据上述供水企业雷电灾害天气风险特征分析与评估结论，结合第四章评估实用模型 CQGSMES 的评估结论应用原则，该供水企业雷电灾害天气引发供水企业安全事故的风险等级为三级，故供水企业雷电气象灾害敏感单位的类别应为三类。

六、城镇供水企业防御雷电灾害天气风险的处置措施与对策建议

通过《雷电防护第二部分：风险管理/Protection against Lightning—Part 2：Risk management》(GB/T 21714.2—2008/IEC 62305-2:2006 IDT)、《雷电灾害风险评估技术规范》(QX/T85—2007)、《雷电灾害风险评估技术规范》(DB50/214-2006)等系列标准的供水企业雷电灾害风险评估，该供水企业属于雷电气象灾害敏感单位三类。因此，依据《气象灾害敏感单位安全气象保障技术规范》关于“气象灾害敏感单位安全气象保障措施”的规定，供水企业防御雷电灾害天气风险的处置措施与对策建议如下：

(一)实施雷电预警

根据目前雷暴预测手段和水平，实施雷电预警至少可有效将遭受雷击的危险降到 10%以下。因此，建议供水企业与当地气象主管机构联系实施雷电预警，并安装雷电预警信号接收终端。

雷电预警信号分三级，分别以黄色、橙色、红色表示。

(1)雷电黄色预警信号：6 小时内可能发生雷电活动，可能会造成雷电灾害事故。

(2)雷电橙色预警信号：2 小时内发生雷电活动的可能性很大，或者已经受雷电活动影响，且可能持续，出现雷电灾害事故的可能性比较大。

(3)雷电红色预警信号：2 小时内发生雷电活动的可能性非常大，或者已经有强烈的雷电活动发生，且可能持续，出现雷电灾害事故的可能性非常大。

(二)防雷装置管理与维护

1. 管理

(1)防雷装置投入使用后，应建立管理制度。对防雷装置的设计、安装、隐蔽工程图纸资料、年检测试记录等，应及时归档，妥善保存。

(2)防雷产品(尤其是 SPD)的供应企业应提供产品质量保证承诺和服务承诺。

(3)雷电灾害发生后，应及时报告当地气象主管机构或防雷安全管理机构，配合其调查原因和雷灾损失，并会同设计、施工、维护等单位提出改进措施，并按规定填写雷电灾害报表。

(4)综合防雷设施投入使用后，因防雷装置维护或管理不当造成的设备雷击事故应该列入责任事故，不得列入自然灾害。

(5)与当地气象主管机构及防雷安全管理机构密切配合，加强供水企业工人的防雷安全知识培训，提高工人防雷安全意识，并建立雷电灾害事故应急处置预案。

2. 维护

(1)防雷装置维护分为周期性维护和日常性维护。

(2)防雷装置周期性维护的周期为一年,应在每年的雷雨季节前进行一次全面检测。

(3)日常性维护应在每次雷击之后进行,鉴于项目所处地域雷电活动强烈,应增加防雷装置(尤其是避雷器、SPD等)的检查次数。

(4)检测外部防雷装置的电器连续性,若发现有脱焊、松动和锈蚀等,应进行相应的处理,特别是在接地测试点,应对地网接地电阻进行测量。

(5)测试接地电阻,测试值大于规定时,应检查接地装置和土壤条件,找出变化原因,并采取有效措施进行整改。

(6)检查接闪带(网)、引下线、接闪杆的腐蚀情况及机械损伤,包括由雷击放电造成的损伤。若有损伤,应及时修复;锈蚀部位超过截面三分之一时,应更换。

(7)检测室内防雷设施和金属外壳、机架等电位连接地电气连续性,如发现连接处松动或断路,应及时修复。

(8)检查各类SPD(电涌保护器)的运用质量,有故障指示、接触不良、漏电流过大、发热、绝缘不良、积尘等情况时应及时处理。

(9)后期增加弱电系统时,应充分利用原有的屏蔽线槽布线,火灾建筑物内部分布置线路,不能沿建筑物外墙架设或绑扎在接闪带或接闪杆上。

(三)雷电灾害事故处置与急救

1. 雷电灾害事故处置

(1)发生雷击事故后,要第一时间启动应急预案,及时开展救助和妥善安置人员,并迅速撤离生产的工作人员到安全的地方,等待救援人员的到来。

(2)发生雷击事故后,应及时通知当地气象主管机构或防雷安全管理机构,由气象主管机构组织相关部门以及人员进行雷电灾害调查,做出雷电灾害的起因、影响、责任、经验教训等应进行分析、评估、调查和总结,作为今后制定应急预案参考。

(3)雷电灾害事故发生后,要组织人员对邻近的设备管线的防雷装置进行仔细检查,避免雷击频繁发生。

2. 雷击急救方法

雷击损害人体的生理效应大体有三种:一是强大的闪电脉冲电流通过心脏时,受害者会出现血管痉挛、心搏停止,严重时会出现心室纤维性颤动,使心脏供血功能发生障碍或心脏停止跳动;二是当雷电电流伤害大脑神经中枢时,使受害者停止呼吸;三是当强大的电流通过肌体时会造成电灼伤或肌肉闪电性麻痹,严重者导致死亡。

通常被雷击中者会发生心搏停止、呼吸停止的"假死"现象,如抢救及时,生还的概率在90%以上。因此,掌握雷击急救方法,及时施救非常关键。

(1)雷电灼伤急救

① 注意观察遭受雷击者又无意识丧失和呼吸、心搏骤停的现象，先进行心肺复苏抢救，再处理电灼伤创面。

② 如果伤者遭受雷击引起衣服着火，可往身上泼水，或者用厚外衣、毯子将身体裹住扑灭火焰。着火者也可在地上翻滚以扑灭火焰，或者爬入有水的洼地、池中熄灭火焰。

③ 电灼伤创面的处理，用冷水冷却伤口，然后盖上敷料。若无敷料可用清洁床单、被单、衣服等将伤者包裹后转送医院。

④ 原则上就近转送当地医院。如当地无条件治疗需要转送时，应掌握运送时机，要求伤者呼吸道畅通，无活动性出血，休克基本得到控制，转运途中要输液，采取抗休克措施，并注意减少途中颠簸。

(2)“假死”人工呼吸急救

遭受雷击者出现雷击“假死”现象时，要立即组织现场抢救，将伤者平躺在地，进行口对口(鼻)人工呼吸，同时要做心外按摩。抢救的同时要立即拨打120急救电话，通知急救中心派专业人员对受伤者进行有效的处置和抢救。

① 口对口(鼻)人工呼吸急救法

a. 使遭受雷击者仰卧，迅速揭开其衣扣，松开紧身的内衣、腰带，头不要垫高，以利呼吸。使其头侧向一边，掰开其嘴巴，并清除其口腔中的痰液或血块。

b. 使其头部尽量后仰、鼻孔朝上，下颚尖部与前胸部大体保持在水平线上，这样舌根才不会阻塞气道。

c. 救护人员跪蹲在被救者一侧，一只手捏紧其鼻孔，另一只手使其嘴巴张开，准备吹气。

d. 救护人深吸气后，紧贴被救者嘴巴吹气，吹气时要使被救者的胸部膨胀，对成年人每分钟大约吹气14～16次；对儿童每分钟大约吹气18～24次，不必捏鼻孔，让其自然漏气。

e. 救护人换气时，要放松被救者的嘴巴和鼻子，让其自动呼吸。

f. 在人工呼吸过程中，若发现被救者有轻微的自然呼吸时，人工呼吸应与自然呼吸的节律一致。

g. 当正常呼吸有好转时，可暂停人工呼吸数秒并密切观察，若正常呼吸仍不能完全恢复，应立即继续进行人工呼吸。

② 胸外心脏按压法

a. 使遭受雷击者仰卧在坚实的地面或木板上，救护姿势与口对口人工呼吸发相同，使呼吸道畅通，以保证挤压效果。

b. 救护人跪蹲在被救者腰部一侧，或跨腰跪在其腰部两侧，两手向叠。手掌根部放在被救者心窝稍高，两乳头间略低，胸骨下三分之一处。

c. 救护者两臂肘部伸直，掌根略带冲劲地用力垂直下压，压陷深度 3-5 厘米，压出心脏里的血液。成人每秒钟压一次。对儿童用力要稍轻，以免损伤胸骨，每分钟挤压次数 100 次为宜。

d. 挤压后掌根应迅速全部放松，让被救者胸廓自动复原，血液又充满心脏，放松时掌根不必完全离开胸廓。

e. 采用胸外心脏按压法容易引起肋骨骨折，因此，压胸的位置和力的大小，都要十分注意。

3. 雷电灾害事故疏散

(1)建立警戒区域

雷电灾害事故发生后，应及时建立警戒区，并将通往事故现场的道路实行交通管制，除消防、应急处理人员必须进入外，其他人员严禁进入警戒区。

(2)紧急疏散

本着先救人，再救物的原则，迅速将警戒区及事故区域的伤员及无关人员撤离，以减少不必要的人员伤亡。紧急疏散时应注意进入事故现场救援要戴好个人防护用品或采用有效的防护措施，并有相应的监护措施。

(3)火灾控制

① 一旦雷电灾害事故引发火灾，操作人员要在火灾尚未扩大到不可控制之前，迅速、及时地将火灾扑灭。

天然气灭火——抗溶性泡沫、干粉、二氧化碳、砂土。切断气源。

硫黄灭火——冷却容器，可能的话将容器从火场移至空旷处。

灭火剂——雾状水、抗溶性泡沫、干粉、二氧化碳、砂土。

② 在进行灭火的同时，必须对相邻的设备采取降温措施，以免引起连锁燃烧。

③ 要根据火灾的危险程度，事态的发展决定是单位自救还是请求社会支援，对较大的灾难性事故，依靠自身力量不能控制的必须及时拨打“119”请求市消防大队支援，以尽快控制事故的发展，以免延误时机。

④ 防雷安全组织机构和防雷安全生产管理制度的建设

供水企业应该根据相关部门的要求建设防雷安全组织机构，落实防雷安全责任人。制定防雷安全生产管理制度，明确防雷安全责任人必须对防雷设施进行监管，对雷电安全生产进行管理，并承担安全事故责任。

(四)雷电防护措施

雷电灾害主要是通过云、地之间的放电过程形成的，而其落雷点是有选择的，它基本遵循尖端放电的规律。因此，只要我们掌握雷电灾害的发生规律，有意识地去规避风险，对于防范和减轻雷电灾害有十分重要的意义。

1. 建(构)筑物防雷

供水企业建筑物的防雷，应该根据供水企业所在地的气象条件和当地的雷电活动规律，按照国家和地方相关法律法规及规范性文件的规定，以及当地防雷安全技术机构提供的意见及建议进行防雷设计和施工，并通过防雷专项检测、验收。投入使用后，还要定期的接受避雷设施检测部门的检测，以免避雷设施因使用时间长、锈蚀或人为损坏，造成雷电流泄放不畅而损坏建筑物和危及人员和设施的安全。

供水企业的防雷工程应与供水企业建设中的设计、施工、投入生产和使用实现三同时，其设计、施工必须由相应资质等级的单位承担。供水企业防雷设计应根据被保护物的重要性、使用性质及发生雷电事故的可能性和后果及雷电灾害风险评估情况，按照《建筑物防雷设计规范》GB 50057 和《建筑物电子信息系统防雷技术规范》GB 50343 划分建筑物及其设施的防雷类别。防雷工程建设应根据防雷类别进行设计和施工，并在不同阶段进行防雷安全评估和监督检查，确保防雷隐蔽工程符合相关技术要求。

防雷装置投入使用后，应将以下资料纳入防雷工程档案管理：

(1)防雷装置的设计、安装、隐蔽工程图纸资料；

(2)雷电灾害风险评估报告；

(3)设计评价技术资料；

(4)隐蔽工程分段验收检测资料；

(5)竣工验收检测报告技术资料。

2. 供水企业生产系统防雷

供水企业的生产系统包括生产自动控制系统、自动监测系统、机电系统、电气安全系统、管理系统等强电和弱电系统。生产系统主要防范的就是雷电波以及过电压通过管线侵入，所以进线管线都应该做适当的等电位处理。供水企业防雷是一个综合性工程，要降低风险，不能说做好哪个地方哪个地方就安全了，应当统筹规划全面地完成防雷设计才能最大限度地减小雷电风险。

3. 通信系统、安全监控系统等弱电系统防雷

随着电子时代的到来，雷电灾害有了更大的外延。强大的雷电电磁脉冲辐射对价格昂贵、举足轻重的微电子设备如电脑网络、卫星收发、微波通讯、有线电视、程控电话等，无疑是致命的克星，所造成的灾难远非人们目前认识的程度。一次雷击可以使机场关闭、通信网络瘫痪、证券交易中止、银行系统混乱，间接损失远远高于设备直接的损失。为了对付这个电子时代的公害，国内外的防雷专家经过潜心研究，并且逐步形成了一套现代防雷技术和新的系列化的避雷产品，正在实践中不断接受检验。供水企业户外通信与安全监控设备应处在接闪器保护范围之内，设备外壳及接闪器的接地电阻应符合现行国家防雷标准。供水企业生产场所及居住区内的通信线路宜采用直埋电缆线路或通信管道电缆线路。直埋电缆线路，宜采用钢带铠装通信电缆。管道电缆线路宜采用全塑通信电缆。沿带式传输机架敷设的通信电缆应采用钢带铠装通信电缆。采用封闭式电缆桥架时，可采用全塑电缆。通信与安全监控系统的信号控制线输出、输入端口应设置信号浪涌保护器；在线路进出建筑物直击雷非防护区（$LPZ0_A$）或直击雷防护区（$LPZ0_B$）与第一防护区（LPZ1）交界处应装设与电子器件耐压水平相适应的信号浪涌保护器。

通信与安全监控的防雷接地网的布置与接地电阻要求应符合现行国家标准《建筑物电子信息系统防雷技术规范》GB50343要求。通信与安全监控系统供电线路的电源端应安装与设备耐压水平相适应的电源浪涌保护器，且接地阻值应与设备要求一致。

总之，供水企业应按照国家和地方相关法律法规及规范性文件的规定，以及当地防雷安全技术机构提供的意见及建议，采取接地、限压分流、屏蔽等现代防雷技术措施对弱电系统进行雷电防护。

4. 输配电系统防雷

供水企业输变电系统担负着向整个供水企业输送电力的任务，其电力运行安全关系着整个供水企业的生产安全。电网事故以输电线路的故障占大部分，统计资料表明，雷电是危害输电线路安全的重要因素，雷电感应在架空线路上引起过电压波，导致线路跳闸或设备损毁，它是电力线路雷击事故的主要原因。高压输电线路与变配电站的防雷应符合现行国家有关规范的要求。对于供水企业的输配电系统，主要的防雷技术有以下几点。

（1）电力接地是电力系统工作、防雷、安全的需要，是发电、变电和送电系统安全运行的重要安全屏障，是保证电力系统安全运行不可缺少的一部分。接地网敷设在地下，必然会受到周围土壤环境的侵蚀和腐蚀，造成一定的损失和破坏，长年累月，一旦因腐蚀使接地网接地电阻高于安全范围，即使还没有到断裂的程度，也很容易造成事故，甚至危及人身安全。接地网是隐蔽工程，由于接地装置长期处于地下恶劣的运行环境中，土壤的化学腐蚀与电化学腐蚀不可避免，同时还要承受地网散流与杂散电流的腐蚀。若接地网遭受严重腐蚀，运行中满足不了热稳定性要求，当发生短路时，地网烧断，地电位升高，高压窜入二次回路，往往造成事故扩大。宜过几年做一次开挖检验，以确保接地正常安全地工作。

（2）根据风险评估的结果，对处于雷害风险高的输电线路架设接闪线、线路加装线路型避雷器甚至增加耦合地线，使相距较近的杆塔共地；

（3）增加绝缘子片数，雷害严重的进户三相母线外加绝缘套管（墙套管延伸尽量长），至少可以将扁铝排棱角磨平或换成圆柱形。将因拉弧而引起的毛刺磨平，阻止相间放电。

（4）逐步将油开关或真空断路器改成SF6断路器。

（5）改变一些户内进出线开关进线位置，使柜中避雷器处于线路侧。部分站点开关自带避雷器，因此，不同的进线方式也就使得避雷器的作用不同。如果避雷器在线路侧，就能配合终端杆塔的避雷器，对开关形成两级保护。如果不在线路侧，开关自带的避雷器只能对母线起到保护，对开关起不到保护作用。

(6)一些线路在进户前有门型杆的地方或进户外墙上(如果有位置安装)加装站内型或线路型避雷器。当然部分站点的安装 SPD 的杆塔距离进线开关距离过远时，甚至有的距离长达为 200 米，需安装站内型或线路型避雷器。

(7)变电站的外部、内部防雷设计应采用等电位连接，屏蔽、隔离、合理布线，电涌保护和共用接地系统等措施进行综合防护，不可只考虑安装 SPD。

(8)敷设的各种电源线路在连接各建(构)筑物时应与各建(构)筑物的接地作等电位连接。屏蔽层本身应加强接地。接地电阻不应超过 10 欧。

(9)所有进入站房的金属管道、电缆外屏蔽层、电力电缆外铠均应在站房入口处做等电位连接后与地网连接，并与建筑物组合在一起的大尺寸金属件连接在一起，按 GB 50054—1995 等的要求做总等电位连接。进行总等电位连接之后，应在后续的雷电防护区的交界处，进行局部等电位连接。连接主体应包含系统装置本身(含外露可导电部分)、PE 线、线缆金属屏蔽层和防静电地板等。

供水企业的取水设备一般都在河边或者湖边等易受雷击的地带，如图 5-33 所示，另外沉淀池等一些水处理设备都处于开旷场所，如图 5-34 所示，其电气线路很容易遭受雷电影响。目前虽然没有出现事故，建议雷雨天气过后进行相应的检查，每年雨季过后进行相应的维护。

图 5-33　龙泽水务供水系统现场勘察图

图 5-34　龙泽水务供水系统现场勘察图

5. 露天场所防范雷电

供水企业的露天场所防雷主要是考虑防范雷电造成人身伤亡。防范雷电造成人身伤亡在于掌握两条规律：其一是不要让人体成为引雷的尖端；其二是不要让人体成为雷电流的通路。当雷电发生时，供水企业工人应尽量不要在进行户外活动。当雷电发生时，如正在进行户外活动，应注意下面几点：

(1)不宜在建筑物顶部停留；

(2)不宜在铁栅栏、金属晒衣绳及架空金属体附近停留；

(3)不宜在接闪杆、接闪带附近停留；

(4)不宜在孤立的大树或烟囱下停留；

(5)不宜开摩托车、骑自行车；

(6)在空旷场地不宜打伞，不宜把金属工具扛在肩上；

(7)应迅速躲入有防雷设施保护的建筑物内，或有金属顶的各种车辆内；

(8)如果不具备以上条件，应立即双膝下蹲，向前弯曲，双手抱膝。

当雷电发生时，如在有防雷设施的建筑物附近，应注意下面几点：

(1)不宜在建筑物朝天面上活动，因为当朝天平面发生直接雷击时，强大的电流可导致人员伤亡；

(2)切勿接触天线、水管、铁丝网、金属门窗、建筑物外墙,远离电线等带电设备或其他类似金属装置;

(3)紧闭门窗,防止危险的侧击雷和球形闪电侵入;

供水企业应通过收听、收看天气预报,上网查看闪电信息和雷达测雨资料,事先掌握天气形势,预估出现雷电的风险,并提前采取预防措施,避免或减少因雷击造成的损失;

对于易燃易爆、有毒有害场所的防雷,在防雷设计施工上要符合国家的相关标准如GB50057-2010,且易燃易爆、有毒有害库房距供水企业居住区、变电所及高压输电线路、铁路专用线、公路、村庄及城镇、企业等地面建筑设施的安全距离,应符合国家现行标准的规定。另外露天堆场架空线路,应在电源入口处、分支处、移动设备的接电点及正常分断的开关两侧装设SPD。

6.防雷工作规范化管理

现代雷电防护技术是一门涉及气象、通讯、电子、测绘、建筑等多门学科的新兴科学。需要有大量气象资料和基础理论研究结果,以及所涉及的各门学科的最新成就和技术等支持,是一个严谨的系统工程。从事防雷工作的人员必须经过严格的培训和资格认证,才能保证防雷工程的设计、施工严格按照国家强制性规范执行,才能保证国家和人民生命财产的安全,真正起到防雷减灾、保护人民生命财产安全的目的。雷电是一种复杂的天气现象,有着巨大的破坏力,不是简单的局部的安装接闪杆、接闪网或一两种避雷产品就能高枕无忧。因此,供水企业应根据当地气象主管机构或防雷安全技术机构的要求采取全面有效的雷电防护措施,最大限度地减少雷电灾害造成的损失,保障供水企业防雷安全。

(五)加强防雷安全组织机构和防雷安全生产管理制度的建设

应该根据相关部门的要求建设供水企业防雷安全组织机构,落实防雷安全责任人。制定供水企业防雷安全管理制度,明确防雷安全责任人必须对防雷设施进行监管,对雷电安全进行管理,并承担安全事故责任,重点做好以下几方面工作。

(1)供水企业将防御雷电灾害的安全气象保障工作纳入供水企业安全稳定工作,层层分解落实供水企业安全气象保障工作目标任务和责任;

(2)供水企业应每年组织有关专家开展一次供水企业雷电气象灾害隐患排查工作,重点排查雷电诱发火灾隐患和引发安全监控仪器设备、设施毁坏隐患以及人身伤害隐患,并且发现隐患必须及时治理;

(3)供水企业应明确负责安全稳定的领导分管雷电气象灾害防御工作,并纳入供水企业应急值班范畴。

(4)供水企业应开展雷电气象防灾减灾知识和避险自救技能科普宣传,重点普及防雷电人身伤害科普知识。

(5)供水企业应建立手机安全气象预警预报信息接收终端，接到雷电预警预报信息，及时采取有效措施。

(6)供水企业应制定防御雷电气象灾害的应急预案，宜组建兼职应急队伍，按照应急预案要求定期演练，分析总结演练的经验和不足，不断完善应急预案。应急预案应掌握包括供水企业的地址、重要设备设施、基础设施、道路交通等基本情况。

一个详细的应急程序内容可用图 5-35 表示。

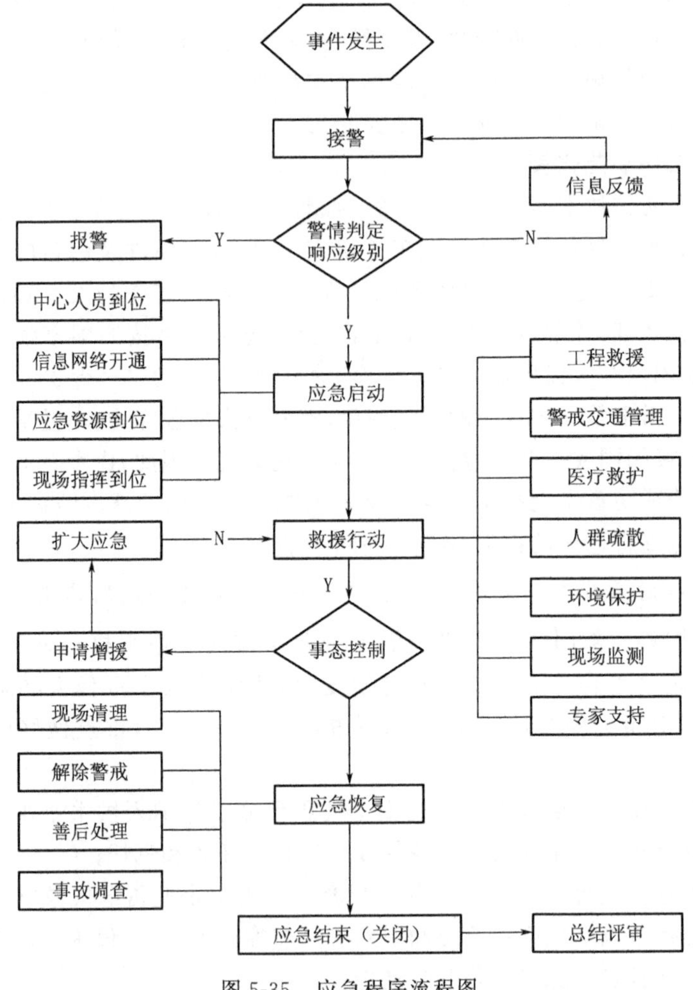

图 5-35　应急程序流程图

(7)供水企业应储备急救药品和其他应急物资；

(8)供水企业应建立防御雷电气象灾害工作档案，以便出灾之后查阅，采取有效措施。

第八节　城镇供水企业干旱灾害风险评估

一、城镇供水企业所在地干旱灾害天气时间特征分析

1. 气象干旱综合指数说明

气象干旱是由于降水长期亏缺和近期亏缺综合效应的累加，气象干旱综合指数考虑了60天内的有效降水（权重平均降水）和蒸发（相对湿润度）的影响，季度尺度（90天）和近半年尺度（150天）降水长期亏缺的影响。该指标适合实时气象干旱监测，以及气象干旱对农业和水资源的影响评估。气象干旱综合指数（MCI）的计算公式如下：

$$MCI = a \times SPIW_{60} + b \times MI_{30} + c \times SPI_{90} + d \times SPI_{150} \tag{1}$$

式中：

$$SPIW_{60} = SPI(WAP), \tag{2}$$

$$WAP = \sum_{n=0}^{60} 0.95^n P_n \tag{3}$$

$SPIW_{60}$ 为近60天标准化权重降水指数，标准化处理计算方法参考国标（GB/T 20481—2006），式中 P_n 为距离当天前第 n 天降水量。

MI_{30} 为近30天湿润度指数，计算方法参考国标（GB/T 20481—2006）；

SPI_{90}、SPI_{150} 为90天和150天标准化降水指数，计算方法参考国标（GB/T 20481—2006）；

a 为标准化权重降水权重系数，取0.45；

b 为相对湿润度权重系数，取0.2；

c 为90天标准化降水权重系数，取0.15；

d 为150天标准化降水权重系数，取0.25。

说明：系数a、b、c、d可根据当地气候状况和季节变化进行调整，这里给出的是参考值；气象干旱过程的确定和评价同国标（GB/T 20481—2006）；气象干旱综合指数等级划分标准如表5-25。

表5-25　气象干旱综合指数等级划分标准

等级	类型	MCI	干旱影响程度
1	无旱	>-0.5	地表湿润，作物水分供应充足；地表水资源充足，能满足人们生产、生活需要
2	轻旱	$-1.0 \sim -0.5$	地表空气干燥，土壤出现水分轻度不足，作物轻微缺水，叶色不正；水资源出现短缺，但对人们生产、生活影响不大

续表

等级	类型	*MCI*	干旱影响程度
3	中旱	−1.5～−1.0	土壤表面干燥，土壤出现水分不足，作物叶片出现萎蔫现象；水资源短缺，对人们生产、生活产生影响
4	重旱	−2.0～−1.5	土壤水分持续严重不足，出现干土层，作物出现枯死现象，产量下降；河流出现断流，水资源严重不足，对人们生产、生活产生较重影响
5	特旱	≤−2.0	土壤水分持续严重不足，出现较厚干土层，作物出现大面积枯死，产量严重下降，甚至绝收；多条河流出现断流，水资源严重不足，对人们生产、生活产生严重影响

2. 气象干旱综合指数的年际分布特征

根据以上定义，铜梁干旱日（指轻旱以上）出现概率为 28.3％，轻旱、中旱、重旱和特旱的概率分别是 15.4％、8.0％、4.0％和 0.9％（图 5-36）。

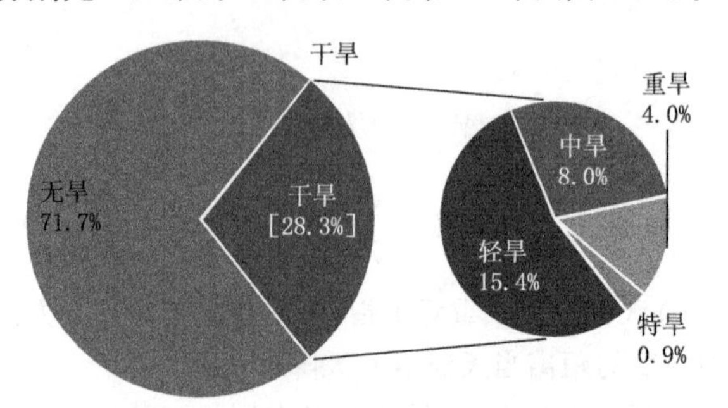

图 5-36　各级干旱概率分布图

从历年来看，年干旱日概率最大 60.3％，出现在 1997 年，概率最小是 1989 年的 1.9％（图 5-37）；中旱、重旱和特旱的概率最大分别为 20.8％（2010 年）、21.6％（1997 年）和 2006 年的 11.2％（图 5-38）。

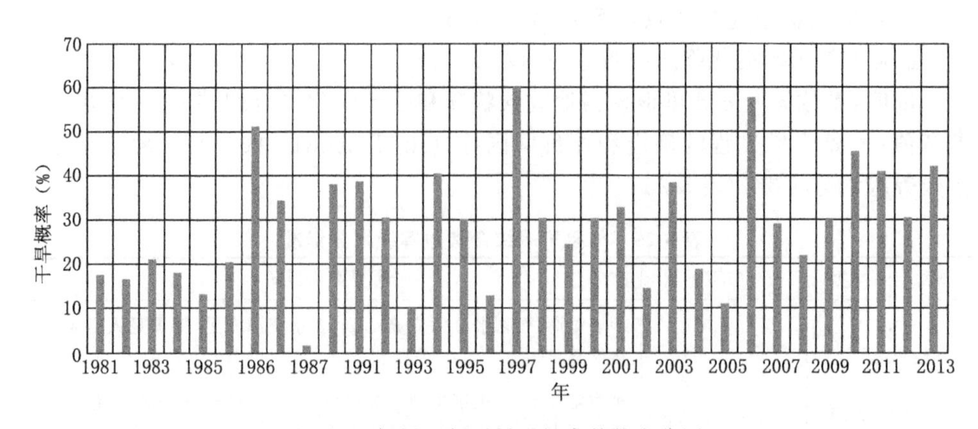

图 5-37　铜梁历年干旱日概率趋势变化图

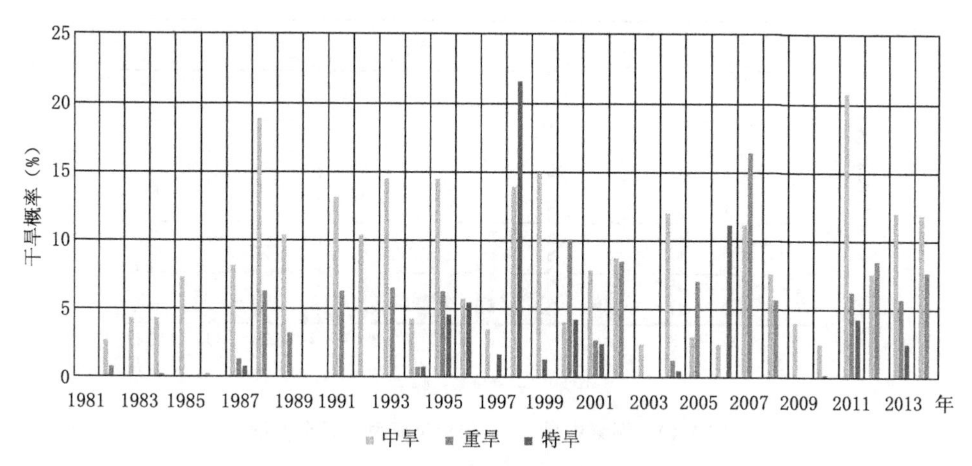

图 5-38　铜梁中旱、重旱和特旱日概率历年趋势变化图

3. 气象干旱综合指数的月际分布特征

从月际分布来看，干旱日概率出现最大的月份在 5 月，达到 35.9%，其次是 3 月，概率为 30%，概率最小是 9 月，干旱日概率为 24.2%(图 5-39)。

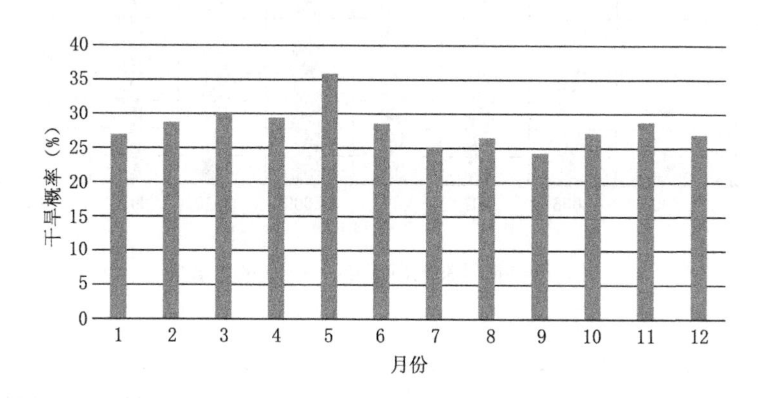

图 5-39　铜梁各月干旱日概率分布图

中旱等级以上的分布来看，中旱、重旱和特旱概率最大的月份分别出现在 4 月(11.3%)、5 月(8.1%)和 8 月(3.4%)(图 5-40)。

4. 干旱与水位

由于干旱与水位分析中必须具体到供水企业取水点的水位变化，而重庆市铜梁区龙泽水务公司城镇供水系统的取水点有玄天湖、小北海、安居 3 个取水点，因此为了方便干旱与水位关系的分析，以下涉及水位都是以玄天湖取水点水位为例的水位。从玄天湖历年 5—9 月的水位变化来看(图 5-41)，2005 年平均水位最低，为 272 米；2009 年平均水位最高，为 281.8 米；平均水位为 278.7 米。从各月分布

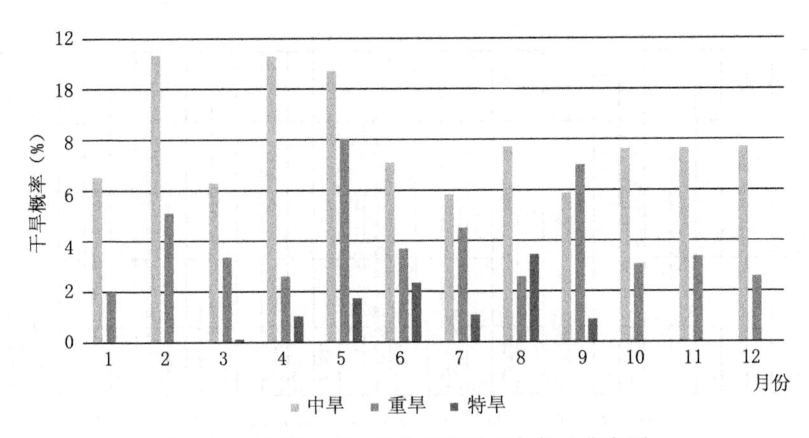

图 5-40　铜梁中旱、重旱和特旱概率各月分布图

看，从 5 月—9 月，平均水位呈现逐月增加的趋势，5 月最低，为 277.6 米；9 月最高，为 279.5 米（图 5-42）。

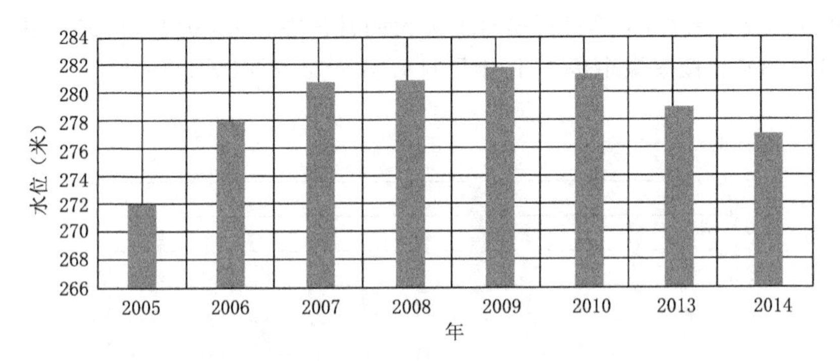

图 5-41　铜梁玄天湖历年 5—9 月平均水位

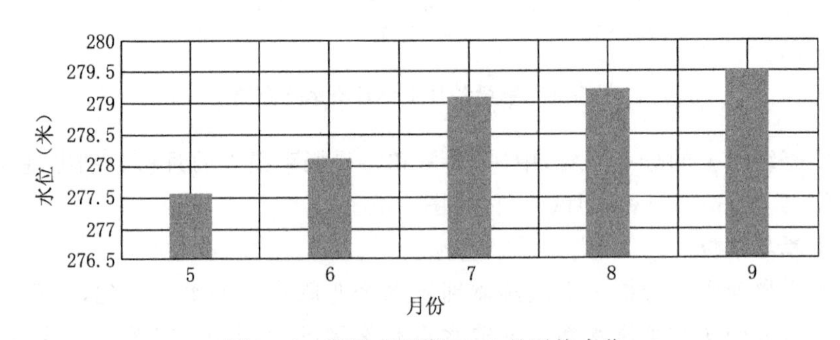

图 5-42　铜梁玄天湖 5—9 月平均水位

再从不同干旱等级下玄天湖的平均水位分别是 279 米、277.8 米、276.9 米、278.5 米和 278.4 米。中旱的情况下平均水位最低，这与中旱高概率的时段主要

出现在4、5月份玄天湖本身水位相吻合。对比不同干旱等级下玄天湖水位下降的概率，中旱条件下，水位下降最为明显，下降概率达到27.3%，而在重旱条件下，下降的概率反而最低，仅只有3.5%(图5-43)。

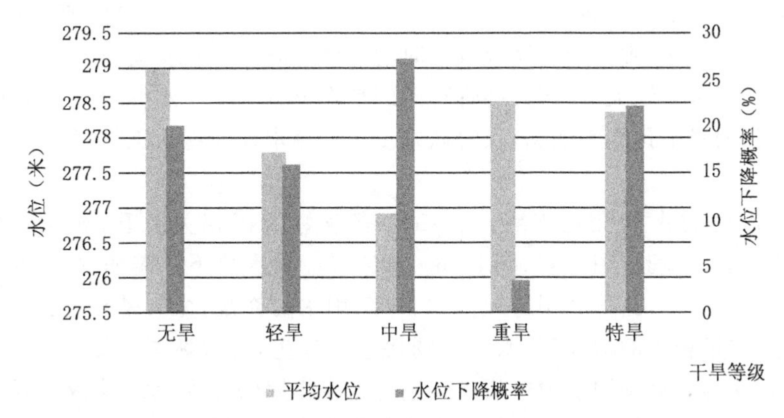

图5-43　铜梁不同干旱的玄天湖平均水位及水位下降的概率

从玄天湖不同水位情况下不同干旱等级的频率分布可知(图5-44)：水位在270～280米的出现概率达到55.5%，在此情况下，干旱概率为31.6%，其中轻旱、中旱、重旱、特旱发生的概率分别是12.7%、7.4%、9.9%、1.6%；水位在280米以上的出现概率为41.7%，在此情况下，干旱概率为16.4%，其中轻旱、中旱、重旱发

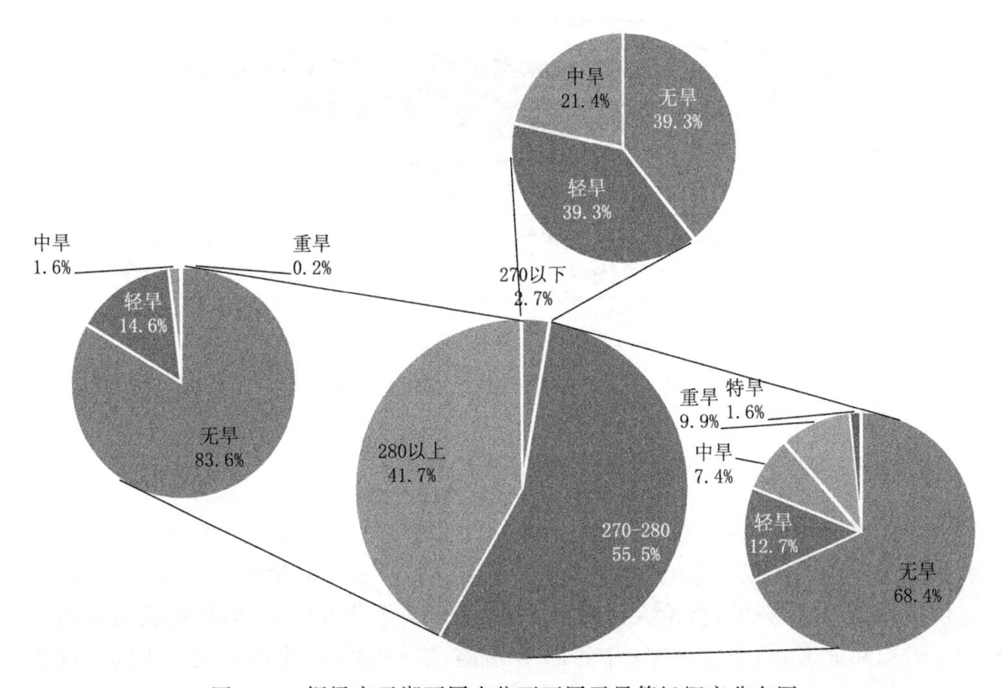

图5-44　铜梁玄天湖不同水位下不同干旱等级概率分布图

生的概率分别是14.6%、1.6%、0.2%，而特旱发生的概率为0；水位在270米以下的出现概率为2.7%，在此情况下，干旱概率为60.7%，其中轻旱、中旱发生的概率分别是39.3%、21.4%，而重旱、特旱发生的概率均为0。

从以上不同干旱等级与水位的关系分析来看，玄天湖大的水位变化是一个较长时间尺度的变化，主要受月季等较大时间尺度的降水多寡相关，往往在用水较大的夏季也是降水量较大的，玄天湖管理部门是在充分考虑用水的较大需求基础上，以气象部门的降水预测为依据，及时做好了玄天湖水库的蓄水工作，保证了水源的充足。

从日尺度的水位变化来看，与*MCI*有较好的正相关关系，相关系数达到99.9%的显著性检验(图5-45、图5-46)，*MCI*越小，水位下降越明显，所以需要密切关注干旱的演变，充分利用有效降水，保障用水的充足，尤其是在长期干旱下水位较低，库容量较小的情况下，水生生物快速大量生长，破坏了水体中碳酸氢盐的水解平衡，伴随生物利用水中二氧化碳进行光合作用的过程，水中氢氧根离子含量增加，氢氧根离子又使碳酸氢根的电离平衡向生成碳酸根离子方向移动，导致水中碳酸根离子浓度增大，总碱度增加，同时湖库底质盐碱土和草甸土的碳酸氢盐以及碳酸盐的平衡释放也使水体的碳酸氢盐得到外源补充。周而复始使水体的碳酸盐碱度和总碱度不断增加，pH也逐步增高，这样将对水源的水质产生较大影响，因而在持续干旱的基础上，密切关注水质的变化尤其重要。

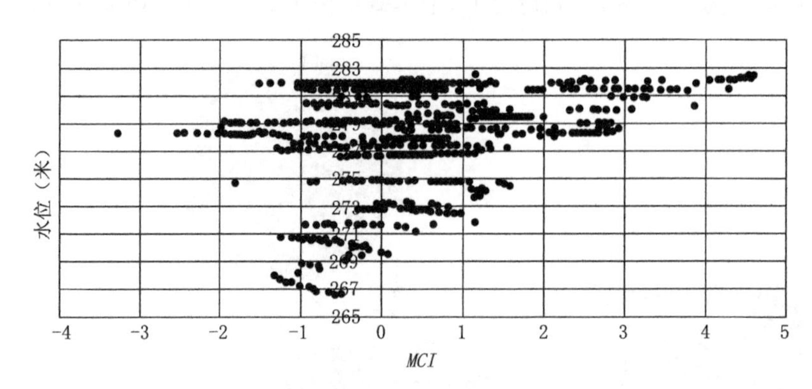

图5-45 铜梁玄天湖水位与*MCI*的散点图

二、干旱灾害天气对城镇供水企业的影响分析

干旱天气是供水企业所在地区主要的灾害性天气之一，干旱天气给人民生活和工农业生产带来很大影响和危害，尤其是用电、用水需求量的急剧增加，造成水电供应紧张、故障频发；会给人体健康带来危害，甚至危及生命，同样也会对动植物产生影响和危害，易引发火灾；对交通、建筑施工、旅游等行业也会受到不同程度的影响；当然也对供水企业正常生产带来不利影响。这些不利影响主要表现在以下

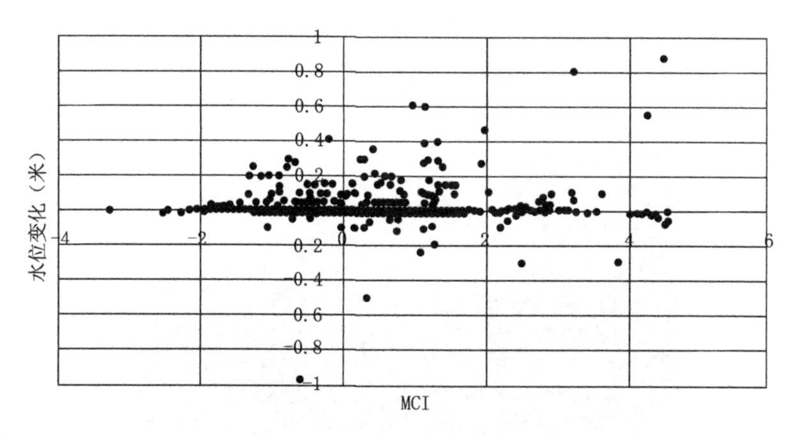

图 5-46　铜梁玄天湖水位变化与 *MCI* 的散点图

几方面。

(1)持续干旱影响，容易导致用水需求量的急剧增加，使供水企业生产设施和供电设施超负荷运行，容易引发供水企业生产设施和供电设施故障，造成供水企业停产，使供水企业不能给用户供水的安全事故风险增加，给供水企业造成严重财产损失和社会影响。

(2)持续干旱影响，导致供水企业取水点相关的河流、溪沟、水库的水资源库容量减少，使供水企业取水困难或取水量达不到供水需求，甚至无法取水，给供水企业造成严重财产损失和社会影响。

(3)随着供水企业取水点相关的河流、溪沟、水库的水资源库容量减少，易导致水资源发生较重的水质富营养化从而影响了供水企业取水点的水质，有时还导致河流、溪沟、水库的鱼大量死亡从而污染了供水企业取水点的水质，造成供水企业停产，使供水企业不能给用户供水的安全事故风险增加，给供水企业造成严重财产损失和社会影响。

(4)持续干旱可能增加供水企业火灾、爆炸等安全事故风险。干旱对供水企业生产所需易燃易爆、有毒有害物品的存储、运输、使用有一定影响，尤其是某些易燃易爆化学物品，如保存不当就易自燃，甚至爆炸，引发火灾等灾难事故。

(5)持续干旱使供水企业所在地的火险等级升高，容易引发供水企业安全事故。

典型案例 1　2014 年 8 月河南大旱水库数十万斤鱼闷死，水厂已停止取水事件。

2014 年 8 月以来，河南登封白沙水库出现鱼类大量死亡引发社会关注，从记者报道的图片(图 5-47)可以看到，水库的水位相当低，成批的死鱼在水库岸边漂浮着。

图 5-47　登封白沙水库因干旱导致鱼类大量死亡现场图片

造成鱼类大量死亡的原因是什么？当地政府采取了哪些措施降低渔民损失？又如何处理这些死鱼？大量的死鱼对居民的饮水安全有没有影响？

来到河南登封白沙水库，记者看到 10 平方公里的水面上，靠近湖岸一侧漂浮着大量翻着白肚的鱼，岸边围坐着一些当地的渔民。

渔民：闷死了主要是因为老是连阴天，河整体缺氧比较严重。

这几天，渔民们为了死鱼的事情着急上火，焦头烂额。河南省郑州市的登封市宣化镇王村养殖户周师傅指着自己的网箱哽咽的告诉记者，现在他们只得把死鱼从网箱中捞出扔掉，准备用铲车填埋，他所在的镇有 100 多个养殖户，都有不小的损失：

渔民：死了至少有两千多斤。

水库另一侧，工人们正在湖面上作业打捞死鱼，不一会儿，一条三四米长的小船就捞满返岸，看着死鱼，养了十几年鱼的渔民老张蹲坐在湖边心疼地直掉泪，他说他养的 20 多万斤鱼已经死了近九成。

渔民老张：现在基本上都是倾家荡产，鱼死了，投资太大。哎呀都没法说，有的是回家哭了，饭都不想吃。

渔民们说,虽然损失惨重,但目前当地政府已为渔民发放补贴并正在对清理出的死鱼进行深埋无害化处理。

渔民:死鱼现在全部捞出来,政府补助,一斤一块钱,现在死鱼基本上全都挖坑填埋了。

据登封市环保局新闻发言人赵俊涛介绍,目前登封市白沙水库共有养殖户133户,约有532万斤鱼,现在湖中死鱼约有数十万斤,经调查,发现是因为干旱水中缺氧所致。

赵俊涛:出现死鱼的原因,一是旱情严重,水库多次调水水位过低,又不能得到自然的补水,现在库存大概有一千万方,接近死库容。第二是养殖的密度过大,加上天气闷热,导致水中的鱼严重缺氧。

虽然现在政府部门正在积极打捞死鱼,但不少市民对饮水安全有所质疑。据了解,登封市共有五个水库,持续干旱造成其中四个几近干涸,登封市居民供水需靠自备井和仅存少量水的白沙水库向水厂引水。据登封市防疫站站长王德祥介绍,死鱼事件后,自来水厂已经停用白沙水库的水,目前水质正在监测中。

王德祥:现在整个水质已经有所变化,但目前正在监测之中,结果没有出来,需要一周。如果水源要是不合格的话,要看整个污染程度和污染的指标,如果说污染比较严重的话,建议他们停止这个水源地使用。处理之后,基本上达到整个水源地标准,再开始启用水源地。

当地部门表示,他们会密切关注水质变化,并采取措施确保居民饮水安全。

登封市环保局新闻发言人赵俊涛:要求防疫部门,跟踪加密监测,防止疫情发生,确保居民的饮水安全。

典型案例2 2010年7月以来,由于持续干旱,三亚市半岭水库使用50多年来首次干涸,停止向荔枝沟水厂输送原水,致使建成投产33年的三亚市荔枝沟水厂首次因为原水输送水库干涸而在7月16日零时开始停产。该水厂占三亚城区供水总量的20%;同时也因持续干旱使占三亚供水量20%左右的三亚市金鸡岭水厂的输送原水水库接近死库容,导致三亚市金鸡岭水厂也面临停产威胁。随着三亚市荔枝沟水厂停产和三亚市金鸡岭水厂即将限量供水,造成三亚市每日有近四万吨的用水缺口,使没有二次供水、地势比较高的住宅小区,或者高楼层的居民用水高峰期将会出现间歇性断水现象。

上述典型案例表明:供水企业的各部门需高度重视干旱灾害天气引发供水企业安全事故风险防范工作。

三、城镇供水企业干旱灾害天气风险识别分析

城镇供水企业干旱灾害天气风险识别分析如表5-26所示。

表 5-26　供水企业干旱灾害天气风险识别

<table>
<tr><th rowspan="3">事件</th><th colspan="3">描述</th></tr>
<tr><th rowspan="2">风险原因及事件描述</th><th colspan="2">后果描述</th></tr>
<tr><th>影响形式</th><th>主要影响对象</th></tr>
<tr><td rowspan="7">干旱灾害天气</td><td>1. 干旱容易引发供水企业生产设施和供电设施故障</td><td>直接</td><td>造成供水企业停产</td></tr>
<tr><td>2. 干旱影响供水企业取水点相关的河流、溪沟、水库的水资源库容量减少</td><td>直接</td><td>可能干扰供水企业正常的生产秩序和生产活动</td></tr>
<tr><td>3. 干旱影响供水企业取水点的水质</td><td>直接</td><td>造成供水企业停产</td></tr>
<tr><td>4. 干旱导致供水企业所在地区供水、供电超负荷量运行，容易造成工矿停产、商业停业、交通、通讯中断</td><td>间接</td><td>中断交通运输、供电等影响供水企业的正常生产秩序</td></tr>
<tr><td>5. 干旱对供水企业生产所需易燃易爆、有毒有害物品的存储、运输、使用有一定影响</td><td>直接</td><td>增加供水企业火灾、爆炸等安全事故风险</td></tr>
<tr><td rowspan="2">6. 干旱天气容易诱发火灾</td><td>间接</td><td>可能干扰供水企业正常的生产秩序和生产活动</td></tr>
<tr><td>直接</td><td>危及供水企业基础设施</td></tr>
</table>

四、城镇供水企业干旱灾害天气风险特征分析

(一)供水企业干旱灾害天气风险出现可能性分析

供水企业干旱灾害天气风险出现的可能性体现了供水企业及其职工在干旱灾害性天气的暴露频繁程度，也即供水企业气象灾害风险评估的实用模型——CQGSMES模型的 E_7 参数。根据供水企业所在地气象历史资料统计分析干旱灾害性天气出现频率为 25%。因此依据第四本章 E_K 参数的选择原则，供水企业气象灾害风险评估的实用模型——CQGSMES 模型的 E_7 参数为 2.64。

(二)供水企业干旱灾害天气风险防御能力分析

供水企业干旱灾害天气风险防御能力主要是指供水企业针对干旱引发供水企业安全事故的风险采取防御的工程性和非工程性控制措施 M_7，因此分析这些措施针对供水企业防御干旱灾害天气引发供水企业安全事故的风险是否科学合理、完整可靠，可评估供水企业防御干旱灾害天气风险能力。根据供水企业防御干旱灾害天气风险能力——供水企业应对干旱灾害性天气事件引发安全事故的控制措施(表 5-27)和第四章 M_K 参数选择原则，供水企业气象灾害风险评估的实用模型——CQGSMES 模型的 M_7 参数为 3。

表 5-27　供水企业应对干旱灾害性天气事件引发安全事故的控制措施表

措施类别	应采取的控制措施	有无措施	措施状态
预防措施	1.供水企业将防御干旱灾害的安全气象保障工作已纳入安全稳定工作，层层分解落实供水企业安全气象保障工作目标任务和责任 2.供水企业每年组织一次有关专家开展供水企业干旱气象灾害隐患排查工作，重点排查干旱对水质影响的隐患，并且发现隐患都及时治理 3.供水企业明确了负责安全稳定的领导分管干旱气象灾害防御工作，并纳入了供水企业应急值班范畴 4.供水企业开展了干旱气象防灾减灾知识 5.供水企业建立了手机安全气象预警预报信息接收终端，接到干旱预警预报信息，及时采取防御干旱气象灾害措施	有	有效
减轻事故后果的应急措施	1.供水企业制定了防御干旱气象灾害的应急预案 2.供水企业储备了防御干旱气象灾害应急物资 3.供水企业建立了防御干旱气象灾害工作档案，以便出灾之后查阅，采取有效措施	有	有效
说明：有无措施用“有”或者“无”回答；控制措施状态用“有效”“无效”回答			

（三）供水企业干旱灾害天气风险后果分析

供水企业干旱灾害天气风险后果包括干旱灾害性天气事件引发供水企业安全事故导致人员伤害的情况（S_{17}）和造成供水企业的设施设备房屋等财产损失情况（S_{27}）。因此，按照第四章 S_{1K}、S_{2K} 参数选择原则，供水企业职工人数以及供水企业 GDP，供水企业气象灾害风险评估的实用模型——CQGSMES 模型的 S_{17}、S_{27} 参数分别为 4，2。

（四）供水企业干旱灾害天气风险等级判断

供水企业干旱灾害天气风险等级包括干旱灾害性天气事件引发供水企业安全事故造成人员伤害的风险程度（R_{17}）和造成供水企业设施设备房屋等财产损失的风险程度（R_{27}）；因此，按照第四章 R_{1K}、R_{2K} 参数选择原则，供水企业职工人数以及供水企业 GDP，供水企业气象灾害风险评估的实用模型——CQGSMES 模型的计算公式，R_{17}、R_{27} 参数分别为 31.6，15.8。

根据上述供水企业干旱灾害天气风险特征分析与评估结论，结合第四章评估实用模型 CQGSMES 的评估结论应用原则，该供水企业干旱灾害天气引发供水企业安全事故的风险等级为四级，因此供水企业干旱气象灾害敏感单位的类别应为四类。

五、城镇供水企业防御干旱灾害天气风险的处置措施与对策建议

通过供水企业气象灾害风险评估的实用模型——CQGSMES模型的评估，该供水企业属于四类干旱气象灾害敏感单位，因此依据《气象灾害敏感单位安全气象保障技术规范》关于“气象灾害敏感单位安全气象保障措施”的规定，供水企业防御干旱灾害天气风险的处置措施与对策建议如下：

（一）旱季来临前

供水企业每年干旱季节前必须对干旱灾害防御工作进行全面检查，对受干旱威胁的供水企业取水点相关的河流、溪沟、水库的水资源库容量、水质安全，应制定防御干旱灾害措施，尤其是建立应急备用水源，落实应急抢险队伍，储备足够的抢险物资。供水企业要结合典型的供水企业干旱灾害案例，加强对职工的供水企业应急灾害防御知识培训和再教育，提高安全生产技能和综合素质。动态修改完善供水企业应急灾害防御应急预案，加强应急预案的日常演练，确保每个职工能够正确掌握应急灾害发生时应采取的措施和必要的逃生知识。

（二）干旱持续中

(1)当地气象部门发布干旱预警或干旱已经影响供水企业时，供水企业安全生产管理人员密切关注供水企业取水点相关的河流、溪沟、水库的水资源库容量、水质安全。并根据现场观测和调查资料及时提出分析处理意见。

(2)在干旱期间，必须派专人对供水企业水源相关的河流和溪沟进行巡查检测，确保供水企业取水点水质安全。

(3)要主动与当地气象、水利、应急、环保、地质、安监等部门联系，及时掌握可能危及供水企业安全生产的干旱灾害天气灾害预警预报信息，做好相应的防范准备。

(4)加强职业危害学习培训，对供水企业工人进行防御干旱灾害指导和开展火灾逃生知识的宣传和技能培训。

(5)注意做好供水企业车辆车况检查工作，做好防火准备工作，同时做好参加森林火灾扑救的准备。

(6)特别注意防范用电量过高导致电线、变压器等电力设备负载大而引发的火灾

（三）采取有效的防干旱灾害安全气象保障措施

严格按照有关法律法规和技术标准的相关规定以及第四章第八节关于“气象灾害敏感类别为四类的城镇供水企业安全气象保障措施”的要求，采取防御干旱灾害的安全气象保障措施。

第九节　城镇供水企业多灾种气象灾害叠加风险分析

一、城镇供水企业多灾种气象灾害叠加风险事件的统计特征分析

(一)供水企业多灾种气象灾害叠加风险事件的比例分析

根据供水企业生产特点和供水企业员工上下班时间以及可能引发供水企业安全事故的灾害性天气形成机制，按照前面第四章第五节多灾种气象灾害叠加风险事件编码方法，分析了供水企业所在地气象观测站1981—2010年的10957天(总样本)的气象资料，分析表明有灾害天气发生的1869个风险源灾害天气样本中(表5-28)，发生了1736个单灾种气象灾害风险事件，129个2灾种气象灾害叠加风险事件，4个3灾种气象灾害叠加风险事件，4灾种及以上的气象灾害风险叠加事件没有发生;2个及以上的多灾种气象灾害叠加风险事件的发生比率为7.116%。显然灾害重叠的种类越多，发生的机率就越小;灾害种类数每增加一种，灾害事件数就减少一个数量级。

表5-28　多灾种气象灾害叠加风险事件中各种灾害风险源的分配比例

气象灾害风险源数量(个)	0	1	2	3	4	5	6	7
气象灾害风险源观测事件(个)	9088	1736	129	4	0	0	0	0
占总样本百分比(%)	82.942	15.844	1.177	0.037	0	0	0	0
占灾害天气发生事件百分比(%)	—	92.884	6.902	0.214	0	0	0	0
占气象灾害叠加风险事件百分比(%)	—	—	96.992	3.008	0	0	0	0

(二)供水企业多灾种气象灾害叠加风险事件的风险源重叠发生的概率分析

多灾种气象灾害叠加风险事件分析其实质是对气象灾害风险源组合的分析，因此首先统计分析了影响供水企业安全的暴雨、高温、大风、大雾、低温、雷电、干旱等7种气象灾害风险源发生状况(表5-29)。从表可知雷电与大雾灾害天气发生频率比较大，有可能是供水企业的主要气象灾害风险源;其次是高温;然后是暴雨与大风，最后是低温。并且雷电最容易与别的灾种发生重合，153个多灾种气象灾害叠加风险事件内有115次是雷电与别的灾种风险源重合，重合比例高达75.163%;其次是暴雨与别的灾种风险源重合有70次，重合比例为45.751%;再次是高温与别的灾种风险源重合有31次，重合比例为20.061%;再次之是大风与别的灾种风险源重合有28次，重合比例为18.301%。

表 5-29　各气象灾害风险源发生的次数

灾害风险源	暴雨	高温	大风	大雾	低温	雷电	干旱
各灾害发生的总次数(次)	88	201	32	715	19	784	30
各灾害发生次数占总次数百分比(%)	4.71	10.75	1.71	38.25	1.12	41.94	1.61
2种及以上灾害叠加的各灾害发生次数(次)	75	11	27	24	13	120	9
叠加的各灾害发生次数占气象灾害叠加风险事件百分比(%)	26.88	3.94	9.67	8.60	4.65	43.01	3.22

(三)供水企业多灾种气象灾害叠加风险事件的风险源重叠组合分析

为了加强供水企业多灾种气象灾害叠加风险事件的防治与管理,必须首先了解哪些供水企业多灾种气象灾害叠加风险事件的风险源容易组合到一块。通过前面的统计分析发现,供水企业所在地不可能发生4灾种及以上的气象灾害风险叠加事件。因此重点分析3灾种及以下的气象灾害风险叠加事件的风险源重叠组合。

1. 三灾种气象灾害风险源组合

虽然7种灾害组合的种类繁多($C_7^3=35$种组合),但由于气象灾害风险源组合不存在排列的先后顺序问题和供水企业多灾种气象灾害叠加必须是在供水企业所在地1日内发生灾害天气的叠加以及供水企业多灾种气象灾害叠加风险事件发生比例的实际分析结论等因素,因此7种灾害组合的种类实际上只有2种,它们分别是"暴雨+大风+雷电""大风+大雾+雷电",其共同的特点就是都有"大风+雷电"的叠加。表5-30给出了供水企业3灾种气象灾害叠加风险事件的风险源组合到一块的发生状况,从表5-30可知供水企业有4次3灾种气象灾害叠加风险事件发生,其风险源组合是:首先是"暴雨+大风+雷电",在153个多灾种气象灾害叠加风险事件内有3次是"暴雨+大风+雷电"风险源重合,占气象灾害叠加风险事件的2.256%;其次是"大风+大雾+雷电",在153个多灾种气象灾害叠加风险事件内"大风+大雾+雷电"有1次风险源重合,占气象灾害叠加风险事件的0.752%。

表 5-30　供水企业三灾种气象灾害风险源组合表

三灾种气象灾害风险源组合	三灾种气象灾害叠加风险事件发生次数(次)	三灾种气象灾害叠加风险事件发生次数占气象灾害叠加风险事件百分比(%)
暴雨+大风+雷电	3	2.256
大风+大雾+雷电	1	0.752

2. 二种气象灾害风险源组合

虽然2种灾害组合的种类繁多($C_7^2=21$种组合),但由于气象灾害风险源组合不存在排列的先后顺序问题和供水企业多灾种气象灾害叠加必须在供水企业所在地1

日内发生灾害天气的叠加以及供水企业多灾种气象灾害叠加风险事件的发生比例实际分析结论等因素，因此2种灾害组合的种类实际上只有8种，它们分别是“暴雨＋大风”“暴雨＋雷电”“高温＋雷电”“大风＋大雾”“大风＋雷电”“大雾＋低温”“大雾＋雷电”“高温＋干旱”。表5-31给出了供水企业2灾种气象灾害叠加风险事件的风险源组合到一块的状况，从表可知在153个多灾种气象灾害叠加风险事件内有67次是“暴雨＋雷电”风险源重合，占气象灾害叠加风险事件的43.791%；其次是“大风＋雷电”，在153个多灾种气象灾害叠加风险事件内有27次是“大风＋雷电”风险源重合，占气象灾害叠加风险事件的17.647%；其三是“高温＋干旱”风险源组合，在153个多灾种气象灾害叠加风险事件内有21次是“高温＋干旱”风险源重合，占气象灾害叠加风险事件的13.725%；其四是“大雾＋低温”，在153个多灾种气象灾害叠加风险事件内有13次是“大雾＋低温”风险源重合，占气象灾害叠加风险事件的8.479%；其五是“大雾＋雷电”，在153个多灾种气象灾害叠加风险事件内有11次是“大雾＋雷电”风险源重合，占气象灾害叠加风险事件的7.189%；其六是“高温＋雷电”在153个多灾种气象灾害叠加事件内有10次是“高温＋雷电”风险源重合，占气象灾害叠加风险事件的6.536%。

表5-31 供水企业二灾种气象灾害风险源组合表

风险源		暴雨	高温	大风	大雾	低温	雷电	干旱
暴雨	P_2	—	0	3	0	0	67	—
	PP_2(%)		0	1.961	0	0	43.791	
高温	P_2	—	—	0	0	—	10	21
	PP_2			0	0		6.536	13.725
大风	P_2	—	—	—	1	0	27	—
	PP_2(%)				0.653	0	17.647	
大雾	P_2	—	—	—	—	13	11	—
	PP_2(%)					8.497	7.189	
低温	P_2	—	—	—	—	—	0	—
	PP_2(%)						0	
雷电	P_2	—	—	—	—	—	—	—
	PP_2(%)							
干旱	P_2	—	—	—	—	—	—	—
	PP_2(%)							

说明：1.由于将4次3灾种气象灾害叠加风险事件分别分解为对应的2灾种气象风险源组合，因此2灾种气象灾害风险源组合数量(161个)比多灾种气象灾害叠加风险事件数量(153个)多了8个；

2.“—”表示没有物理意义；

3.P_2表示2灾种气象灾害风险源组合的具体数量(单位：个)；

4.PP_2表示2灾种气象灾害叠加风险事件发生次数占气象灾害叠加风险事件的百分比(单位：%)

二、城镇供水企业多灾种气象灾害叠加风险特征分析

根据供水企业多灾种气象灾害叠加风险事件的比例、多灾种气象灾害叠加风险事件风险源重叠发生的概率、多灾种气象灾害叠加风险事件风险源重叠组合分析等研究成果和各种气象灾害风险源形成的物理机制，供水企业多灾种气象灾害叠加风险特征分析的具体步骤如下。

（一）辨识供水企业主导气象灾害风险源

根据暴雨、高温、大风、大雾、低温冷害、雷电、干旱等七类灾害性天气引发供水企业安全事故造成人员伤害的风险程度（R_{1K}）和造成设施设备房屋等财产损失的风险程度（R_{2K}）物理意义，显然风险程度最大的灾害性天气是供水企业主导气象灾害风险源。因此根据暴雨、高温、大风、大雾、低温冷害、雷电、干旱等七类灾害性天气引发供水企业安全事故造成人员伤害的风险程度 R_{1K} 参数值的大小，选择 R_{1K}、R_{2K} 参数系列中的最大值 $\mathrm{Max}(R_{1K})$、$\mathrm{Max}(R_{2K})$ 所对应的 K 参数值，即可判断 K 类别灾害性天气是供水企业主导气象灾害风险源。当灾害性天气事件引发供水企业安全事故造成人员伤害的风险程度（R_{1K}）与造成设施设备房屋等财产损失的风险程度（R_{2K}）等同时存在且 $\mathrm{Max}(R_{1K})$、$\mathrm{Max}(R_{2K})$ 所对应的 K 参数值又不相同时，根据 CQGSMES 模型评估的人员伤害与财产损失的风险等级的处置原则，以造成人员伤害的风险程度的 $\mathrm{Max}(R_{1K})$ 所对应的 K 参数值的 K 类别灾害性天气是供水企业主导气象灾害风险源。

这种依据风险程度最大值判断识别供水企业主导气象灾害风险源方法，称为供水企业主导气象灾害风险源的风险程度最大值辨识法。

表 5-32 给出了暴雨、高温、大风、大雾、低温冷害、雷电、干旱等七类灾害性天气引发供水企业安全事故造成人员伤害的风险程度 R_{1K} 参数值和这七类灾害性天气引发供水企业安全事故造成设施设备房屋等财产损失的风险程度（R_{2K}）参数值，从表 5-26 可知供水企业主导气象灾害风险源是雷电灾害风险源。这个结论明确了前面仅仅依靠灾害性天气在供水企业所在地发生频率大小，而忽略了供水企业为应对灾害性天气事件引发供水企业安全事故而采取的工程性与非工程性控制措施的状态、灾害性天气事件引发供水企业安全事故造成的人员伤害的情况、灾害性天气事件引发供水企业安全事故造成的设施设备房屋等财产损失情况等因素，而无法明确“雷电”还是“大雾”是供水企业的主要气象灾害风险源。

表 5-32　供水企业不同气象灾害风险源风险程度 R_{1K} 与 R_{2K} 参数值比较表

风险源	暴雨	高温	大风	大雾	低温冷害	雷电	干旱
R_{1K}	38.6	21	6.7	30.3	5.00	18	31.6
R_{2K}	9.6	10.5	1.6	15.1	1.00	3	15.8

续表

风险源	暴雨	高温	大风	大雾	低温冷害	雷电	干旱
单灾种气象灾害风险等级	四级	四级	五级	四级	五级	四级	四级
单灾种气象灾害敏感单位类别	四类	四类	四类	四类	四类	四类	四类

(二)辨识与供水企业主导气象灾害风险源可叠加的其他气象灾害风险源

依据供水企业各类气象灾害风险源形成的物理机制,在供水企业所在地一天内能够与供水企业主导气象灾害风险源同时发生的其他类别气象灾害风险源,必然同属一个天气系统,并且在形成的物理机制上相互关联,相互影响,共同叠加形成供水企业的综合气象灾害风险源,因此能够参与叠加的气象灾害风险源与主导气象灾害风险源,在供水企业所在地一天内形成综合气象灾害风险源必然有着非常合理的物理解释,例如重庆雷电、大风、暴雨、高温、大雾、干旱等6类气象灾害风险源叠加形成的综合气象灾害风险源,其合理的物理解释是只有夏季的强对流天气系统出现时,才有可能白天是高温天气,然后出现暴雨伴有雷电、大风的强对流天气,最后由于地面辐射降温导致大雾形成,并且前一时段内处与无雨的干旱阶段。而重庆地区低温冷害天气绝对不可能与高温天气同时出现。所以根据叠加的气象灾害风险源与主导气象灾害风险源之间相互关联的合理物理解释,得到可能参与供水企业主导气象灾害风险源叠加的其他气象灾害风险源辨识表(表5-33),依据该表和供水企业所在地多灾种气象灾害叠加风险事件风险源重叠组合分析结论,可获得那些气象灾害风险源可参与供水企业主导气象灾害风险源叠加。例如前面分析的某供水企业能够参与重叠组合的风险源是:雷电与“暴雨+大风”或雷电与“高温+大风”或者雷电与“大风+大雾”,最后根据气象灾害风险源叠加后的风险程度 R_1 与 R_2 参数值的大小确定能够参与重叠组合的风险源,显然是 R_1 与 R_2 参数最大值所对应的重叠组合的风险源。

表5-33　可能参与供水企业主导气象灾害风险源叠加的其他气象灾害风险源辨识表

主导风险源	伴随叠加的风险源
暴雨灾害风险源	大风、雷电、高温、大雾等风险源
高温灾害风险源	暴雨、大风、雷电、大雾、干旱等风险源
大风灾害风险源	暴雨、大风、低温、雷电、高温、干旱等风险源
大雾灾害风险源	暴雨、高温、大风、雷电、低温等风险源
低温冷害风险源	大风、大雾、雷电等风险源
雷电灾害风险源	暴雨、大风、高温、大雾、干旱等风险源
干旱灾害风险源	大风、雷电、大雾、高温等风险源

(三)供水企业多灾种气象灾害叠加的综合风险 R_1 参数选择

根据前面某供水企业主导气象灾害风险源与参与叠加的其他气象灾害风险源辨识分析结论，该供水企业多灾种气象灾害叠加引发供水企业安全事故造成人员伤害的综合风险 R_1 参数的选择如表 5-34 所示。

表 5-34 供水企业多灾种气象灾害叠加的综合风险 R_1 参数选择表

供水企业主导风险源	可参与叠加风险源	R_1、参数值
雷电	暴雨、大风	63.3
雷电	高温、大风	45.7
雷电	大风、大雾	55
结论：由于“雷电＋大风＋暴雨”的 R_1、参数值最大，该 R_1、参数值被确定为供水企业的综合风险 R_1 参数，因此供水企业的综合风险 R_1 参数为 63.3。		

(四)供水企业多灾种气象灾害叠加的综合风险 R_2 参数选择

根据前面某供水企业主导气象灾害风险源与参与叠加的其他气象灾害风险源辨识分析结论，该供水企业多灾种气象灾害叠加引发供水企业安全事故造成设施设备房屋等财产损失的风险 R_2 参数的选择如表 5-35 所示。

表 5-35 供水企业多灾种气象灾害叠加的综合风险 R_2 参数选择表

供水企业主导风险源	可参与叠加风险源	R_2、参数值
雷电	暴雨、大风	14.2
雷电	高温、大风	15.1
雷电	大风、大雾	19.76
结论：由于“雷电＋大风＋大雾”的 R_2、参数值最大，该 R_2、参数值被确定为供水企业的综合风险 R_2 参数，因此供水企业的综合风险 R_2 参数为 19.76。		

根据上述供水企业多灾种气象灾害叠加风险特征分析与评估结论，结合供水企业评估实用模型 CQGSMES 的评估结论应用原则，供水企业多灾种气象灾害叠加风引发供水企业安全事故造成人员伤害的风险程度和造成设施设备房屋等财产损失的风险程度的风险等级分别是三级和二级，因此供水企业的气象灾害敏感单位的类别应为三类。由于供水企业多灾种气象灾害叠加风引发供水企业安全事故造成设施设备房屋等财产损失的风险程度的风险等级分别是二级，而供水企业主导气象灾害风险源是雷电灾害风险源，因此供水企业必须按照有关法律法规和技术规范，加强供水企业防雷装置安全性能年度检测，制定防御雷电灾害应急预案和防御雷电灾害科普宣传，切实提高供水企业防御雷电灾害能力。

三、城镇供水企业防御多灾种气象灾害叠加风险的处置措施与对策建议

通过供水企业气象灾害风险评估的实用模型——CQGSMES模型的评估，该供水企业属于气象灾害敏感单位三类，因此供水企业防御多灾种气象灾害叠加风险的处置措施与对策建议是除按照第四章第八节“城镇供水企业的基本安全气象保障措施”和“气象灾害敏感类别为三类的城镇供水企业安全气象保障措施的要求执行外，还必须按照国家有关法律法规和技术规范，加强供水企业防雷装置安全性能年度检测，制定防御雷电灾害应急预案和防御雷电灾害科普宣传，切实提高供水企业防御雷电灾害能力，确保供水企业防雷安全。

第六章　重庆城镇供水企业气象灾害风险管理的应用与实践

第一节　引言

气象灾害风险管理工作是加强气象灾害防御的有效手段，是实现气象灾害可防、可控的核心环节，是科学防灾、减灾、救灾的重要举措，是政府防灾、减灾、救灾工作的重要组成部分。为此重庆市人民政府高度重视气象灾害风险管理工作，早在 2008 年就组织有关专家研究制定了《重庆市气象灾害预警信号发布与传播管理办法》，于 2009 年 5 月 4 日经重庆市人民政府第 37 次常委会审议通过后以政府规章形式(重庆市人民政府令第 224 号)发布施行。该办法在国内率先从气象灾害风险管理工作法治保障的角度，创设了具有气象灾害风险的“气象灾害敏感单位”确认条款，规定了具有气象灾害风险管理的“区县(自治县)和乡镇人民政府”“有关行政管理部门”“气象灾害敏感单位”的气象灾害防御法律责任。同时重庆市人民政府在《重庆市人民政府关于进一步明确安全生产监督管理职责决定》文件中进一步强调了“气象灾害感单位的认定和气象灾害风险评估的管理工作”。但不同地域、不同行业(领域)气象灾害敏感单位的气象灾害风险管理工作千差万别，为了更有针对性地开展好、督导好重庆市各区县、行业(领域)气象灾害敏感单位的气象灾害风险管理工作，重庆市气象局组织有关专家制定了与气象灾害风险管理工作密切相关的《气象灾害敏感单位安全气象保障技术规范》(DB50/368—2010)、《气象灾害敏感单位风险评估技术规范》(DB50/580—2014)、《旅游景区气象灾害风险管理规范》(DB50/T715—2016)，还积极协调和协助重庆市人民政府办公厅、应急办公室出台了具体细化气象灾害敏感单位的气象灾害风险管理工作的《重庆市人民政府办公厅关于加强气象灾害敏感单位安全管理的通知》(渝办发〔2010〕344 号)文件。并会同有关区县、行业(领域)主管部门先后开展了“气象灾害敏感单位安全气象保障技术研究”“气象灾害敏感单位风险评估技术研究”“危险化学品生产企业气象灾害风险管理研究”“市政设施气象灾害风险管理研究”“酉阳旅游景区气象灾害风险管理研究”和“学校气象灾害敏感单位认证与实践”“煤矿气象灾害气象风险管理与实践”“气象安全生产事故风险管理与实践”“设施农业雷电灾害风险管理与实践"以及"荣昌生猪养殖气象灾害风险管理示范工程""北碚区(缙云山)林业气象灾害风险管理示范工程"等气象灾害风险管理具体应用研究和实践推广,在这些行业(领域)方面取得了显著的防灾减灾效益和社会效益、经济效益。但在城镇供水企业气象灾害气象风险管理方面,虽然重庆市各级供水行业管理部门和气象部门,按照国家和地方有关法律法规和规范文件的要求,进一步加强了城镇供水企业气象灾害防御的组织领导,提高了城镇供水系统气象防灾减灾能力,有效防止或减轻了气象灾害,取得了一定的防灾减灾效益和社会效益、经济效益。然而距离"两个坚持""三个转变"的防灾、减灾、救灾新要求还有显著差距,尤其是部分城镇供水企业不仅在气象灾害风险管理的思想认识、具体管理、经费保障方面还存在局限性,而且一些长期存在的具体问题仍然没有从根本上得到有效解决。这些问题主要表现在以下几个方面。

一是城镇供水企业的城镇供水系统气象灾害防御工作缺乏精细化。目前仍然有不少城镇供水企业的城镇供水系统气象灾害的防灾减灾救灾工作仅仅停留在宏观层面,没有根据供水企业所处的地理位置、地质特征、土壤环境、气候背景、周边环境条件等情况和供水企业防御气象灾害能力,供水企业可能遭受灾害性天气风险,以及供水企业在遭受灾害性天气时可能造成人员伤亡和财产损失的后果进行科学的微观分析,使供水企业气象灾害隐患排查、治理、监管未能根据供水企业对气象灾害的敏感性和气象灾害损失等级进行气象灾害敏感单位的气象灾害风险分类排查、治理、监管,导致气象灾害隐患排查、治理、监管等工作存在一定的盲目性,缺乏科学性和精细化。

二是城镇供水企业的城镇供水系统气象灾害防御工作缺乏主动性。目前仍然有不少城镇供水企业的气象灾害防御措施处于静态,没有针对供水企业所在地的气象灾害天气的动态变化特征采取动态、实时、适时的气象灾害风险管理措施,供水企业在接收到气象灾害天气预警信息后,并不知道如何运用预警信息防御气象灾害,缺乏防御气象灾害的主动性,没有承担起预防气象灾害的主体责任。

三是城镇供水企业的城镇供水系统气象灾害防御工作缺乏风险管理的前瞻性。近年来强调灾害事故发生后的应急救援和事故的责任追究,用事故指标考核城镇供水企业安全生产,常常在城镇供水企业发生气象灾害事故后,采取"开会""出文件""拉网式隐患排查""现场检查、督察""回头看"等办法和措施,这些办法和措施都明显带有事后性、被动性和治标性等特征。而城镇供水企业要体现认真贯彻落实"安全第一、预防为主、综合治理"的安全方针,实现"两坚持""三转变"的气象灾害风险管理,就必须充分研究和分析能够导致本企业发生气象灾害的风险,完善企业防御气象灾害的工程性措施和非工程性措施,普及企业员工气象防灾减灾救灾知识,主动承担本企业防御气象灾害的主体责任,全面提升本企业气象灾害风险管理能力和水平,使供水企业在气象灾害防御工作中具有科学的预防性、超前性、前瞻性。

为了有效解决重庆城镇供水企业在气象灾害风险管理的思想认识、具体管理、经费保障方面的局限性和存在的具体问题，防止或减少暴雨、雷电、高温、干旱、低温等灾害天气造成的城镇供水企业气象灾害事故，切实做好城镇供水企业气象灾害工作，促进重庆安全发展，重庆市气象局在铜梁区委区政府的大力支持下，组织重庆市气象局政策法规处、重庆市气象局气象安全技术中心、重庆市防雷中心、重庆市气象局气象服务中心、重庆市气象局气候中心、重庆市铜梁区气象局、重庆铜梁区龙泽水务公司等单位，充分借鉴“铜梁区煤矿气象灾害风险管理示范区建设”的实践成果，于 2014 年开展了铜梁区城镇供水系统气象灾害风险管理的具体应用与实践，进一步健全了“政府主导、部门联动、社会参与”的防灾减灾机制，强化了城镇供水企业的气象灾害风险管理，有效落实了城镇供水企业在气象灾害风险管理的主体责任，初步探索出了一条城镇供水企业按照“两个坚持”“三个转变”新要求，依法防灾、减灾、救灾和科学防灾、减灾、救灾的新途径，为其他行业（领域）气象灾害敏感单位的气象灾害风险管理工作提供了宝贵的实践经验。因此本章以重庆铜梁区龙泽水务公司气象灾害风险管理的应用与实践为例，介绍城镇供水企业在气象灾害风险管理方面的应用与实践。

第二节　重庆市铜梁区龙泽水务公司气象灾害风险管理的应用与实践案例

一、开展重庆市铜梁区龙泽水务公司气象灾害风险管理的背景

重庆市气象局根据 2013 年 7 月 29 日，中共中央总书记、国家主席、中央军委主席习近平同志在新华社《动态清样》上关于“近期多地出现突破当地历史记录的高温天气，不少地方受旱严重，给人民群众生产生活带来极大影响，应予高度重视。要组织力量对当前异常天气情况进行研判，评估其现实危害和长远影响，为决策和应对提供有力依据。有关方面要积极有为，采取有针对性的措施，引领群众科学应对，做好舆论引导工作，努力减少因灾害造成的损失，保障受灾地区正常生产生活秩序”的批示精神，针对城镇供水系统是保障人民生活、生产发展不可或缺的物质基础，关系到城市安全运行、社会稳定大局的实际情况，以及城镇供水系统极易遭受灾害天气袭击，形成气象灾害风险，严重威胁城镇供水系统正常生产，甚至造成城镇供水系统气象灾害事故的特征。为进一步强化城镇供水企业气象防灾减灾的当前和长远工作统筹和城镇供水企业灾害来临的应急防御和城镇供水企业立足长远的气象灾害风险防范统筹，培育城镇供水企业气象灾害风险意识，树立城镇供水企业气象灾害风险管理的理念，有效降低城镇供水系统气象灾害风险，遏制城镇供

水系统气象灾害事故发生，强化城镇供水企业气象灾害风险管理，使气象灾害防御的端口前移，变被动防灾为主动应对，实现气象防灾减灾工作由减轻气象灾害损失向降低气象灾害风险转变，充分发挥气象在城镇供水企业防灾、减灾、救灾的前瞻性、基础性、现实性作用，切实提升城镇供水企业气象灾害防御的效益。按照中国气象局原局长郑国光同志关于"提高灾害风险管理水平是气象防灾减灾越来越重要的一项任务"的要求和中国气象局、重庆市人民政府关于"重庆在西部率先基本实现气象现代化"的战略部署，结合铜梁区灾害天气种类繁多，且发生频率高、突发性强、危害大的特点，尤其是2013年"6.30"大暴雨造成铜梁区涪江取水主管道严重堵塞，导致铜梁城区停水达到半个月，带来了较大的经济损失和社会影响的实际情况，借鉴"铜梁区煤矿气象灾害风险管理示范区建设"的实践成果，依托"重庆市突发事件预警信息发布平台"和"重庆市气象灾害敏感单位管理平台"，会同铜梁区积极推进铜梁区龙泽水务公司城镇供水系统气象灾害风险管理的应用与实践，积极探索了供水行业"政府主导、部门联动、社会参与"的气象防灾减灾工作机制，进一步完善了基层气象防灾减灾和公共气象服务体系建设的政策，健全了气象公共安全服务体系，强化了安全生产的气象行业监管职能，初步建立了集城镇供水企业气象灾害风险普查、风险识别、风险预警和风险评估于一体的城镇供水企业气象灾害风险预警服务业务，为提高重庆气象灾害风险管理水平，增强气象防灾减灾能力奠定了坚实的实践基础。

二、开展重庆市铜梁区龙泽水务公司气象灾害风险管理的做法

（一）重庆铜梁区龙泽水务公司气象灾害风险管理的目标

在重庆铜梁区龙泽水务公司气象灾害风险管理的应用与实践过程中，创立城镇供水系统气象风险评估技术模型和城镇供水专业精细化气象服务模式，为城镇供水提供更加可靠的安全气象保障服务。消除城镇供水企业气象灾害风险，防止城镇供水企业气象灾害风险向气象灾害事故转变，提升城镇供水企业气象灾害风险管理水平。

（二）重庆铜梁区龙泽水务公司气象灾害风险管理具体举措

1. 深入开展需求调研

组织有关专家成立调研小组，针对铜梁区龙泽水务公司城镇供水系统特点和城镇供水系统涉及地理、地质、土壤、气候、环境特征，以及铜梁区灾害天气发生的历史，进行龙泽水务公司城镇供水系统气象灾害风险和气象服务需求深入调研（图6-1）。

2. 制定专项气象灾害风险管理服务方案

在前期充分深入调研的基础上，综合分析龙泽水务公司城镇供水系统专项气象灾害风险管理服务需求，磋商、制定城镇供水系统专项气象灾害风险管理服务方

图 6-1　龙泽水务公司城镇供水系统气象灾害风险调研现场

案(图 6-2)。

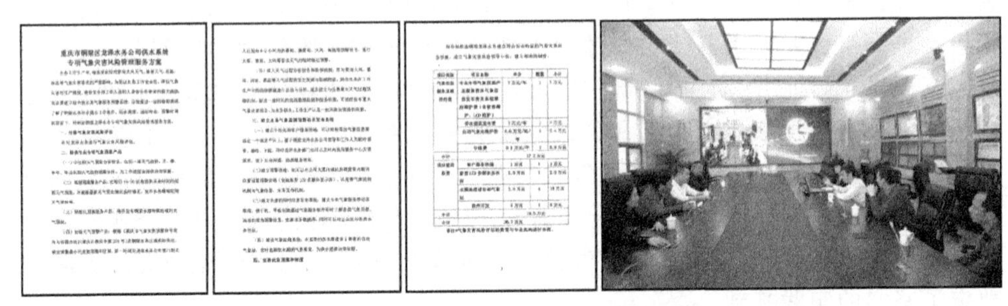

重庆市铜梁区龙泽水务公司供水系统
专项气象灾害风险管理服务方案

图 6-2　专项气象灾害风险管理服务方案及其磋商现场

该方案的主要内容:一是针对龙泽水务开展气象灾害风险评估,二是提供专业专项气象预报产品,三是建立水务气象预警信息发布系统,四是完善应急预案和制度。

3. 签订合作协议

铜梁区气象局与铜梁区水务局签订铜梁区水文资料共享协议,明确双方资源共享和共同防御相关气象灾害;同时铜梁区气象局与铜梁区龙泽水务公司签订城镇供水系统气象灾害风险管理协议(图 6-3),就建设内容、职责分工、费用承担等达成共识。

4. 开展城镇供水系统气象灾害风险评估

依托重庆市雷电防护技术开发与应用中心对铜梁区龙泽水务公司城镇供水系统开展气象灾害风险评估,出具相应的风险评估报告(图 6-4)。

5. 完善工程性和非工程性措施

根据铜梁区龙泽水务公司城镇供水系统气象灾害风险评估结论和专项气象灾害风险管理服务需求,进一步完善铜梁区龙泽水务公司城镇供水系统气象灾害风险管理工程性与非工程性措施。

(1)完善的工程性措施

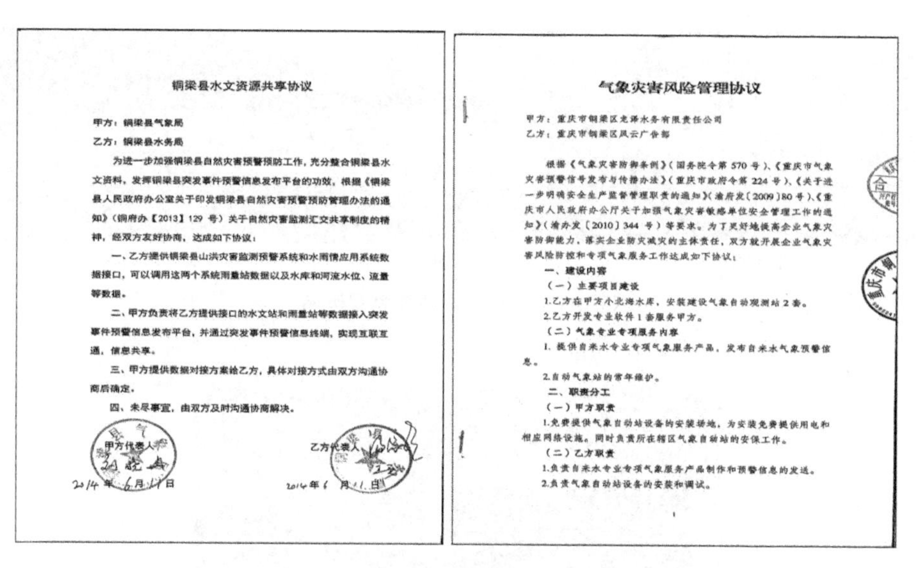

铜梁县水文资源共享协议

甲方：铜梁县气象局

乙方：铜梁县水务局

为进一步加强铜梁县自然灾害预警预防工作，充分整合铜梁县水文资料，发挥铜梁县突发事件预警信息发布平台的功效，根据《铜梁县人民政府办公室关于印发铜梁县自然灾害预警预防管理办法的通知》（铜府办【2013】129 号）关于自然灾害监测汇交共享制度的精神，经双方友好协商，达成如下协议：

一、乙方提供铜梁县山洪灾害监测预警系统和水雨情应用系统数据接口，可以调用这两个系统雨量站数据以及水库和河流水位、流量等数据。

二、甲方负责将乙方提供接口的水文站和雨量站等数据接入突发事件预警信息发布平台，并通过突发事件预警信息终端，实现互联互通，信息共享。

三、甲方提供数据对接方案给乙方，具体对接方式由双方沟通协商后确定。

四、未尽事宜，由双方及时沟通协商解决。

甲方代表人 乙方代表人

2014 年 6 月 11 日 2014 年 6 月 11 日

气象灾害风险管理协议

甲方：重庆市铜梁区龙泽水务有限责任公司

乙方：重庆市铜梁区风云广告部

根据《气象灾害防御条例》（国务院令第 570 号）、《重庆市气象灾害预警信号发布与传播办法》（重庆市政府令第 224 号）、《关于进一步明确安全生产监督管理职责的通知》（渝府发〔2009〕80 号）、《重庆市人民政府办公厅关于加强气象灾害敏感单位安全管理工作的通知》（渝办发〔2010〕344 号）等要求。为了更好地提高企业气象灾害防御能力，落实企业防灾减灾的主体责任，双方就开展企业气象灾害风险防控和专项气象服务工作达成如下协议：

一、建设内容

（一）主要项目建设

1.乙方在甲方小北海水库，安装建设气象自动观测站 2 套。

2.乙方开发专业软件 1 套服务甲方。

（二）气象专业专项服务内容

1. 提供自来水专业专项气象服务产品，发布自来水气象预警信息。

2.自动气象站的常年维护。

二、职责分工

（一）甲方职责

1.免费提供气象自动站设备的安装场地，为安装免费提供用电和相应网络设施。同时负责所在辖区气象自动站的安保工作。

（二）乙方职责

1.负责自来水专业专项气象服务产品制作和预警信息的发送。

2.负责气象自动站设备的安装和调试。

1

图 6-3 合作协议

图 6-4 城镇供水系气象灾害风险评估现场调研及风险评估

铜梁区气象局与龙泽水务公司合作完善的城镇供水系统气象灾害防御工程性措施主要建设内容包括：建设 3 套城镇供水自动气象观测站、2 套自动水位监测仪，1 套 LED 气象预警电子显示屏、1 套城镇供水气象预警服务终端以及城镇供水专业气象服务软件。

一是城镇供水自动气象观测站建设：在玄天湖、小北海、安居 3 个城镇供水取水点建设了自动气象观测站（图 6-5），主要观测要素为雨量和温度，数据采集每 5 分钟上传到后台服务器，气象实况观测要素在城镇供水气象服务平台和 LED 电子显示屏上能实时查看。

二是水位监测仪建设：在原来玄天湖取水点已有自动水位监测仪的基础上，分别在北海、安居取水点新建了自动水位监测仪，实现了水位的实时观测，数据采集频率为每 2 小时一次上传到后台服务器，水位要素在城镇供水气象服务平台和 LED 电子显示屏上能实时查看（图 6-6）。

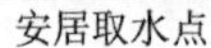

安居取水点　　小北海取水点　　玄天湖取水点

图 6-5　取水点自动气象观测站

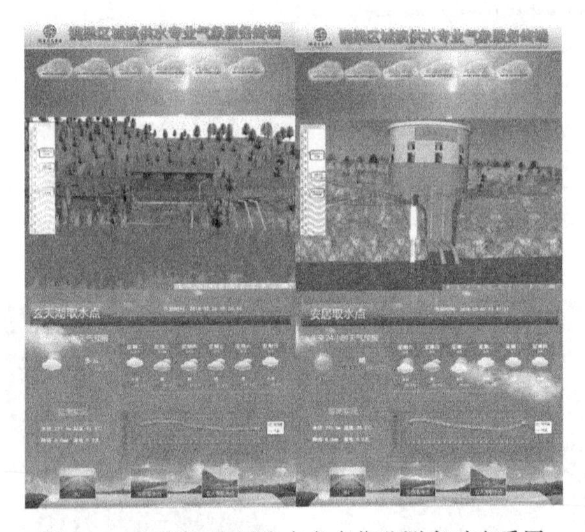

图 6-6　玄天湖、安居取水点水位监测实时查看图

三是城镇供水气象服务计算机终端建设：城镇供水气象服务计算机终端用于展示城镇供水专业气象服务用户平台，主要信息包括全区取水点的天气预报和天气实况信息；取水点三维实景模型和实况水位数据；根据阈值和技术模型自动生产的预警产品；气象服务专报；同时计算机终端可以接收突发事件预警信息发布平台发布的气象预警信息；城镇供水气象防御指南；涪江全流域水位信息共享查看；发布供水企业自身的综合信息(图 6-7)。

四是城镇供水气象服务 LED 气象预警电子显示屏终端建设：城镇供水气象服务 LED 预警电子显示屏终端以红外触摸液晶一体机为展示媒介，将取水点、水厂的实景三维模型、天气预报、实况天气信息、实况水位信息、24 小时降雨和温度变化趋势曲线图在同一个界面一体化展示，也可通过触摸点击的方式，主动查询气象服务专报、预警信息、防御指南、供水企业综合信息(图 6-8)。

五是城镇供水气象服务手机 APP 建设：城镇供水气象服务手机 APP 装载于安卓智能手机内，其特点是使用非常便捷，信息获取的及时性高，无论使用人处于

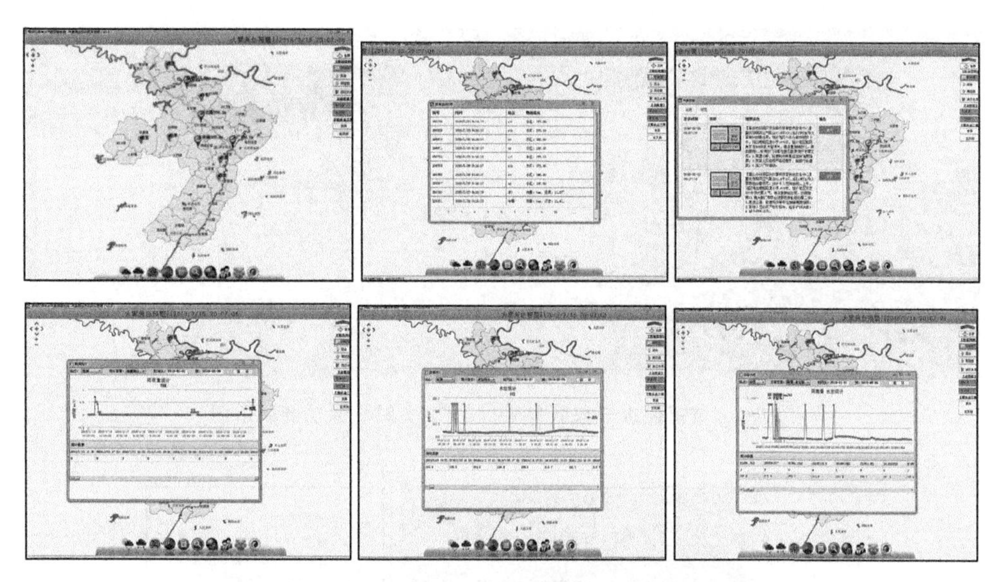

图 6-7　城镇供水气象服务计算机终端实时服务功能展示图

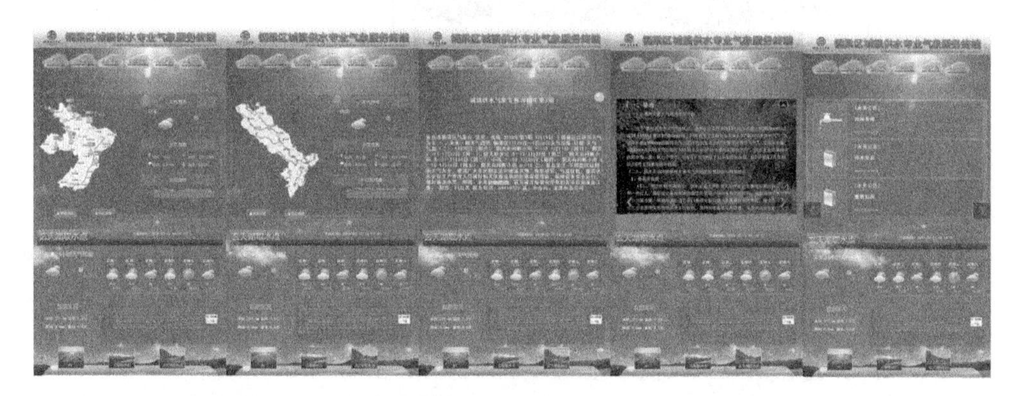

图 6-8　LED 气象预警电子显示屏实时气象服务功能展示图

何处，只要具备手机数据网络，就可第一时间接收到供水气象服务预警产品、气象预警信息，根据需要，还可随时查询取水点和水厂天气预报、实况天气信息、实况水位信息、气象服务专报、防御指南、供水企业综合信息等，从而极大地提升了信息发布的覆盖面、便捷性和及时性(图 6-9)。

六是三维可视化龙泽水务公司城镇供水系统气象灾害风险管理服务系统软件开发：根据龙泽水务公司城镇供水系统气象灾害风险管理服务需求，组织相关公司有关专家开发了三维可视化龙泽水务公司城镇供水系统气象灾害风险管理服务系统软件，编写了重庆市铜梁区龙泽水务公司城镇供水系统气象灾害风险管理专业气象服务系统使用手册(图 6-10)。

图 6-9　城镇供水气象服务手机 APP 实时服务功能展示图

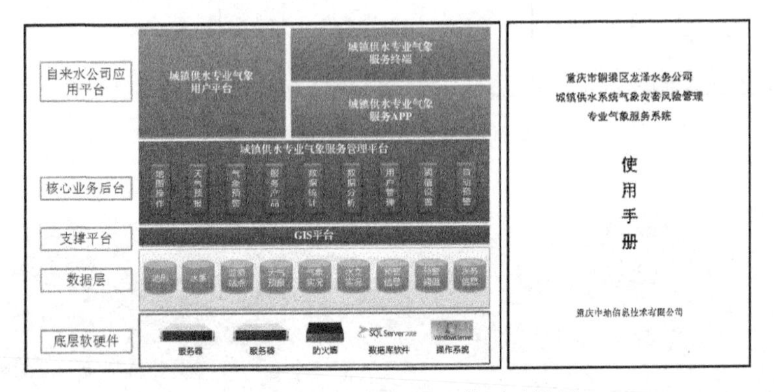

图 6-10　系统架构框图及使用手册图

(2)完善的非工程性措施

一是重庆市铜梁区气象局指导铜梁区龙泽水务公司制定了《铜梁区龙泽水务公司气象灾害应急预案》和《供水企业气象灾害防御指南》(图 6-11)。

二是重庆市铜梁区气象局指导铜梁区龙泽水务公司制定《防御气象灾害工作定期检查制度》,该制度的主要内容如下。

根据《中华人民共和国气象法》、《防雷减灾管理办法》和《重庆市气象条例》规定,为加强对水厂防御气象灾害以及防雷设备设施检修维护的管理,特制定本办法。

① 防御气象灾害工作定期检查目的

a. 水厂每年必须编制年度气象灾害预防处理计划,并根据具体情况及时修改和贯彻。

b. 气象灾害预防与处理计划中必须对水厂车间可能存在的危害具有预见性,并制定、采取有预防措施。

c. 水厂气象灾害预防处理计划所需要的费用、材料和设备等列入企业财务供

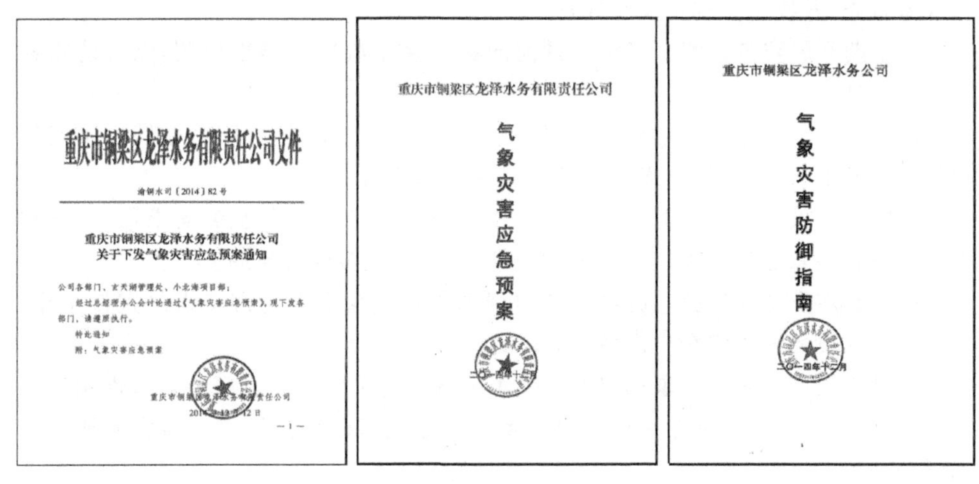

重庆市铜梁区龙泽水务有限责任公司文件

渝铜水司〔2014〕82号

重庆市铜梁区龙泽水务有限责任公司
关于下发气象灾害应急预案通知

公司各部门、玄天湖管理处、小北海项目部：

经过总经理办公会讨论通过《气象灾害应急预案》，现下发各部门，请遵照执行。

特此通知

附：气象灾害应急预案

重庆市铜梁区龙泽水务有限责任公司
201[illegible]年12月12日

—1—

重庆市铜梁区龙泽水务有限责任公司

气象灾害应急预案

二〇一四年十二月

重庆市铜梁区龙泽水务公司

气象灾害防御指南

二〇一四年十二月

图 6-11　铜梁区龙泽水务公司气象灾害应急预案

应计划。

d. 气象灾害预防和处理计划由部门负责人负责组织实施。

e. 对突发性气象自然灾害等按照政府、公司有关预案，积极做好相关工作。

② 防御气象灾害工作定期检查要求

a. 水厂、取水车间的防雷装置应当每年检测一次。

b. 防雷检测报告、合格证按要求存档。

c. 值班人员应当每天关注城镇供水气象服务平台，做好日志，收到预警信息要及时上报并做好相应的防范措施。

以上规定，公司安全管理工作人员必须认真执行，如因工作疏漏、拖拉、推诿而造成的损失，依照有关安全规定进行处罚。

三是重庆市铜梁区气象局会同重庆市铜梁区水务局指导龙泽水务公司制定并明确了龙泽水务公司城镇供水气象服务工作站职责。工作站具体职责如下。

① 总体要求

城镇供水气象服务工作站必须严格遵守法律法规和有关政策规定。工作站主要负责区内气象预警信息和气象服务信息的接收和应用；城镇供水气象设施的运行维护；开展相关灾害的隐患排查。

② 工作职责

a. 及时处置气象灾害预警信息。保证城镇供水气象服务终端 24 小时在线，在气象灾害来临前及时接收预警信息，按照《铜梁区龙泽水务公司气象灾害应急预案》要求及时处置。

b. 做好城镇供水气象信息日志。在接收到重要气象信息后，值班人员认真填写气象日志，并按相关规定及时处置。

c. 定期开展防雷检测。每年3月前向区防雷中心申请防雷检测，做好防雷检测档案管理。

d. 做好气象设施设备的管理和维护。做好公司气象观测设备、城镇供水精细化气象服务平台、预警显示终端等设施的日常维护和管理。

e. 做好气象信息收集上报工作。平时加强收集各类气象服务需求信息，遇重大天气过程注意加强收集气象灾情，并及时将信息上报区气象局。

f. 气象科普宣传职责。负责区域内城镇供水气象灾害防御知识的宣传工作，增强工作人员的气象安全生产意识和能力。

四是重庆市铜梁区气象局将城镇供水系统信息员资料纳入区突发事件预警信息发布平台管理，及时举办了城镇供水系统气象灾害防御知识培训与应急演练活动(图6-12)。

图6-12　城镇供水系统信息员参加防御知识培训现场

6. 组织项目达标验收

在完成重庆铜梁区龙泽水务公司气象灾害风险管理服务系统建设项目工程性和非工程性措施建设的基础上，由重庆市气象局会同重庆市铜梁区政府组织相关专家对此项目进行验收(图6-13)。目前该项目已经投入业务运行。

图6-13　项目验收会现场

三、开展重庆市铜梁区龙泽水务公司气象灾害风险管理的成效

(一)重庆铜梁区龙泽水务公司气象灾害风险管理的主要特点

开展重庆铜梁区龙泽水务公司气象灾害风险管理的主要特点表现在以下几方面。

一是注重理念创新,将专业气象服务内涵拓展到气象灾害风险管理领域。在铜梁区城镇供水系统气象风险普查的基础上,率先建立了国内城镇供水系统气象灾害风险评估技术模型,并利用该模型对铜梁区城镇供水系统开展气象灾害风险评估,识别和分析城镇供水系统气象灾害风险源及其影响,辨识出暴雨、高温、大风、大雾、低温、雷电、干旱为影响铜梁区城镇供水系统的主要灾害性天气风险源,有针对性提出了铜梁区城镇供水系统气象灾害风险管理与控制措施。

二是注重技术创新,率先开发出针对城镇供水系统气象灾害风险管理的精细化专项气象服务技术。以城镇供水企业需求为导向,推动企业用户全程互动参与,基于大数据技术促进气象数据和相关水务数据的融合,辅之三维可视化技术、GIS技术、物联网技术,开发了精细化的三维可视化龙泽水务公司城镇供水系统气象灾害风险管理服务系统软件和基于气象灾害风险管理的专业气象预报预警核心技术,实现了专业气象服务与气象灾害风险管理互动性和融合式发展。在国内率先开发出城镇供水精细化专业气象服务管理系统软件,实现取水点水位信息、降雨量、雷电、冰冻等信息的实时动态监测和直观的三维可视化管理,并结合专家模型,对城镇供水系统开展精细化专业气象服务;针对主取水点取水受涪江水位影响较大的情况,开展了涪江水位与流域降水量的关系研究,并初步建立了致灾临界阈值的气象风险预警技术模型,为相关预警工作和气象灾害风险管理工作提供了科学依据。

三是注重管理模式创新,采取完全市场化的运作模式。按照气象服务社会化的要求,采取完全市场化的运作模式,充分利用社会资源开展城镇供水气象精细化服务。建立气象自动观测站、水位监测仪、相关气象预警信息接收和发布终端等硬件建设费用,开展气象灾害风险评估和开发相关软件的全部费用,以及城镇供水系统气象灾害风险管理的精细化专项气象服务每年持维护费均完全由供水企业承担,初步建立了城镇供水企业防御气象灾害资金多元投入机制,进一步加强了对防灾减灾救灾资金的统筹,提高资金使用效益的作用。

四是注重服务手段的创新,发展面向新媒体的气象服务信息传播方式。改变了以前专业气象服务多通过书面服务材料的传统模式,基于新一代移动通信和互联网等技术手段,发展了移动式交互、智能定向信息发布为显著特征的气象信息服务传播手段,开发出了直观、三维动态、智能操作的 LCD 城镇供水系统专业气象服务显示系统、气象服务 APP 软件和用户服务终端,初步建立了全媒体融合发展的

专业气象服务信息传播体系。

（二）重庆铜梁区龙泽水务公司气象灾害风险管理取得的主要效益

开展重庆铜梁区龙泽水务公司气象灾害风险管理取得的主要效益表现在以下几方面。

一是较好落实了企业参与气象防灾减灾救灾的主体责任。通过开展重庆铜梁区龙泽水务公司气象灾害风险管理，建立健全了“政府—部门—水务公司”的层层考核体系，有效落实了城镇供水企业防御气象灾害的主体责任，各项安全气象保障措施得到较好的贯彻落实。同时，通过广泛宣传，积极协调，充分调动了城镇供水企业防御气象灾害的积极性，加大了城镇供水企业安全气象保障投入，实现制度明确、责任到人、措施到位。

二是显著提升了城镇供水企业的社会效益与经济效益。通过开展重庆铜梁区龙泽水务公司气象灾害风险管理，使城镇供水企业知晓如何科学地、有针对性地开展气象防灾减灾工作。同时，由于城镇供水企业建立了相应的安全气象保障措施，强化和提升了供水工作的安全性，明显降低了气象灾害对生产运行、调度和员工人身安全所带来的威胁，使气象灾害对铜梁区城镇供水的影响明显降低，城镇供水的社会效益与经济效益显著提升（图 6-14）。

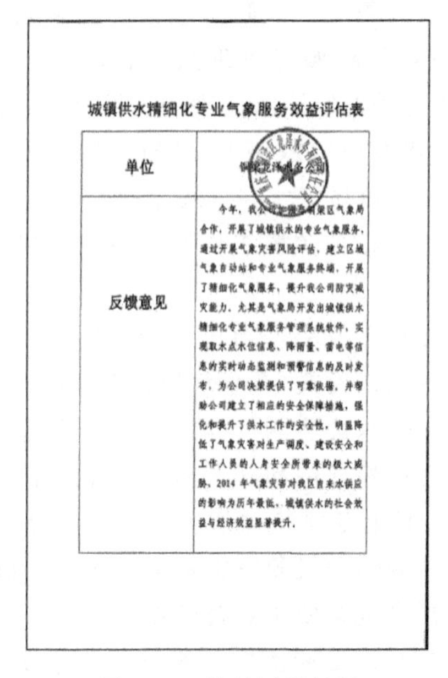

城镇供水精细化专业气象服务效益评估表

单位	铜梁龙泽水务公司
反馈意见	今年，我公[illegible]铜梁区气象局合作，开展了城镇供水的专业气象服务，通过开展气象灾害风险评估，建立区域气象自动站和专业气象服务终端，开展了精细化气象服务，提升我公司防灾减灾能力，尤其是气象局开发出城镇供水精细化专业气象服务管理系统软件，实现取水点水位信息、降雨量、雷电等信息的实时动态监测和预警信息的及时发布，为公司决策提供了可靠依据，并帮助公司建立了相应的安全保障措施，强化和提升了供水工作的安全性，明显降低了气象灾害对生产调度、建设安全和工作人员的人身安全所带来的极大威胁，2014 年气象灾害对我区自来水供应的影响为历年最低，城镇供水的社会效益与经济效益显著提升。

图 6-14　效益证明材料

三是充分发挥了突发事件预警信息发布平台的效益，与区水务局实现了资源共享，并利用平台发布停水等水务信息，节约社会成本，受到各级领导的充分肯定（图 6-15）。

图 6-15　重庆市委办公厅副巡视员李建树、铜梁区委书记唐小平检查指导城镇供水智能服务系统

四是铜梁区城镇供水系统气象灾害风险评估工作的开展，进一步为重庆市地方标准——《气象灾害敏感单位风险评估技术规范》评审通过积累了成功案例。

第三节　重庆市加强城镇供水企业气象灾害风险管理具体应用与实践的启示

重庆市气象局通过城镇供水企业气象灾害风险管理具体应用与实践发现，目前许多城镇供水企业对能够预见或者能够防范可能发生的极端天气、气候事件和气象危险要素等气象危险因素形成的城镇供水企业气象灾害风险的理解存在偏差，错误理解为极端天气、气候事件和气象危险要素等气象危险因素形成的城镇供水企业气象灾害风险就是气象危险因素的天气预报和气象灾害天气的预报预警，而与供水企业无关，忽视了供水企业气象灾害风险管理，其主要原因是这些城镇供水企业管理者的气象科学素养的欠缺，对极端天气、气候事件和气象危险要素等气象危险因素形成的城镇供水企业气象灾害风险的"能够预见""能够预报预警""能够防范"的科学内涵认识不充分、不具体所致。因此本节通过城镇供水企业气象灾害风险管理的应用与实践过程中，获得近年来城镇供水企业积极主动成功应对气象灾害风险，防止或者减轻气象灾害损失案例的研究成果，重点论述城镇供水企业气象灾害风险"能够预见""能够预报预警""能够防范"的科学认识与启示。

一、城镇供水企业气象灾害风险能够预见的科学认识

城镇供水企业气象灾害风险形成的根本原因是城镇供水企业所在地存在城镇供水企业气象灾害事故密切相关的极端天气、气候事件和气象危险要素等气象危险因素，虽然这些气象危险因素的具体在什么时间发生，在该企业的具体什么位置发生、发生时该气象危险因素强度多少等是未知的，但是可通过当地多年的气象历

史资料统计分析，获得这些气象危险因素是否一定会发生，是那些气象危险因素一定会发生，发生频率是多少、发生的强度范围是多少，并且可研判那些气象危险因素发生时，若不采取相应工程性和非工程性防范措施，就可能引发城镇供水企业气象灾害事故。因此通过城镇供水企业所在地气象历史资料统计分析和逻辑分析结果，就能预见城镇供水企业气象灾害风险，只要提前采取相应工程性和非工程性防范措施，就能防止城镇供水企业气象灾害风险向气象灾害转变，就能确保城镇供水企业的供水系统安全运行。

典型案例　2018 年 1 月 29 日以来，新疆伊宁市受连日的超低温天气影响，导致伊宁市 300 多个居民小区内上千只水表冻坏。为保证供水系统正常运行，1 月 29 日，伊宁市自来水公司购买 1200 套棉被，给全市 300 多个居民小区内的水表、水管盖上，保护供水设施(图 6-16)，同时派出多支队伍进入居民小区摸排，并提醒居民：如发现有水表或水管保温设施缺失或破损，可及时拨打 8227269 热线电话报修，抢修人员将及时处理，有效保证了市区主要供水系统正常运行。此次极寒天气由于相关用水单位积极配合，伊宁市自来水公司又加大了前期宣传和提醒力度，水表冻坏的情况比上次有所减少。另外根据伊宁市自来水公司党总支书记陈铁安说：“冬季由于市民对供水设施不重视，户外供水设施极易发生冻裂现象。尤其是进入 1 月以来，这个问题比较多。”这就充分说明，伊宁市自来水公司根据多年气象历史资料统计分析和逻辑分析结论及工作经验是提前预知伊宁市冬季户外供水设施极易发生冻裂的气象灾害风险，只是不知道极寒天气那天来临。因此采取提前宣传和提醒防范，也能效降低用水户的灾害损失。

图 6-16　水表冻坏及自来水公司给供水设施盖“棉被”现场

上述案例表明，城镇供水企业气象灾害风险是能够预见的，因此忽视了应用气象历史资料统计分析和逻辑分析对城镇供水企业气象灾害风险预见的研究判断，势必会忽视防范城镇供水企业气象灾害风险引发气象灾害事故的工程性和非工程性措施，很容易导致气象灾害风险向气象灾害事故转变。因此气象灾害风险能够预见是成功防范气象灾害事故的重要基础。

二、城镇供水企业气象灾害风险能够预报预警的科学认识

形成城镇供水企业气象灾害风险的极端天气、气候事件和气象危险要素等气象危险因素是能够预报和预警的，因此城镇供水企业气象灾害风险是能够预报预警的。但是气象危险因素预报预警是指在时间尺度、空间位置、要素强度上“一定范围”的预报和预警，由于目前的科学技术水平，还不可能实现气象危险因素在时间尺度、空间位置、要素强度上“定时、定点、定量”的预报和预警，而真正做到气象危险因素“定时、定点、定量”实况发布，就是必须依托现代化的气象危险因素的“定时、定点、定量”实况监测，因此气象危险因素的预报和预警仅仅实现了气象危险因素可能引发城镇供水系统气象灾害风险的预报预警，是城镇供水企业气象灾害事故可能发生程度的风险预报和预警，而非城镇供水企业气象灾害事故的预报和预警。城镇供水企业气象灾害风险是否转变为气象灾害事故，这与城镇供水企业采取防范供水系统气象灾害事故的措施密切相关，城镇供水企业只有根据城镇供水企业气象灾害风险的预报预警采取相应防范措施，才能消除气象灾害事故可能发生的风险，才能防止城镇供水企业气象灾害风险转变为气象灾害事故，真正做到科学防灾减灾救灾。

典型案例 2017年8月22日以来，辽宁省大连市遭遇了持续的高温干旱天气，大连市自来水集团为保证夏季安全稳定供水，集团全体干部职工牢记民生职责，勇挑生命线重担，从容应对复杂多变的天气状况，向党和人民交上一份用心血和汗水书写的答卷。

有一种智慧叫未雨绸缪。入夏以来持续的高温干旱天气，使主要水源地水库水位降至历史同期最低水平。自来水集团审时度势，开源和节流并重，通过启用备用水源供水缓解原水紧张状况，通过增加水质检测频率等方式确保水质合格。8月2日和3日，集团公司连续两天召开抗旱(防汛)会议，针对水资源短缺现状部署抗旱工作，制定了继续干旱天气情况下的节水压水和挖潜改造方案。同时要求各单位严阵以待，备足抢修物资，对预计3日夜间来临的强降雨做好防汛保障工作。

8月3日夜间至4日，大暴雨伴随电闪雷鸣如约而至。本次降雨呈雨急、雨大、降雨时间长的特点，市区平均降雨量达134.7毫米，庄河部分地区雨量创30余年降雨记录，英那河水库发生溢洪。久旱逢甘霖本是好事，但几十年不遇的强降雨使城市供水水质面临着严峻的考验。

雨情就是命令，自来水集团迅速反应，立即启动相关应急预案，全方位做好预警监测工作，各水厂密切关注雨情和原水水质变化，加大水质化验力度，提前清洗沉淀池及构筑物，确保泵站及其他附属设施运行正常。水质监测中心专业技术人员进驻各大水厂指导投药和化验工作。有关部门做好净水药剂储备及防汛抢险准

备。事后证明，集团公司措施部署及时有效，确保了整个防汛保供水工作的开展。

有一种担当叫忘我奉献。8 月 6 日是一个不寻常的周末。英那河、碧流河、大沙河原水浊度陆续飙升，英那河原水浊度甚至达到 1000NTU，大量浑浊原水涌入供水管道。集团公司领导及机关有关部门、各水厂党政领导和化验、投药等相关部门人员从 6 日早晨开始全部到岗工作。下午两点，集团公司董事长主持召开了紧急工作会议，明确组织领导、明确责任人员，明确工作措施，明确物资保障，要求各部门采取有力措施严格控制出厂水浊度。并积极与水务部门和水库管理部门沟通联络，确保信息畅通。随后，集团公司主要领导分头奔赴一线，在各工作现场指挥防汛工作。领导科学决策，及时部署，使各单位防汛工作有条不紊。各单位、各部门各司其职，密切配合。

6 日晚上，集团公司领导和有关单位职工，都一夜未眠。原水浊度持续位于 400NTU 居高不下，瞬间浊度甚至达到 2200NTU，面对几十年不遇的原水浊度极值，他们心中只有一个念头：一定要确保出厂水水质合格。调度中心密切监测水质变化，调整供水区域，协同供水管网中心根据水源地原水浊度不同调整原水供应量；根据各水厂的净化能力和工艺不同合理增减出厂水水量。各水厂根据原水浊度变化及时调整系统运行参数，调节投药投氯量，值班员每小时报告一次水质监测数据。水质监测中心的五名技术骨干紧急回单位开展水处理加药混凝实验。提取实验数据，反复分析、对比不同浊度下的药剂投加量，确定高浊原水最合适的药剂投加范围，为水厂实际操作提供指导和参照。办法总比困难多。面对三道沟水厂十台投药机泵全部无法正常投药的状况，果断采用人工投药的方式维持生产，紧急运送 35 名民工到水厂协助投药……集团公司展开了一场与暴雨抗争，与时间赛跑的供水保卫战。

极端天气不仅影响水质，还造成了多处供水设施损坏导致停水事故和安全隐患。红凌路泵站、石屯泵站等用电线路出现故障，沙净水厂、锦绣泵站等因遭雷击陆续晃电造成机组停运，凌水水库院内长 10 余米的挡土墙倒塌……险情不断，相关抢修和值班人员顶风冒雨，不畏艰险，沉着应对，在最短时间内有序开展抢修和恢复工作。

8 月 6 日到 8 日，百余名干部职工连续三天三夜奋战在岗位上（部分人员从 4 日开始就 24 小时值班），很多人几十小时没合眼，身体耐受力已到极限。然而，因管理到位，措施得力，他们不但成功护卫了生命之源，还创造了出厂水水质较平日更优的奇迹。

有一种情怀叫百姓至上。入夏以来，自来水集团客服热线就“热度猛增”，7 月的来电量从过去每月 3 万个增加到 5.4 万多个。于是，白班工作人员下班后都主动加班一到两小时。百姓反映的问题集中在自来水疑似异味与停水方面，解释难度非常大，但客服的娘子军们直面百姓的抱怨甚至是责难，用她们的耐心准确规范做好解释和安抚工作。8月4日因大暴雨导致多处泵站故障造成停水，来电量激增。接线员们仿佛黏在了座席上，忘了喝水，忘了吃饭，却没有忘记不停按下接听键；嗓子哑了，咽炎犯了，却没有一个人抱怨。日人均接电量一两百个，单人日最高接电量达510个。与此同时，集团公司民心网、民意网、12345市民热线等网络平台6月以来共受理百姓反映的各类问题1279件，回复率超98%，用户对我们服务态度的满意率达100%。

入夏以来百姓反映用水问题增多，抄表、维修、检漏等对外服务人员虽承担着极大的工作压力但服务热情未减。哪里有百姓吃水难诉求，哪里就有他们的身影。加班加点已习以为常，有些对外服务人员入夏以来就没休过完整的周末。持续高温天气让户外工作变得格外辛苦，但一线服务人员始终坚守岗位，坚守一份为民初心；突如其来的暴雨阻挡了对外服务人员的脚步，在受托人员向用户做好解释工作后，他们又在能安全出行的第一时间选择了奔赴一线。6月以来共维修两万余件，回单及时率和到场及时率都达99%以上。同时，狠抓降漏减损工作。加强检漏工作管理，继续安装远传计量水表，观察夜间流量监控漏点。如中山营业分公司更换减压阀，西岗营业分公司维修漏点，金州分公司采取管网降压运行等措施都行之有效地实现了降漏减损。

极端天气是考验。在恶劣天气条件下，集团公司干部职工再一次展示了处变不惊、组织有序、敬业奉献的团队素质，企业精神凝聚成确保安全供水的强大力量。极端天气也是财富。我们在实践中进一步增强了供水应急保障能力，还发现了高浊原水的新特征，更新了水质处理观念，为今后做好防汛工作和提升水处理能力积累了宝贵经验。

不论是高温干旱还是强降雨雷电天气，我们都可以无愧地说，我们的出厂水水质从始至终符合国家饮用水标准，我们的供水水量从始至终能够满足全市生产生活需求，我们的供水服务从始至终赢得了用户的满意。目前，防汛工作形势仍然严峻，安全供水、为民服务永远在路上。然风雨兼程亦无所畏惧，因为大连，有一条摧不垮的供水生命线。

上述案例表明气象危险因素（案例中的高温、暴雨）引发城镇供水企业气象灾害事故发生风险是能够预见，也能够预报预警，而防止城镇供水企业气象灾害事故发生和防止事故扩大化，还必须根据可预见、预报、预警的气象灾害风险采取相应的工程性和非工程性防范措施，才能确保城镇供水企业气象灾害事故可控、可防，因此城镇供水企业气象灾害风险预报预警是科学防范城镇供水企业气象灾害事故的关键环节。

三、城镇供水企业气象灾害风险能够防范的科学认识

极端天气、气候事件和气象危险要素等气象危险因素形成的城镇供水企业气

象灾害风险能够防范，是因为根据气象危险因素可能引发城镇供水系统气象灾害事故的风险分析、评估结论，采取了相应气象灾害事故预防和控制的工程性与非工程性措施，从而有效防止事故风险向事故转变，防止或者减少事故发生，降低事故损失。例如城镇供水企业的城镇供水系统建设工程中为了从源头上防范雷电灾害天气对建设工程的破坏，确保建设工程防雷基础性、本质性安全，就必须根据专门制定的《建筑物防雷技术规范》(GB 50057—2010)、《建筑物电子信息系统防雷技术规范》(GB 50343—2012)、《建筑物防雷工程施工与质量验收规范》(GB 50601—2010)、《建筑物防雷装置检测技术规范》(GB/T 21431—2008)、《雷电防护第二部分：风险管理》(GB/T 21714.2—2008)等系列防雷技术标准建设相应的防雷设施，其目的就是根据建设工程所在地可预见雷电灾害天气这个气象危险因素可能引发建设工程防雷安全事故风险，按照国家防雷技术规范要求，在建设工程规划设计环节、施工环节、竣工验收环节、投入使用环节针对雷电这个气象危险因素，消除其风险或降低其风险到可以接受的范围而必须采取的工程性与非工程性防范措施。显然这个工程性与非工程性防范措施与气象部门雷电灾害天气预报和预警无关，而与气象部门多年的雷电灾害天气历史资料统计分析结论密切相关，但不是气象部门采取相应的防范措施。

典型案例 广东省惠州市惠阳自来水厂是惠州市惠阳城区主力水厂，主要负责向惠阳区淡水、秋长供水，每天供水量达 20 万立方米，占城区总供水量的 90%，其供水稳定性关系着 30 多万人的用水问题。而每年进入雷雨季节，惠阳自来水厂的供电线路就会受到天气影响，尤其是打雷会造成电路跳闸概率增大，或抽水机遭雷击损坏等，使自来水厂要暂停运作，导致城区部分地区停水。为此，2015 年惠阳供电局根据自来水厂至 220 千伏秋长站的供电架空线路跨越主干道和穿越居民密集区，遭遇台风或雷雨灾害天气时，供电线路容易造成损坏，存在惠阳自来水厂气象灾害风险转化为水厂停供自来水的事故风险，决定投入专项资金将这条全长达 4117 米的供水专用供电线路实施电缆下地改造工程(图 6-17)，大大降低恶劣天气对供水专用供电线路的影响，使惠阳自来水厂电力供应更为可靠，从而有效提高自来水厂防御气象灾害能力。据惠阳自来水发展总公司相关负责人说“2015 年前的每年雷雨或台风季节，总有七八次断电，少则停水一两个小时，久的可能要几个小时才能恢复供水。”因此该案例是一起城镇供水企业雷电灾害风险提前防范的典型案例。

上述案例表明：只有充分利用现代科学技术，切实发挥气象科技在防范城镇供水企业气象灾害风险的基础性、现实性、前瞻性作用，努力做好城镇供水企业气象灾害风险管理，才能有效防止城镇供水企业气象灾害风险转化城镇供水企业气象灾害事故，才能有效防止城镇供水企业气象灾害事故发生，才能有效减少城镇供水企业气象灾害损失，因此城镇供水企业气象灾害风险现代化工程性与非工程性防

图 6-17　工人在改造自来水厂供电线路

范措施的科学、及时应用是防范城镇供水企业气象灾害事故的根本保障。

参考文献

北京减灾协会,1998.城市可持续发展与灾害防御[M].北京:气象出版社.

蔡承伟,2013.本质安全管理在发电企业安全管理中的应用研究[D].广州:华南理工大学.

曹文东,2005.作业条件危险性评价法在隐患排查治理过程中的应用[J].安全、健康和环境,10:38-41.

陈国义,2002.关于雾闪和湿闪的原因分析[J].高压电器,38(2):50-53.

陈积友,2007.台风严重影响磐安城区供水有惊无险[J].城镇供水,6:11-12.

陈丽娴,2010.信息技术化在自来水公司的应用[J].工程技术,8:408-409.

陈明,胡玉蓉,高峰,等,2014.气象灾害防御体系构建[M].北京:科学出版社.

陈雪莲,2010.社会应急管理体制研究指引刍义[J].中国应急管理,1:14-18.

陈云峰,高歌,2010.近20年我国气象灾害损失的初步分析[J].气象,36(2):76-80.

陈振林,郑江平,邵洋,等,2010.公共气象服务系统发展研究[J].气象软科学,5:86-100.

代利明,陈玉明,2006.几种常用定量风险评价方法的比较[J].安全与环境工程,13(4):95-98.

邓晓婷,2012.城市供水管网漏损因素分析及控制[D].太原:太原理工大学.

丁一汇,张建云,2009.暴雨洪涝[M].北京:气象出版社.

董江涛,2009.供水水源地突发性污染应急处理方法与措施[D].西安:长安大学.

冯平,贾湖,1997.供水系统水文干旱预测模型的研究[J].天津大学学报,30(3):337-342.

甘心孟,沈斐敏,2000.安全科学技术导论[M].北京:气象出版社.

高建国,2010.应对巨灾的举国体制[M].北京:气象出版社.

高庆华,1991.关于建立自然灾害评估系统的总体构思[J].灾害学,6(3):14-18.

高庆华,马宗普,张业成,2007.自然灾害评估[M].北京:气象出版社.

高庆华,李志强,刘惠敏,等,2008.自然灾害系统与减灾系统工程[M].北京:气象出版社.

高学浩,姜海如,2011.加强气象社会管理有关问题研究[J].气象软科学,2:4-28.

郭学鸿,2014.安全生产法律责任制度研究[D].重庆:重庆大学.

韩颖,2010.浅论重大项目气候可行性论证[J].气象软科学,1:113-118.

贺春祥,2008.湖南省城市供水系统抗冰救灾工作情况汇报[J].城镇供水,6:19-20.

胡爱军,李宁,祝燕德,等,2010.论气象灾害综合风险防范模式——2008年中国南方低温雨雪冰冻灾害的反思[J].地理科学进展,29(2):159-165.

胡邦智,2014.风险管理在安全生产系统中应用研究[D].北京:北京邮电大学.

黄崇,2005.自然灾害风险评价理论与实践[M].北京:科学出版社.

黄年志,2014.城市供水调度安全运行管理之我见[J].西南给排水,36(1):76-79.

黄清贤,1996.危害分析与风险评估[M].台北:三民书局股份有限公司.

黄渝祥,1994.灾害间接经济损失的计量[J].灾害学,9(3):7-13.

贾薇薇,魏玖长,2011.经济开发区潜在突发事件的风险评估研究及其应用[J].中国应急管理,1:24-28.

姜海如,2010.关于气象事业发展方式转变的思考[J].气象软科学,6:31-36.

姜树海，范子武，吴时强，2005. 洪灾风险评估和防洪安全决策[M]. 北京：中国水利水电出版社.

姜彤，许朋柱，1996. 自然灾害研究的新趋势——社会易损性分析[J]. 灾害学，11(2)：5-9.

金磊编，1997. 城市灾害学原理[M]. 北京：气象出版社.

金晓冬，1993. 罗云区域社会经济“易灾性”综合评价实践[J]. 灾害学，8(4)：1-5.

李辉，伍红艳，2014. 城市供水安全状况分析及保障措施初探[J]. 江西建材，136(7)：73.

李家启，李良福，2010. 雷电灾害风险评估与控制[M]. 北京：气象出版社.

李家启，李良福，覃彬全，2007. 雷电灾害典型案例分析[M]. 北京：气象出版社.

李家启，李良福，覃彬全，等，2011. 新农村防雷安全实用技术手册[M]. 北京：气象出版社.

李建华，黄郑华，2010. 事故现场应急施救[M]. 北京：化学工业出版社.

李良福，2009. 强化气象社会管理职能的实践与思考[J]. 重庆气象，2：2-6.

李良福，2011. 气象因素对土壤电导特性影响机理研究[M]. 北京：气象出版社.

李良福，蒋运春，何建平，等，2012. 学校气象灾害敏感单位认证管理与实践[M]. 北京：气象出版社.

李良福，马彬，韩贵刚，等，2015. 煤矿气象灾害风险管理与实践[M]. 北京：气象出版社.

李良福，马彬，李家启，等，2015. 气象灾害敏感单位风险评估技术规范[M]. 成都：电子科技大学出版社.

李良福，覃彬全，2011. 气象灾害敏感单位安全气象保障技术规范[M]. 北京：气象出版社.

李良福，覃彬全，杨磊，等，2016. 气象安全生产事故风险管理与实践[M]. 北京：气象出版社.

李良福，杨利敏，覃彬全，等，2011. 气象社会管理与公共气象服务的思考与实践[M]. 北京：气象出版社.

李良福，杨俐敏，1999. 计算机网络防雷技术[M]. 北京：气象出版社.

李楠，2012. 城市供水管网爆管预警模型研究[D]. 太原：太原理工大学.

李翔等，1993. 我国灾害经济统计评估系统及其指标体系的研究[J]. 自然灾害学报，2(1)：5-15.

李燕京，司鹏敏，2014. 城市供水管网漏失安全性评价模型研究[J]. 供水技术，8(2)：22-26.

李永林，叶春明，蔡云龙，2013. 国内夕卜城市供水系统风险管理现状[J]. 科技与管理，15(6)：8-12，22.

刘蕙，2016. 自来水厂项目建设的基本要素和规划论证几大要点[J]. 甘肃科技纵横，45(4)：34-35.

刘铁民，2010. 脆弱性——突发事件形成与发展的本质原因[J]. 中国应急管理，10：32-35.

刘燕华，葛全胜，吴文祥，2005. 风险管理——新世纪的挑战[M]. 北京：气象出版社.

刘映红，2009. 城市埋地供水管道爆管成因分析与处理措施探讨[J]. 广东建材，11：81-84.

刘云，郭嘉吻，王保民，2010. MLS 评价法在安全评价中的应用[J]. 机械管理开发，25(5)：71-72.

刘云霞，杨宏伟，杨少霞，2012. 城市供水系统原水取水单元风险评估[J]. 净水技术，31(3)：16-19.

陆曦，梅凯，2007. 突发性水污染事故的应急处理[J]. 中国给水排水，23(8)：14-18.

陆忠汉，1984. 实用气象手册[M]. 上海：上海辞书出版社.

吕淑然，刘春锋，王树琦，2010. 安全生产事故预防控制与案例评析[M]. 北京：化学工业出版社.

罗云，宫运华，刘斌，2010. 企业安全管理诊断与优化技术[M]. 北京：化学工业出版社.

罗云等，2009. 风险分析与安全评价(第二版)[M]. 北京：化学工业出版社.

罗云峰，李慧，张爱民，等，2010. 气象科技创新体系建设研究与思考[J]. 气象软科学，5：137-152.

马东辉，2010. 安全与防灾减灾[M]. 北京：中国建筑工业出版社.

马和励，2004. 建立有效的灾害信息系统[J]. 中国减灾，5：37.

马乐宁，刘文君，徐洪福，2006. 供水管道爆漏事故影响因素实例分新[J]. 给水排水，32(9)：86-89.

马力，崔鹏，周国兵，等，2009. 地质气象灾害[M]. 北京：气象出版社.

马树庆，李锋，王琪，2009. 寒潮和霜冻[M]. 北京：气象出版社.

缪旭明，郭起豪，2010. 我国暴雨的特点及防御[J]. 中国应急管理，8：56-58.

宁连德，李楠，安多利，2005. 辽源天气与城市用水量关系的探讨[J]. 吉林气象，1：39-41，43.

牛志广，陈发，徐宗武，2011. 基于 MLE 模型和 EPANET 的城市供水系统风险评价[J]. 中国给水排水，27(7)：63-66.

牛志仁，1990. 关于灾害系统的若干问题[J]. 灾害学，5(3)：1-5.

卜洁莹，2012. 供水厂运行及工艺优化[D]. 沈阳：沈阳建筑大学.

卜莉，2007. 供水信息系统研究与开发[D]. 西安：西安理工大学，2007 年硕士学位论文.

乔伟，2014. 关于城市供水管道防腐技术探讨[J]. 民营科技，3：18.

秦大河，2004. 加强气象灾害应急管理能力[J]. 中国减灾，6：9-10.

秦大河，2009. 气候变化：区域应对与防灾减灾[M]. 北京：科学出版社.

任晓琴，2011. 吴堡工业园供水系统可靠性研究[D]. 西安：西安理工大学.

闪淳昌，2004. 建立健全突发事件应急预案[J]. 中国减灾，6：13-14.

申学峰，2004. 中国历史上的防灾减灾政策及其启示[J]. 中国减灾，10：48-49.

沈波，2013. 城市供水系统脆弱性分析及风险评价系统方法研究[J]. 大科技，2：117-118.

石剑荣，陈亢利，2010. 城市环境安全[M]. 北京：化学工业出版社.

舒青松，毛勇，2010. 寒冷天气条件下珠海市供水管网爆管分析及应对措施[J]. 给水排水，36(5)：110-113.

宋雅杰，李健，2008. 城市环境危机管理[M]. 北京：科学出版社.

苏琼，2009. 浅谈管网水质安全的风险管理[J]. 广东土木与建筑，5：41-42.

随明辉，2015. 年市级安全生产综合监管模式及其对策研究[D]. 北京：中国地质大学.

孙斌，田水承，常心坦，2003. 事故风险评价与风险管理模式研究[J]. 中国矿业，12(1)：71-73.

孙一平，2008. 灾难性天气应急预案和供水企业规划——南方雨雪冰冻天气带来的思考[J]. 城镇供水，2：8-9.

谈建国，陆晨，陈正洪，2009. 高温热浪与人体健康[M]. 北京：气象出版社.

唐伟强，2008. 水厂监控系统的研究与设计[D]. 兰州：兰州理工大学.

唐子易，2011. 供水系统可靠性分析[D]. 重庆：重庆大学城市建设与环境工程学院.

佟瑞鹏,2010.常用安全评价方法及其应用[M].北京:中国劳动社会保障出版社.

王昂生,2004.中国安全减灾及应急体系[J].中国减灾,10:17-18.

王凯全,2011.安全管理学[M].北京:化学工业出版社.

王玲玲,康玲玲,王云璋,2004.气象、水文干旱指数计算方法研究概述[J].水资源与水工程学报,15(3):15-18.

王起全,佟瑞鹏,2006.模糊综合评价方法在企业安全评价中的分析与应用[J].华北科技学院学报,12(4):26-31l.

王起全,徐德蜀,2009.安全评价操作[M].北京:气象出版社.

王三峰,2006.大雾引起闪络事故分析.农村电气化[J].233(10):31-32.

王绍武,马树庆,陈莉,等,2009.低温冷害[M].北京:气象出版社.

王绍玉,冯百侠,2010.城市灾害管理[M].北京:化学工业出版社.

王文楷,姚松林,等,1994.农田承灾力综合评价与分区——以河南省为例[J].自然灾害学报,3(1):9-14.

王晓冬,2012.气象灾害风险防控管理研究[D].天津:河北工业大学.

王银民,李良福,覃彬全,等,2013.基层气象社会管理与公共服务对策研究[M].北京:气象出版社.

王迎春,郑大玮,李青春,2009.城市气象灾害[M].北京:气象出版社.

王勇,2010.事故致因因素的识别、评价和控制[D].天津:天津理工大学年硕士学位论文.

王志强,周韶雄,桑瑞星,等,2010.浅淡气象社会管理[J].气象软科学,5:176-185.

翁勇南,2010.安全支撑体系及其演化机理研究[J].北京:北京交通大学年博士学位论文.

吴春富,黄剑,杨锐新,2014.供排水系统防雷技术[M].北京:中国建筑工业出版社.

吴兑,吴晓京,朱小祥,2009.雾和霾[M].北京:气象出版社.

吴江,2004.建立灾害应急管理科学决策体系[J].中国减灾,6:14-15.

吴宗之,高进东,2000.工业危险辨识与评价[M].北京:气象出版社.

肖爱民,1992.安全系统工程学[M].北京:中国劳动出版社.

谢红利,2013.上海城市安全生产风险指数评价及其治理研究[D].上海:华东理工大学.

谢静芳,秦元明,2004.气象环境与舒适度及健康[M].北京:气象出版社.

谢绍正,卢群展,杨舒灵,等,2009.寒潮期间供水管网事故分析和防治建议[J].中国给水排水,25(6):1-4.

徐安敏,1997.一起苯酚污染自来水事故的调查[J].安徽预防医学杂志,3(3):88.

许小峰,2009.气象服务效益评估理论方法与分析研究[M].北京:气象出版社.

薛剑光,2010.安全生产监督与管理的量化表达方法研究[J].长沙:中南大学年博士学位论文.

杨怀军,2006.太原市城市供水可持续发展对策的研究[J].山西财经大学学报,28(2):33,41.

杨建松,粟才全,2008.社区灾害管理[M].北京:气象出版社.

杨磊,覃彬全,李良福,等,2017.设施农业防雷技术研究[M].北京:气象出版社.

杨利敏,李良福,2006,气象信息与安全生产[M].北京:气象出版社.

姚学祥,1999.气象与现代管理[M].北京:气象出版社.

于庆东,沈荣芳,1996.灾害经济损失评估理论与方法探讨[J].灾害学,11(2):10-14.

云涛,2008.330kV架空输电线路复合绝缘子典型雾闪故障分析[J].西安电力高等专科学校学报,3(1):51-52.

曾维华,程声通,2000.环境灾害学引论[M].北京:中国环境科学出版社.

张继权,2007.主要气象灾害风险评价与管理的数量化方法及其应用[M].北京:北京师范大学出版社.

张嘉恩,2011.杭州市供水安全风险评价研究[D].杭州:浙江工业大学文.

张剑鸣,袁道凌,施立仁,2008.湖北汉江流域水华事件处置的启示[J].中国应急管理,9:46-49.

张秀兰,张强,2010.社会抗逆力:风险管理理论的新思考[J].中国应急管理,3:36-42.

张义军,陶善昌,马明,等,2009.雷电灾害[M].北京:气象出版社.

张羽,2007.城市供水管网爆损原因、对策分析及预测模型研究[D].北京:北京工业大学.

章国材,2010.气象灾害风险评估与区划方法[M].北京:气象出版社.

赵同进,汪勤模,2005.气象灾害[M].西安:未来出版社.

赵伟霞,叶春明,蔡云龙,2012.风险管理在城市供水系统中的应用研究[J].科技与管理,14(1):32-34,38.

郑国光,2000.国际防灾减灾面临的一些问题和我国气象防灾减灾工作的基本思路[J].气象软科学,2:36-43.

郑国光,2010.加快转变发展方式全推进气象现代化[J].气象软科学,6:4-18.

郑昊,2010.哈尔滨市供水安全评价[D].合肥:合肥工业大学.

中国气象局发展研究中心专题研究组,2010.气象事业发展现状、形式与需求[J].气象软科学,5:4-13.

钟国平,李强,苏志,2004.浅谈建设项目开展气候可行性论证的必要性[J].广西气象,25(4):59-60,29.

周福,1994.经济和社会发展对气象服务的新需求及对策[J].浙江气象科技,3:52-54.

周华敏,彭向阳,毛先等,2011.绝缘子覆冰闪络的主要影响因素分析[J].广东电力,24(11):11-15.

周雅珍,蔡云龙,刘茵,2013.城市供水系统风险评估与安全管理研究[J].给水排水,39(12):13-16.

周亚珍,张明德,蔡云龙,等,2014.城市供水系统风险评估:理论、方法与案例[M].北京:经济科学出版社.

周寅康,1995.自然灾害风险评价初步研究[J].自然灾害学报,4(1):6-11.

祝燕德,胡爱军,何逸,等,2009.重大气象灾害风险防范——2008年湖南冰灾启示[M].北京:气象出版社.

邹淑娥,2008.自来水厂综合防雷方案[J].城镇供水,4:70-72.

左林涛,2014.建筑工程施工安全管理研究[D].武汉:武汉理工大学.